变频空调维修
自学手册

孙立群 陈建华 编著

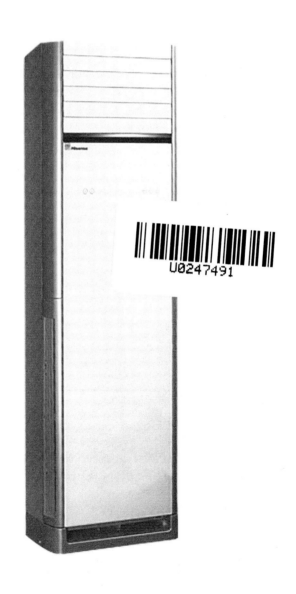

人民邮电出版社

北京

图书在版编目（CIP）数据

变频空调维修自学手册 / 孙立群，陈建华编著. --
北京：人民邮电出版社，2018.10
ISBN 978-7-115-49001-8

Ⅰ. ①变… Ⅱ. ①孙… ②陈… Ⅲ. ①变频空调器－
维修－手册 Ⅳ. ①TM925.107-62

中国版本图书馆CIP数据核字(2018)第171793号

内 容 提 要

　　这是一本使家电维修人员和电子技术爱好者快速掌握变频空调维修技术的图书。本书通过"基础篇""提高篇"和"精通篇"循序渐进、由浅入深地介绍了变频空调的基础知识、工作原理、典型单元电路分析、故障检测以及典型故障的检修方法、检修流程和维修技巧，特别是介绍了新型空调电脑板的原理和故障检修方法。本书可指导维修人员和爱好者快速入门，逐步精通，成为变频空调维修的行家里手，还可帮助从业维修人员进一步提高维修技能。

　　本书内容深入浅出，通俗易懂，图文并茂，覆盖面广，具有较强的实用性和可操作性，适合广大变频空调维修人员和电子技术爱好者阅读、参考，也可作为制冷设备维修培训班、职业类学校的教材。

◆ 编　　著　孙立群　陈建华
　　责任编辑　黄汉兵
　　责任印制　彭志环

◆ 人民邮电出版社出版发行　　北京市丰台区成寿寺路 11 号
　　邮编　100164　　电子邮件　315@ptpress.com.cn
　　网址　http://www.ptpress.com.cn
　　固安县铭成印刷有限公司印刷

◆ 开本：787×1092　1/16
　　印张：16.5　　　　　　　　　2018 年 10 月第 1 版
　　字数：396 千字　　　　　　　2018 年 10 月河北第 1 次印刷

定价：59.00 元

读者服务热线：(010)81055488　印装质量热线：(010)81055316
反盗版热线：(010)81055315

前 言

　　我国是一个空调（空调器）生产大国，空调产量已超过全球产量的 70%。随着人们生活水平的提高，空调迅速走进千家万户。

　　空调分为定频和变频两种。定频空调（普通空调）的压缩机采用 220V 或 380V 的 50Hz 交流电供电方式，压缩机的转速不变，它依靠不断地控制压缩机运行/停止来调整室内温度，不仅让人感觉到温差大，而且浪费较多的电能。变频空调使用的是变频专用压缩机及其驱动系统，并且采用了功能更加强大的单片机控制系统，可以根据房间情况自动提供所需冷（热）量，因而有利于节能。随着人们的节能环保意识越来越高，国家对空调的能效等级进行了严格的限定，低能效等级的空调即将退出市场，变频空调已成为空调发展的大势所趋。随之而来的维修问题也日益突出，为了普及变频空调维修技术，作者编写了本书。本书旨在介绍变频空调的基本工作原理、检修方法和检修技巧，指导维修人员和维修爱好者快速入门、逐步提高，最终成为变频空调维修的行家里手。本书可以说是《空调维修自学手册》的进阶篇，着重介绍体现变频空调维修特点的内容，即电脑板的原理与维修，而对于与普通空调维修相似的内容（如装机、移机等方法和技能）则略去不讲。

　　本书按照循序渐进的原则分为"基础篇""提高篇"和"精通篇"。

　　"基础篇"主要介绍了变频空调的构成、工作原理、控制模式和 I^2C 总线控制技术等基础知识。掌握本篇内容即可了解变频空调的构成、故障特征，为学习变频空调的维修技术打下坚实基础。

　　"提高篇"主要介绍了典型单元电路的原理和检修方法、变频空调电脑板典型元器件识别与检测方法，并给出了海信 KFR-26G/85FZBpH-A2、KFR-35G/85FZBpH-A2 型及长虹 R410A 型变频空调电路板图解精要。掌握本篇内容即可掌握变频空调典型单元电路的工作原理与故障检修方法以及电路板上典型元器件的检测方法，进一步提高变频空调电路的检修技能。

　　"精通篇"着重介绍了海尔、海信、美的、长虹、科龙等典型变频空调的电脑板电路分析与故障检修流程。另外，本篇还给出 120 多个典型故障的检修实例。掌握本篇内容，读者不但可掌握变频空调的理论知识和故障检修技能，而且在检修工作中，对号入座，举一反三，快速排除故障，成为变频空调的维修高手。

　　本书力求做到深入浅出、点面结合、图文并茂、通俗易懂、好学实用。

　　参加本书编写的还有付玲、韩立明、孙昊、陈立新、孙立杰、陈志敏、傅靖博、孙立新、李瑞梅、孙立刚等同志，在此对他们表示衷心的感谢！

作　者

目 录

基础篇

提高篇

精通篇

基 础 篇

第1章 变频空调基础知识

第1节 变频空调的特点和基本原理

一、变频空调的特点

变频空调（变频空调器）是相对定频空调而言的。定频空调的压缩机采用 220V 或 380V 的 50Hz 交流电供电，其转速不变。此类空调依靠压缩机不断地运转/停止来调整室内温度，除了使人感觉温差大，还浪费了较多的电能。而变频空调利用变频器将 50Hz 市电电压频率变换为 30～130Hz 的变化频率，变频空调每次开始使用时，通常是让压缩机高频、高速运转，以最大功率、最大风量进行制冷或制热，使室内温度迅速接近所设定的温度；当室内温度接近所设定的温度，并被单片机识别后，单片机控制压缩机进入低频、低速的低能耗运转状态，使室内温度趋于稳定，避免了压缩机频繁地开开停停。这样，不仅提高了舒适度，而且实现了高效节能的目的。

变频空调通过提高压缩机工作频率的方式增大了制热能力，不仅最大制热量比同品牌、同级别的定频空调要高一些，而且低温下仍有良好的制热效果。变频空调可根据环境温度自动选择制冷、制热或除湿运转方式，室温波动范围小，不仅提高了舒适度，而且节约了电能。此外，变频空调可在低电压条件下启动，彻底解决了空调在某些地区因电压较低难以启动的难题。

定频分体式空调的室内风扇电机只有 4 挡风速可供调节，而变频空调的室内风扇电机在自动运行时，转速会随压缩机的工作频率在 12 挡风速范围内变化。由于风扇电机的转速与制冷/制热能力进行了合理的匹配，因此可实现低噪声地宁静运行。

由于变频空调在电路方面不仅需要功能更加强大、完善的微处理器电路，而且需要设置大功率压缩机驱动电路（模块电路）及其电源电路，在制冷系统方面采用了膨胀阀作为节流器件，从而导致它的成本大大高于定频空调，影响了变频空调的普及。不过，随着变频技术、单片机控制技术的不断完善以及电子元器件成本的不断降低，变频空调最终将逐步取代定频空调，成为空调市场的主流产品。

二、变频的基本原理

目前，常见的变频方式主要有交流变频和直流变频两种。

1. 交流变频

交流变频器主要由 AC-DC 变换器（整流、滤波电路）、三相逆变器（inverter 电路）、脉冲宽度调制电路（PWM 电路）构成，如图 1-1 所示。

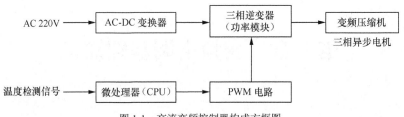

图 1-1 交流变频控制器构成方框图

首先，AC-DC 变换器将 220V 市电电压变换为 310V 左右的直流电压，为三相逆变器供电，三相逆变器在 PWM 电路产生的 PWM 脉冲作用下将 310V 直流电压变换为近似正弦波的交流电压。PWM 电路输出 PWM 脉冲的占空比大小受微处理器（CPU）的控制。这样，通过微处理器的控制，三相逆变器就可为压缩机提供频率可变的交流电压，实现压缩机转速的控制。

在变频过程中，变频空调的制冷能力与负荷相适应，温度传感器产生的温度检测信号通过微处理器运算后，产生控制信号。这个信号就可改变 PWM 电路输出的 PWM 脉冲的占空比，相继改变了三相逆变器输出电压的频率，使压缩机（三相异步电机）在室内温度高时高速运转，快速制冷；在室内温度较低时低速运转，以维持室内温度，从而实现了压缩机的变频控制。

2. 直流变频

直流变频空调与交流变频空调的变频原理基本相同，但由于直流变频空调的压缩机电机采用的是直流无刷电动机，所以也有一定的区别。典型的直流变频控制器构成如图 1-2 所示。

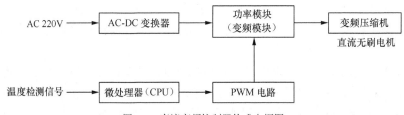

图 1-2 直流变频控制器构成方框图

AC-DC 变换器将 220V 市电电压变换为 310V 左右的直流电压，为功率模块供电，在微处理器输出的 PWM 脉冲控制下，功率模块为直流变频压缩机定子绕组的 U、V 两相输入直流电流时，由于转子中永久磁铁产生的磁通的交链，所以在剩余的 W 相绕组上产生感应信号，作为直流电机转子的位置检测信号，然后配合转子磁铁位置，逐次转换直流电机定子绕组通电相，使其继续回转。

提示　直流变频压缩机的电机必须要设置转子位置检测电路，否则电机是无法运行的。

第 2 节　变频空调特有器件

变频空调的特有器件主要是变频压缩机、智能功率模块和电子膨胀阀 3 种。

一、变频压缩机

变频压缩机是变频空调的核心部件，按机械结构的不同，可分为涡旋式压缩机和双转子旋转式压缩机两种；按电气结构，可分为交流变频压缩机和直流供电变频压缩机两种。下面介绍它们的电气性能。

1. 交流变频压缩机

交流变频压缩机电机和普通柜式空调采用的三相交流电机的构成基本相同，不同的是它的输入电压是脉冲电压。

2. 直流变频压缩机

直流变频空调的压缩机采用的是直流变频压缩机。直流变频压缩机电机采用了三相四极直流无刷电机，该电机定子结构与普通三相异步电机相同，但转子结构则截然不同，其转子采用四极永久磁铁。

（1）工作原理

正常运行时变频模块向直流电机定子侧提供直流电流形成磁场，该磁场和转子磁铁相互作用产生电磁转矩。因为转子不需二次电流，所以损耗小，功率因数高，但由于转子采用了永久磁铁，所以成本比交流变频压缩机高。由于无刷电机有互为 120°的三个绕组 U、V、W（国内习惯用 A、B、C 表示），所以为了使每个绕组都有电流流过，功率放大器采用了三相半桥式放大器，如图 1-3 所示。

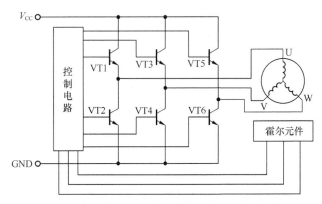

图 1-3　三相导通星形三相六状态直流电动机原理图

> **提示** 图 1-3 中，功率管 VT1、VT3、VT5 是高端放大器（也称为上桥臂），功率管 VT2、VT4、VT6 是低端放大器（也称为下桥臂）。自 20 世纪 60 年代末开始，功率管从使用晶闸管（SCR）、门极可关断晶闸管（GTO）、场效应管（MOSFET）、MOS 控制晶闸管（MCT）等逐渐发展到现在使用的绝缘栅双极型晶体管（IGBT）、耐高压绝缘栅双极型晶闸管（HVIGBT）。

当 VT1、VT4 导通时，V_{CC}（300V 电压）通过 VT1、绕组 U 和 V、VT4 构成回路，导通电流从绕组 U 流过绕组 V，流过绕组 U、V 的电流使它们产生磁场驱动转子旋转；当 VT1、VT6 导通时，V_{CC} 通过 VT1、绕组 U 和 W、VT6 构成回路，导通电流从绕组 U 流过绕组 W，流过绕组 U、W 的电流使它们产生磁场驱动转子旋转；当 VT3、VT6 导通时，V_{CC} 通过 VT3、绕组 V 和 W、VT6 构成回路，导通电流从绕组 V 流过绕组 W，流过绕组 V、W 的电流使它们产生磁场驱动转子旋转；当 VT3、VT2 导通时，V_{CC} 通过 VT3、绕组 V 和 U、VT2 构成回路，导通电流从绕组 V 流过绕组 U，流过绕组 V、U 的电流使它们产生磁场驱动转子旋转；当 VT5、VT2 导通时，V_{CC} 通过 VT5、绕组 W 和 U、VT2 构成回路，导通电流从绕组 W 流过绕组 U，流过绕组 W、U 的电流使它们产生磁场驱动转子旋转；VT5、VT4 导通时，V_{CC} 通过 VT5、绕组 W 和 V、VT4 构成回路，流过绕组 W、V 的电流使它们产生磁场驱动转子旋转。

（2）电子换向（相）

为了保证直流无刷电机的平稳运行，需要对转子的磁极位置进行精确检测，并用电子开关（功率管）切换不同绕组的供电方式以获得持续向前的动力。早期，位置检测是在电机内部设置霍尔元件位置传感器，利用它产生的相位信号来实现的。近年来，位置检测是通过检测直流无刷电机中未通电绕组产生的感应电压来实现的。因为这种检测方法取消了位置传感器，所以不仅结构简单，而且提高了电机的使用寿命。因此，变频空调的压缩机电机几乎都采用后一种方法进行换向（相）。

（3）无级调速

由于使用直流电源，电机的速度依靠调节加在电机两端的电压来调整，较简单的办法是使用 PWM 脉冲来调节加到电机两端的电压。PWM 脉冲的占空比达到最大时，加到电机两端的电压最大，电机转速最高，而 PWM 脉冲的占空比由 CPU 输出的调速信号控制。CPU 输出的调速信号又受温度调节信号和温度传感器产生的温度检测信号的控制。

3. 典型故障与检测

（1）典型故障

压缩机异常后产生的典型故障：①压缩机不运转，显示压缩机过流/过热故障代码；②压缩机不运转，显示智能功率模块（IPM）异常故障代码；③压缩机不运转，显示负载电流大故障代码；④噪声大；⑤制冷/制热效果差。

（2）故障检测

变频压缩机的检测和普通空调采用的压缩机检测方法基本相同，但在测量压缩机电机绕组阻值时需要注意的是，它的 3 个绕组的阻值是完全相同的。

二、智能功率模块（IPM）

IPM 是英文 Intelligent Power Module 的缩写，译为智能功率模块。典型 IPM 以 IGBT（绝缘栅双极型晶体管）、HVIGBT（耐高压绝缘栅双极型晶闸管）为功率管，结合驱动电路、保护电路等构成，如图 1-4（a）所示。当然，不同型号的 IPM，其内部具有的功能会有所不同。图 1-4（b）是 80DC01SPDU 模块的实物图，该模块上不仅有功率管及其驱动电路，而且还设置了低压电源电路，不仅可以满足 IPM 模块驱动电路供电需要，而且通过连接器为室外机电路板提供 12V 和 5V 直流工作电压。

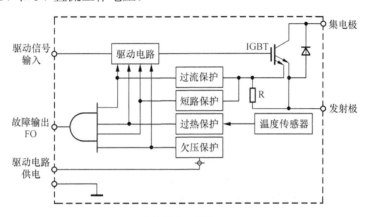

（a）构成方框图

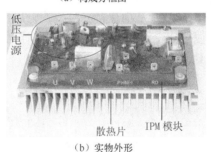

（b）实物外形

图 1-4　典型的 IPM

1. IPM 的特点

变频空调采用的 IPM 一般具有以下特点。

（1）集成度高。IPM 作为功率集成电路产品，使用表面贴装技术将三相桥臂的 6 个 IGBT 型功率管及其控制电路、保护电路集成在一个模块内，具有体积小、功能多、可靠性高、价格便宜等优点。

（2）保护功能完善。目前，变频空调采用的 IPM 都具有过流（OC）保护、短路（SC）保护、驱动电路供电欠压（UV）保护、过热（OH）保护功能。过热保护功能是为了防止 IGBT、续流二极管过热损坏。

（3）内含故障保护信号输出（ALM）电路。ALM 电路是向外部输出故障报警信息的一种功能电路，当 IPM 过热、下桥臂过流以及驱动电路的供电欠压保护电路动作时，通过向室外微处理器输出异常信号，使室外微处理器能及时停止系统，实现保护，以免故障扩大。

2. IPM 的主要参数

为了保证 IPM 长期安全、可靠地工作，选择和使用 IPM 时，应当根据系统实际情况选择参数正确的 IPM。

（1）IGBT 的最大耐压值 V_{CES}

最大耐压值应按略大于直流电压的 2 倍选择，如直流电压为 300V，则要求 IPM 的 IGBT 耐压值为 600V 以上。

（2）IGBT 的额定电流值 I_C 及集电极（c 极）峰值电流 I_{cP}

I_{cP} 应根据电机的峰值电流而定，而电机的峰值电流与电机的额定功率、效率、线电压以及功率因数有关。

（3）IGBT 的开关频率 f_{PWM}

尽可能选择开关频率高一些的 IGBT。

（4）IPM 的最小死区时间 t_{dead}

激励信号的死区时间不能小于模块的最小死区时间 t_{dead}。

除了上述主要参数以外，还有其他一些参数也需要考虑，如 IGBT 的最大结温 t_j 等。为了确保 IGBT 能够长时间正常工作，必须通过散热片或风扇为 IPM 散热。

3. IPM 输出电压的调整方式

近年来，为了进一步提高变频模块的工作效率，变频空调逐步从单纯的 PWM 控制改为 PWM+PAM 混合控制方式，即较低速时采用 PWM 控制，保持电压/频率（U/f）为一定值；当转速大于一定值后，将调制度固定在最大值附近，通过改变直流斩波器的导通占空比的大小，提高变频模块的输入直流电压值，从而保持变频模块输出电压和转速成比例，这一区域称为 PAM 区。采用混合控制方式后，变频模块的输入功率因数、电机效率、装置综合效率都比单独采用 PWM 技术的空调有较大幅度的提高。

4. 典型故障与检测

（1）典型故障

IPM 异常后产生的主要典型故障：①压缩机不运转，显示 IPM 异常故障代码；②压缩机不运转，显示负载电流大故障代码；③压缩机不运转，显示无电路或无负载的故障代码。

提 示 有的 IPM 还产生 12V 等电压，所以此类模块损坏后，会导致室外机 CPU 电路因没有供电而不工作，从而会产生空调不工作故障，并且显示通信异常故障代码。

（2）故障检测

IPM 检测的主要方法有直观检查法、电压测量法、电阻测量法和代换法 4 种。若采用示波器测量它的输出端信号波形效果会更好。因 IPM 最常见的故障现象是功率管损坏，下面以 80DC01SPDU 模块为例介绍功率管的检测方法，测量方法与步骤如图 1-5 所示。

首先，将数字万用表置于二极管挡（PN 结压降测量挡），测量 300V 供电端子与地间的正向导通压降为 0.403V，反向导通压降为无穷大（显示的数字为 1），如图 1-5（a）所示。

然后，将数字万用表置于二极管挡，测量 U、V、W 3 个输出端子与 300V 供电端子 P+间的正向导通压降为 0.448V，反向导通压降为无穷大（显示的数字为 1），如图 1-5（b）所示。

接下来，将数字万用表置于二极管挡，测量 U、V、W 3 个输出端子与接地端子 P-间的正向导通压降为 0.448V，反向导通压降为无穷大（显示的数字为 1），如图 1-5（c）所示。

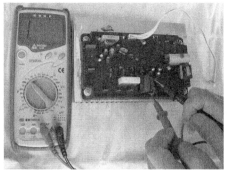

（a）

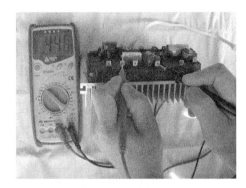

（b）

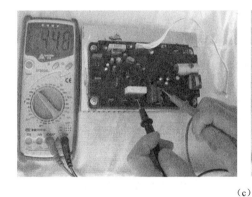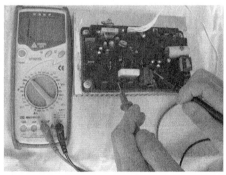

（c）

图 1-5　IPM 模块的检测

若以上测量的导通压降为 0 或过小，说明功率管击穿或漏电；若正、反向都为无穷大，说明功率管开路或内部线路开路。

三、电子膨胀阀

1. 构成与工作原理

电子膨胀阀主要由步进电机和针形阀组成。针形阀由阀杆、阀针和节流孔组成。电子膨胀阀的内部构成和实物外形如图 1-6 所示。步进电机运转后改变针形阀开启度，使制冷剂流量根据空调工作状态自动调节，提高了蒸发器的工作效率，保证空调实现最佳的制冷效果。

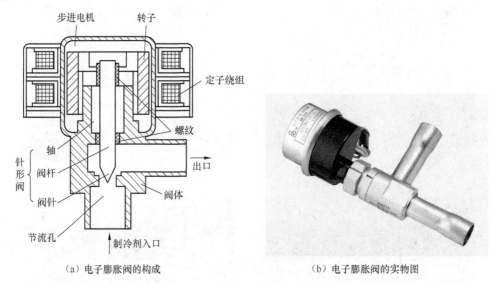

（a）电子膨胀阀的构成　　　　　　　　　　（b）电子膨胀阀的实物图

图 1-6　电子膨胀阀的构成与实物图

图 1-7 所示是电子膨胀阀的自动控制电路。传感器（负温度系数热敏电阻）对蒸发器出口管温度进行检测，产生的检测信号被微处理器（单片机）识别后，输出相应序列的运转指令，通过驱动电路放大后，为电子膨胀阀上步进电机的定子线圈供电，使线圈产生磁场驱动转子正转或反转。而电机转速由微处理器输出脉冲频率来决定，频率越高转速越快。当蒸发器出口管的温度升高，被传感器检测后提供给微处理器，微处理器控制电机反转，带动阀杆和阀针向上移动，节流孔增大，制冷剂的流量按比例增加；当蒸发器出口管的温度降低，被传感器检测后提供给微处理器，微处理器控制电机正转，带动阀杆和阀针向下移动，节流孔变小，制冷剂的流量按比例减小。这样，根据空调制冷（热）效果来调节制冷剂的流量，进而调节冷凝器和蒸发器压差比，提高了蒸发器的工作效率，实现制冷（热）最佳效果的自动控制。

2. 常见故障与检测

（1）常见故障

电子膨胀阀异常后引起制冷剂泄漏或堵塞，造成不制冷或制冷效果差的故障。

（2）故障原因及检测

检修电子膨胀阀异常引起制冷效果差的故障时，先检查传感器是否正常，若不正常，维修或更换即可；若正常，再检修膨胀阀。此时，听膨胀阀能否发出"咔咔"的声音，若能，说明膨胀阀的阀芯被杂物卡住，清理杂物或更换膨胀阀即可；若没有"咔咔"声，用万用表电阻挡测电子膨胀阀驱动电机的线圈阻值，判断线圈是否正常，比如，海尔 KFR-25GW×2/BFP 变频空调的电子膨胀阀的红-橙、红-白、棕-蓝、棕-黄线间的阻值为 56Ω，而橙-白、蓝-黄线间的阻值为 112Ω，若阻值异常，则说明电机的线圈异常，需要更换膨胀阀电机或膨胀阀。若电机线圈的阻值正常，则检查驱动电路和微处理器电路。当然，也可以通过测量膨胀阀驱动电机的供电电压来确认故障部位，若电压正常，需要更换膨胀阀电机或膨胀阀；若电压不正常，检查驱动电路和微处理器电路。

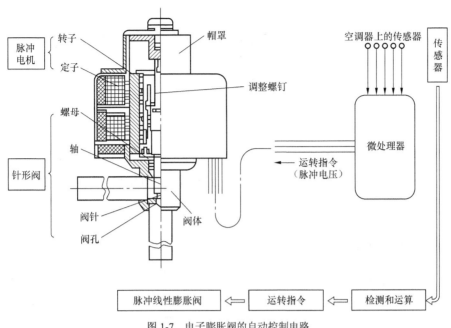

图 1-7 电子膨胀阀的自动控制电路

 提 示 电子膨胀阀进气口的过滤网脏或杂物过多引起堵塞时，可用酒精将它清洗干净后继续使用。

第2章　变频空调的构成、控制模式及 I²C 总线控制技术

第1节　变频空调整机电路的构成与单元电路功能

一、整机电路的构成

变频空调（变频空调器）的电路主要有室内机电路、室外机电路及其通信电路构成。室内机电路由电源电路、微处理器电路、室内风扇电机驱动电路、室外机供电电路构成；室外机电路主要由电源电路、微处理器电路、压缩机驱动电路、室外风扇电机驱动电路、保护电路、四通阀控制电路构成，如图 2-1 所示。

二、单元电路的功能

1．电源输入电路

电源输入电路通常由市电过压保护、过流保护和滤波电路 3 部分构成。市电过压保护电路的作用就是防止市电电压过高导致电源电路、压缩机等部件过压损坏。过流保护电路的作用就是防止压缩机等部件过流时，对市电产生大电流污染。而滤波电路不仅可以滤除市电电网中的高频干扰脉冲，以免电网中的干扰脉冲影响微处理器的正常工作，同时还可以阻止其负载工作时产生的干扰脉冲窜入电网中，影响其他用电设备的正常工作。

2．电源电路

无论室内机微处理器电路，还是室外机的微处理器电路都采用 5V 直流电压供电，而驱动电路、导风电机（步进电机）、电磁继电器等负载采用 12V 直流电压供电，有的 IPM 驱动电路采用 15V 直流电压供电，因此需要通过电源电路将 220V 市电电压变换为 5V、12V、15V 等多种直流电压，来满足它们正常工作的需要。另外，部分空调的电源电路还要为显示屏供电。

3．电源检测电路

电源检测电路的主要作用：①为 CPU 提供电源电路输出电压是否正常的检测信号；②为 CPU 提供市电电压的同步信号，确保 CPU 输出的触发信号在晶闸管接近过零处导通，以免晶闸管在导通瞬间过流损坏。

4．微处理器电路

微处理器电路好比一个人的大脑，它可以自动检测室内、室外温度的变化情况，与用户设置的温度值进行比较，控制着压缩机的运转速度和运行时间，实现制冷、制热功能。

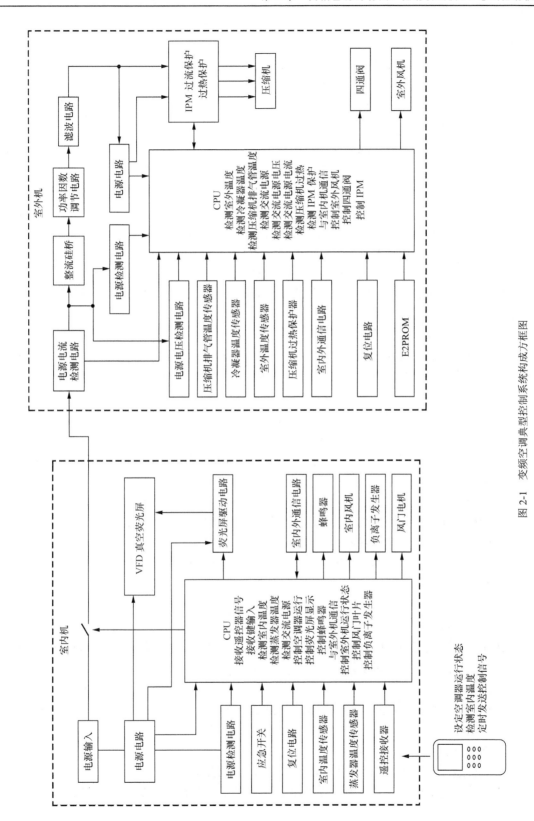

图 2-1　变频空调典型控制系统构成结构方框图

室内微处理器除了执行自动控制功能外，还可以通过接收头接收用户利用遥控器发出的操作指令，改变空调的工作状态。部分空调室内微处理器电路还有应急开机功能，在遥控器损坏或丢失时，可通过该开关强制空调进入工作状态。

室外微处理器主要负责输出压缩机、室外风扇电机的驱动信号，同时它还接收保护信号，当接收到压缩机、室外风扇电机运转异常等保护信号时，输出控制信号使室外机进入保护状态，并通过显示屏或指示灯显示故障代码，提醒用户空调进入相应的保护状态。

为了便于人机交互，室内微处理器电路利用显示屏显示当前室内温度、风速等信息，提示用户空调的工作状态。

5. 温度传感器

变频空调采用的传感器主要有室内环境温度传感器、室内盘管温度传感器、室外环境温度传感器、室外盘管温度传感器、压缩机排气管温度传感器。

（1）室内环境温度传感器

室内环境温度传感器通常安装在室内机热交换器的出风口处，它的主要作用：①在制冷或制热期间检测室内的环境温度，控制压缩机转速和运行时间；②在自动运行模式下控制空调的工作状态；③控制室内风扇的转速。

（2）室内盘管温度传感器

室内盘管温度传感器采用金属外壳，安装在室内热交换器的表面上，它的主要作用：①制冷期间过冷保护，②制热期间过热保护，③控制室内风扇电机的转速，④制热期间用于辅助室外除霜。

（3）室外环境温度传感器

室外环境温度传感器通过塑料架安装在室外机热交换器上，它的主要作用：①在制冷或制热期间检测室外的环境温度，②用于控制室外风扇电机的转速。

（4）室外盘管温度传感器

室外盘管温度传感器采用金属外壳包装，它安装在室外机热交换器的表面上，它的主要作用：①制冷期间过热保护，②制热期间冻结保护，③除霜期间控制热交换器的温度。

（5）压缩机排气管温度传感器

压缩机排气管温度传感器也采用金属外壳，它安装在压缩机排气管上，它的主要作用：①通过检测压缩机排气管温度，控制膨胀阀的开启度和压缩机的转速；②用于排气管过热保护。

6. 操作显示电路

操作显示电路是实现人机对话的窗口，用户通过按键可对空调进行温度调整、风量调整等操作控制，通过显示屏、指示灯、蜂鸣器了解空调的工作状态。

7. 应急开关

应急开关的作用是，在不使用遥控器时，通过该开关可对空调的工作状态进行控制。部分变频空调的应急开关还具有强制空调工作在制冷状态等功能。

8. IPM 过流、过热保护检测电路

当压缩机运转异常或 IPM 工作异常导致 IPM 过流或过热时，被该模块上的保护电路检测后，为单片机提供保护信号，由单片机输出控制信号，使室外机或整机进入保护状态，以免故障扩大。

9. 压缩机过流保护、过热保护电路

压缩机过流保护电路由电流取样和控制电路两部分构成。电流检测电路的作用就是通过检测市电输入回路电流，实现对压缩机运转电流的检测。当取样信号送到微处理器，微处理器便可对电流进行识别，判断电流正常时，对机组运行没有影响，压缩机正常运转；当压缩机电流过大时，检测信号被微处理器识别后，输出停机信号使压缩机停止工作，避免电流过大给压缩机带来危害。

压缩机过热保护电路也由取样和控制电路两部分构成。当压缩机过热时，它产生的控制信号送到微处理器后，微处理器也会控制该机进入保护状态。

10. 蜂鸣器电路

该电路的作用就是通过鸣叫来提醒用户空调的工作状态。

11. 遥控、接收电路

遥控、接收电路的作用就是用户利用遥控器发射的红外信号被红外接收电路接收后，由它内部的芯片进行处理并解码，将用户的操作信息传送给单片机，从而完成遥控操作功能。

12. 通信电路

通信电路的作用就是将室内机电路板和室外机电路板连接起来，使室内机电路板能够对室外机电路板进行控制，使其按室内机电路板的指令工作。同时，室外机电路板也通过通信电路将它的工作状态反馈给室内机电路板，当室内机电路板接收到信号不正常时，会发出控制信号使室外机或整机停止工作并通过室内机的显示屏、蜂鸣器发出报警信号。

第 2 节　变频空调控制模式

变频空调的控制模式与普通空调的控制模式有一定的区别，了解变频空调的控制模式对维修此类空调有一定的帮助，下面以海信 1.2 匹*变频空调为例进行介绍。

一、基本运行模式

1. 自动运行模式

用遥控器将空调的运行模式设置为自动运行模式后，空调的微处理器根据室内温度传感器检测到的温度来确定自动控制空调是工作在制冷模式，还是制热模式。当室内温度高于设定的温度时，进入制冷模式；当室内温度低于设定温度时，进入制热模式。工作模式确定后，30min 内不可切换。如果室内温度与设定温度相差 3℃，则会立即转换工作模式。

2. 制冷运行模式

空调进入制冷运行模式后，温度由遥控器进行调节。而室内风扇转速设置在自动状态时，室内风扇电机转速如表 2-1 所示，室外风扇电机转速如表 2-2 所示。

---

* 匹不是法定计量单位，但实际生活中都用匹而不用瓦（W），其换算关系为 1 匹＝735W。

表 2-1 自动状态下室内风扇电机转速与温度的关系

$t_{设定} - t_{室内}$（℃）	室内风扇电机转速	$t_{设定} - t_{室内}$（℃）	室内风扇电机转速
0	停止	0	停止
−1	低	1	低
−2	低	2	低
−3	低	3	低
−4	低	4	高
≤−5	高	≥5	高

表 2-2 自动状态下室外风扇电机转速与温度的关系

室外温度（℃）	≥28	≤28		
		$t_{室外盘管}$≥40	$t_{室外盘管}$<35	$t_{室外盘管}$<30
室外风扇电机转速	高速	高速	中速	低速

 方法与技巧 为了便于维修，该空调具有标准实验制冷模式。进入方法是：每秒按遥控器的"高效"键 2 次，按多次（超过 6 次）"高效"键即可进入标准实验制冷模式。进入该模式后，压缩机的运转频率固定不变，室内风扇电机、室外风扇电机的转速都为高速。此时，若微处理器连续 4s 检测到室内盘管温度低于−1℃，会控制压缩机停止工作，并通过显示屏或指示灯提示室内盘管冻结或过冷。

3. 制热运行模式

进入制热运行模式后，温度由遥控器进行调节。制热模式下，有防冷风功能，所以室外机刚开始工作时，室内风扇电机不转，当室内盘管温度超过 28℃时，室内风扇电机开始以微风运转，风门叶片处于 1 的位置；当室内盘管温度超过 38℃时，室内风扇电机进入设定风速的运转状态，风门叶片处于设定位置。当室内盘管温度超过 56℃，但低于 60℃时，压缩机工作在降频状态；当室内盘管温度超过 60℃，但低于 70℃时，压缩机工作在低频状态，室外风扇电机处于低速运转状态；当室内盘管温度超过 70℃后，压缩机停转，进入保温状态。压缩机停转后，微处理器经 100s 延时，切断四通阀线圈的供电，延时 40s 使室内风扇电机停转，将热交换器上的热量全部吹出。制热状态下，室内风扇电机转速如表 2-3 所示，室外风扇电机转速如表 2-4 所示。

表 2-3 制热状态下室内风扇电机转速与温度的关系

$t_{设定} - t_{室内}$（℃）	室内风扇电机转速	$t_{设定} - t_{室内}$（℃）	室内风扇电机转速
−1	低	1	低
−2	中	2	低
−3	中	3	中
−4	中	4	中
−5	高	5	中
≤−6	高	≥6	高

表 2-4 制热状态下室外风扇电机转速与温度的关系

室外温度（℃）	<10	10≤$t_{室外}$≤15	>24
室外风扇电机转速	高速	中速	低速

4. 除湿运行模式

进入除湿运行模式后，温度由遥控器进行调节，并且根据室内温度与设定温度的差值决定运行方式。当室内温度高于设定温度 2℃时，空调按制冷模式运转；当室内温度与设定温度的差值不足 2℃时，空调按除湿模式运转。除湿运转期间，压缩机按低频运转 10min 和高频运转 6min 的周期工作。除湿期间，室外风扇电机转速如表 2-5 所示。

表 2-5 除湿状态下室外风扇电机转速与温度的关系

室外温度（℃）	≥28	≤28		
		$t_{室外盘管}$≥40	$t_{室外盘管}$<35	$t_{室外盘管}$<28
室外风扇电机转速	高速	高速	中速	低速

5. 除霜运行模式

当空调在制热运行模式下连续工作时间超过 30min，并且室外环境温度比室外热交换器的温度高 7℃的时间超过 5min，被微处理器检测后自动进入除霜运行模式。此时，压缩机、室外风扇电机停转 50s 后，四通阀的线圈断电，使系统工作在制冷状态，5s 后压缩机运转，当压缩机运行时间超过 6min 或室外热交换器表面的温度超过 12℃时，压缩机停转，30s 后四通阀的线圈供电，将系统置换为制热状态，5s 后启动压缩机，3s 后室外风扇电机运转，至此，除霜结束。

6. 通风运行模式

进入通风运行模式后，只有室内风扇电机和风门以设定方式运行，如果风速设定为自动方式，则室内风扇电机会工作在低速的运转状态。

二、保护模式

由于变频空调的微处理器功能更加强大，因此变频空调的保护功能更加完善。下面介绍室内热交换器防冻结保护、室内热交换器过热保护、压缩机排气管过热保护、压缩机过流保护、市电异常保护等模式。

1. 室内热交换器防冻结保护

制冷状态下，若室内风扇转速慢或室内空气过滤器脏，使室内热交换器无法吸收足够的热量，它内部的制冷剂不能汽化，不仅会降低制冷效果，甚至可能会导致压缩机因液击而损坏，所以变频空调都具有室内热交换器防冻结保护模式。

制冷期间，若室内热交换器表面出现冻结，使室内盘管的温度低于 7℃、高于 5℃时，禁止压缩机升频运转；当盘管温度低于 5℃，但高于−1℃时，压缩机降频运转；当盘管温度低于−1℃时，微处理器发出指令使压缩机停转，并通过显示屏、指示灯或蜂鸣器报警。

2. 室内热交换器过热保护

制热状态下，若室内风扇转速慢或室内空气过滤器脏，使室内盘管（热交换器）产生的热量无法散出去，它表面的温度会升高，不仅会降低制热效果，甚至可能会导致部分器件过热损坏，所以变频空调都具有室内热交换器过热保护模式。当室内盘管温度超过 56℃，但低于 60℃时，禁止压缩机升频运转；当室内盘管温度超过 60℃，但低于 70℃时，压缩机降频运转，室外风扇电机处于低速运转状态；当室内盘管温度超过 70℃后，压缩机停转，进入室内热交换器过热或过载保护状态，实现室内热交换器过热保护。

3．压缩机排气管过热保护

当压缩机排气管的温度达到 104℃后，压缩机降频运转；压缩机排气管的温度达到 110℃时，微处理器输出控制信号使压缩机停机保护。

4．压缩机过流保护

为了防止压缩机的运行电流过大，给压缩机电机绕组带来危害，变频空调都具有压缩机过流保护功能。

当压缩机的运行电流达到 10A，被微处理器识别后，它输出的控制信号使压缩机降频运转；当压缩机的运行电流达到 12A 后，微处理器输出保护信号使压缩机停转；当电流小于 9A 后，解除过流保护状态。

5．市电异常保护

大部分变频空调通常可工作的市电电压范围是 160～260V（有的可达到 145～270V），若市电电压超过这个范围，可能会导致 IPM、压缩机等器件工作异常甚至损坏，所以变频空调都具有市电异常保护功能。

当市电低于 160V 或高于 260V 时，被市电异常检测电路检测后，该电路为微处理器提供市电异常的检测信号，微处理器输出控制信号使空调停止工作，实现市电异常保护。

第 3 节　I^2C 总线控制技术

I^2C 总线是一种主控电路与被控电路之间的双向数据传输总线。它有两条线：一条是串行时钟线（通常用 SCL 或 I^2C CLK 表示），另一条是串行数据线（通常用 SDA 或 I^2C DATA 表示）。

一、I^2C 总线控制系统的特点

1．线路简单、功能强

采用 I^2C 总线控制技术的变频空调与普通数控空调相比，有以下特点和功能。

非总线控制型空调的存储器、显示屏驱动器与微处理器的连接需要 4 条以上的线路。而 I^2C 总线采用二进制串行数据传输方式，使得微处理器与存储器、显示屏驱动电路间只需两线连接，从而大大减少了微处理器与被控集成电路间的引脚个数，简化了电路结构。

2．便于产品升级换代

挂接在同一总线上的器件数可根据需要增加或减少（直接将被控器件接入电路或从电路中分离出去）。通过总线上某些器件的更新，产品升级换代更方便。

3．总线保护功能

I^2C 总线具有双向数据传输功能，微处理器可对 I^2C 总线通信情况和被控集成电路的工作状态进行监测，当通信线路和被控集成电路出现异常情况时，微处理器可进入自动保护状态，

输出相应的控制信号，通过电源指示灯显示出故障部位，并使整机进入保护状态。因此，维修人员可通过指示灯或显示屏显示的故障代码来判断故障部位。

二、I²C 总线控制系统的构成

I²C 总线控制系统是由硬件电路和软件数据系统组成的。硬件电路包括主控微处理器、被控单元功能集成电路。软件数据系统则是由许多具有特定含义的二进制编码组成的。软件数据系统必须经硬件存储和传输才能实现它的控制功能。典型的 I²C 总线控制系统如图 2-2 所示。

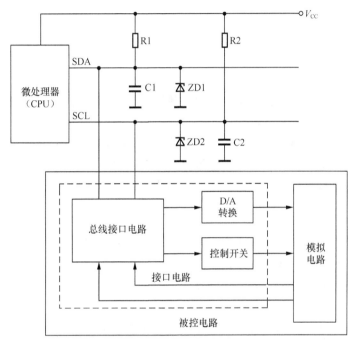

图 2-2 I²C 总线控制系统构成方框图

为了实现总线控制系统的通信，需要在被控电路内部设置一个总线接口电路。在总线接口电路中设有解码器，由它来接收微处理器发出的控制指令和数据。同时，由于被控电路属于模拟电路，因此需要通过数字/模拟信号转换电路（D/A 转换电路）将微处理器送来的数字信号转换为模拟信号，对被控电路实施控制。

微处理器的总线接口电路多采用开漏极或开集电极输出方式，因此总线接口电路必须通过上拉电阻 R1、R2 接供电电压。

三、变频空调的 I²C 总线控制系统的基本组成

典型的变频空调的 I²C 总线控制系统由微处理器、扩展存储器 E2PROM（电可擦可编程只读存储器）、屏显电路（显示屏驱动器）构成，如图 2-3 所示。

由于 I²C 总线控制系统的 SDA、SCL 线传输的是速率极高的二进制编码信号，又由于代表数据信息的数据信号为一组一组的不稳定的脉冲电压，因此用万用表或示波器不能准确地检测总线接口电路起始和终止状态及运行在总线上的数据信号。通常，有数据信号传输时，

总线接口的电压应轻微抖动。进行功能操作时，总线接口上的电压波动范围较未操作时增大。

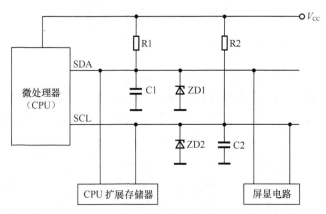

图 2-3　典型变频空调 I^{2}C 总线控制系统构成方框图

挂接在总线上的各种器件或模块，在进行数据传输时，根据各自的工作状态可分为主控发送器和主控接收器、被控发送器和被控接收器。微处理器（CPU 或 MCU）可以处于上述任一状态，通常称其为总线系统的第一核心电路。而存储器（E2PROM）可以是被控接收器或被控发送器，而不能是主控接收器，但该电路存储着变频空调正常工作所需的几乎全部数据，所以存储器通常被称为总线控制系统的第二核心电路。

四、典型故障

如何区分变频空调的软、硬件故障往往是维修者感到头疼的事情。对于系统软件故障的判断，不能依照传统电子电路的维修和判断故障的模式进行。

首先，软件故障并不是物理元器件的损坏，不管是元器件的外特性和内部结构均不会产生异常现象，产生故障的原因只是计算机程序和数据的丢失以及时序关系的破坏。程序和数据的丢失和时序关系的破坏用传统维修方法是不能检查出来的。

其次，软件故障一般会造成整机瘫痪不能工作，各局部电路功能也不能脱离系统控制进行恢复，所以一般维修人员常采用分区排除故障的方法也不能奏效。总线系统存储器内的数据一旦全部丢失，通常会导致变频空调不能开机；部分数据丢失将造成相应部分功能失常，如风扇转速异常、制冷效果差等故障。根据此特点，如果电源正常，但空调不能工作，且保护电路未动作，则应考虑故障很有可能是存储器的数据丢失所致。

另外，因变频空调控制系统具有故障自诊功能。当被保护的某一器件或电路发生故障时，被微处理器检测后，通过电脑板上的指示灯或显示屏显示故障代码，来提醒故障发生的部位。因此，维修人员可通过故障代码初步判断故障原因和故障部位。

第3章 变频空调典型单元电路分析/故障检修
与典型电脑板故障检修图解

第1节 变频空调典型单元电路分析与故障检修

一、市电输入电路

典型的市电输入电路由过压、过流保护电路和线路滤波器构成，如图3-1所示。

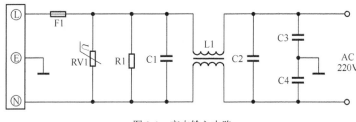

图 3-1 市电输入电路

1. 电路分析

（1）市电过流、过压保护

市电输入回路的 3.15～5A 的熔丝管（熔断器）F1 用于过流保护。当线路滤波器或过压保护电路有元器件击穿，使电流超过 F1 标称值时，F1 内的熔体（保险丝）过流熔断，避免扩大故障范围，实现过流保护。

市电输入回路的压敏电阻 RV1 用于过压保护。当市电正常且无雷电窜入时 RV1 相当于开路，不影响电源等电路正常工作；当市电过高或有雷电窜入，使 RV1 两端峰值电压超过 470V 时它击穿短路，F1 过流熔断，切断市电输入回路，避免了市电滤波元件或电源电路的元器件过压损坏。

（2）线路滤波器

线路滤波器由互感线圈 L1，差模电容 C1、C2 和共模滤波电容 C3、C4 组成。

L1 是由一个磁芯和两个匝数相同但绕向相反的绕组构成的，因此其磁芯不会饱和，可有效地抑制对称性干扰脉冲，并且抑制效果与电感量成正比。

差模电容（也称 X 电容）C1、C2 主要用来抑制对称性干扰脉冲。抑制效果和电容容量成正比，但容量也不能过大，否则不仅会浪费电能，而且容易导致市电过流。R1 是 C1、C2 的泄放电阻，在关机后为 C1、C2 提供放电回路，使 C1、C2 在下次开机时能够更好地抑制干扰脉冲。

共模电容（也称 Y 电容）C3、C4 主要用来抑制不对称性干扰脉冲。抑制效果和电容容量成正比，但容量也不能过大，否则会影响开关电源的正常工作。

2. 常见故障与检测

（1）常见故障

滤波电容 C1、C2 和压敏电阻 RV1 过压损坏后，表面通常有裂痕或黑点；C1、C2 和 RV1 击穿短路后，会引起熔丝管 F1 过流熔断，产生整机不工作的故障。

互感线圈 L1 的磁芯松动，它会发出"吱吱"声；若绕组出现匝间短路，会导致熔丝管 F1 内的熔体过流熔断，此时它的绕组有发黑等异常现象；若 L1 的引脚脱焊，会导致开关电源无市电电压输入而不工作，电源电路无电压输出，产生整机不工作的故障。

 注意 熔丝管 F1 内部的熔体（保险丝）因过流熔断后，熔体的残渣会在玻璃壳内壁上产生黑斑或黄斑，有时还会导致玻璃壳因过热而破裂的现象。若玻璃壳内壁上有严重的黑斑或黄斑，说明过流情况较严重，通常因为开关电源的开关管、市电整流滤波元件击穿所致；若玻璃壳上有轻微的黄斑，说明过流不严重，有时熔丝管是自身损坏。

（2）检测

当 RV1、C1、C2 外观正常而怀疑它们击穿时，可采用数字万用表的二极管挡或指针万用表的 R×1 挡在路测量，若蜂鸣器鸣叫或阻值较小，则说明 RV1 或 C1、C2 击穿，再脱开它们的一个引脚后测量，就可以确认是 RV1 击穿，还是 C1 或 C2 击穿。

当然怀疑 F1 异常时，也可以采用数字万用表的二极管挡或指针万用表的 R×1 挡在路测量后确认。

二、电源电路

1. 分类

目前变频空调室内机、室外机电脑板采用的电源电路有两种：一种是变压器降压、线性稳压电源电路，另一种是开关电源型稳压电源电路。

2. 线性稳压电源

变频空调采用的典型线性稳压电源如图 3-2 所示。

（1）电路分析

空调通上 220V 市电电压后，该电压经线路滤波器滤波，加到变压器 T1 的初级绕组，利用 T1 降压，从它的次级绕组输出 15V 左右（与市电电压高低有关）的交流电压，通过 VD1～VD4 桥式整流、C1 滤波产生 20V 左右的直流电压。该电压经三端稳压器 IC1（7812）稳压、

C2 滤波获得 12V 直流电压,不仅为继电器、步进电机等供电,而且通过三端稳压器 IC2(7805)稳压、C3 滤波获得 5V 直流电压,为微处理器(CPU)、操作键电路、指示灯等供电。

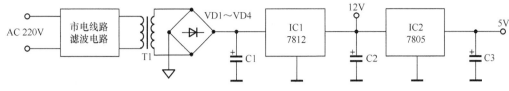

图 3-2 线性稳压电源电路

(2)典型故障

变压器 T1 初级绕组内部的温度熔丝管熔断,使 T1 不能输出 15V 左右的交流电压,C1 两端也就不能形成 20V 左右直流电压,因此 C2、C3 两端也就无法形成 12V 和 5V 的直流电压,负载电路不能工作,产生整机不工作的故障。T1 内的温度熔丝管熔断,有时是由于 VD1～VD4 或 C1 击穿,使 T1 的绕组因过流发热所致。

12V 稳压器 IC1 异常或 C2 击穿,使 IC1 进入过热保护状态后,IC1 不能输出 12V 电压或输出电压过低,导致驱动电路不工作,产生压缩机、风扇电机不运转的故障。

5V 稳压器 IC2 异常或 C3 击穿,使 IC2 进入过热保护状态后,IC2 不能输出 5V 电压或输出电压过低,导致微处理器、操作显示电路不工作,产生整机不工作的故障。

C1、C3 容量不足会使 5V 供电的纹波较大,产生微处理器不工作或工作紊乱等故障。

(3)故障检测

怀疑变压器 T1 异常时,可采用电压测量法和电阻测量法进行确认。首先,用万用表的交流电压挡测 T1 的初级绕组有 220V 市电电压,而它的次级绕组没有 15V 左右的交流电压,则说明 T1 的绕组开路。断电后,用万用表的电阻挡测 T1 的初级绕组的阻值,若阻值为无穷大,则说明 T1 的初级绕组开路。

怀疑滤波电容 C1～C3 异常时,可采用电阻测量法或代换法进行判断。

怀疑 12V 稳压器 IC1 异常时,可通过电压法和开路法进行判断。测 C2 两端电压低于 12V,而 C1 两端电压正常,说明 IC1 或其负载异常。断电后,脱开 IC1 的输出端后,测输出端电压仍低,则说明 IC1 损坏;若电压恢复到 12V,则说明 C2 或其负载异常。将 IC1 的输出端引脚补焊后,再检查 C2 是否正常,若正常,则通过断开负载的 12V 供电,测 C2 两端电压是否恢复正常,确认故障部位。

怀疑 5V 稳压器 IC2 异常时的检测方法与 IC1 的方法相同。

 方法与技巧 有时 IC1、IC2 发生内阻大的故障(带负载能力差故障)时,会出现稳压器空载电压正常,而接上负载时输出电压下降的现象,这与负载过流引起输出电压下降相似,给缺乏维修经验的维修人员对故障的判断带来困难,不仅浪费了维修时间,还可能会影响维修人员的声誉。对于这种故障,除了采用正常的稳压器代换检查,也可通过测量负载电流的方法进行判断。测量电流时,断开稳压器输出端与负载的线路,将万用表置于直流电流挡后,再将两个表笔串入供电回路中,若电流随电压降低而减小,说明稳压器内阻大;若电流随电压下降而增大,说明负载过流,需要检查负载电路。

注意 采用指针式万用表测电流时，要将黑表笔接负载侧，红表笔接稳压器输出侧，以免接错表笔，引起表针反偏转，甚至可能会将表针打弯或损坏万用表的表头。而采用数字式万用表测量电流时无需注意表笔的极性，直接测量即可。

3. 开关电源

由于线性稳压电源电路市电范围小、工作效率低，所以目前许多变频空调采用效率高、体积小的他激式开关电源。下面以图3-3所示的他激式开关电源为例进行介绍。

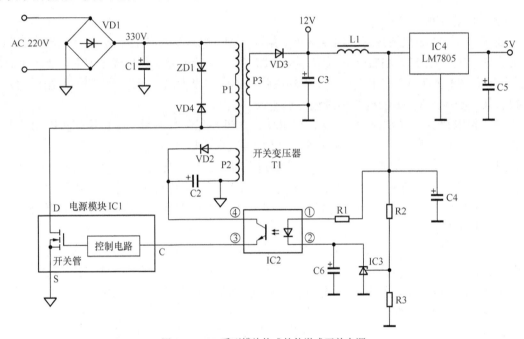

图 3-3　TOP 系列模块构成的他激式开关电源

该电源以 TOP 系列电源模块和开关变压器 T1 为核心构成。TOP 系列电源模块由开关管（大功率型场效应管）和控制电路两部分构成，控制电路无需外接定时元件就可以产生振荡脉冲，不仅简化了电路结构，而且提高了开关电源的稳定性、可靠性。

（1）功率变换

220V 市电电压通过整流堆 VD1 桥式整流、C1 滤波产生 310V 左右的直流电压。该电压经开关变压器 T1 初级绕组 P1 加到 IC1（TOP 系列模块）的供电端 D，不仅为它内部的开关管供电，而且使其内部的控制电路开始工作。控制电路工作后，由其产生的激励脉冲信号使开关管工作在开关状态。此时，T1 的 P3 绕组输出的脉冲电压经 VD3 整流，C3 滤波产生 12V 直流电压。该电压不仅为继电器等负载供电，而且通过 IC4 产生 5V 直流电压，为微处理器电路、温度检测电路等负载供电。而 P2 绕组输出的脉冲电压经 VD2 整流、C2 滤波获得的电压为光耦合器 IC2 内的光敏管供电。

VD4、ZD1 用来限制尖峰脉冲的幅度，以免 IC1 内的开关管被过高的尖峰脉冲击穿。

（2）稳压控制

当市电升高或负载变轻引起开关电源输出的电压升高时，滤波电容 C3 两端升高的电压经 R1 使光耦合器 IC2①脚输入的电压升高，同时该电压经 R2、R3 组成的取样电路取样，产生的取样电压超过 2.5V。该电压经三端误差放大器 IC3 放大后，使 IC2②脚电位下降，IC2 内的发光管因导通电压升高而发光强度增大，致使 IC2 内的光敏管因受光加强而导通加强，此时 IC2③脚输出的电压增大，为 IC1 的控制信号输入端 C 提供的控制电压增大，经 IC1 内的控制电路处理后，开关管的导通时间缩短，输出端电压下降到规定值。当输出端电压下降时，稳压控制过程相反。

提示　由于此类误差取样、放大方式是利用光耦合器将误差取样放大和脉宽控制电路隔离，因此稳压控制性能好，空载时电压也会稳定不变。

（3）软启动控制

光耦合器 IC2②脚外接的 C6 是软启动电容。开机瞬间，由于 C6 需要充电，在它充电过程中，IC2②脚电位由低逐渐升高到正常值，使它内部的光敏管导通程度由强逐渐下降到正常，为 IC1③脚提供的电压也是由大逐渐降低到正常，使开关管导通时间由短逐渐延长到正常，避免了开关管在开机瞬间因过激励而损坏，从而实现软启动控制。

（4）典型故障

若整流堆 VD1、滤波电容 C1 或电源模块 IC1 内的开关管击穿，会导致熔丝管 F1 过流熔断；VD2、C2、光耦合器 IC2、误差放大器 IC3、电阻 R1 或 R2 异常，不能为 IC1 的 C 端提供误差取样信号，使开关管导通时间延长，开关电源输出电压升高，引起开关管击穿或 IC1 内的保护电路动作；软启动电容 C6 开路后，可能会导致 IC1 内的开关管在开机瞬间损坏，而 C6 短路或漏电，使 IC2 为 IC1 提供的控制电压增大，导致开关管导通时间缩短，产生开关电源输出电压过低或无电压输出的故障。

（5）故障检修

熔丝管熔断故障：检修该故障时，首先将数字式万用表置于"二极管"（通断测量）挡或将指针式万用表置于 R×1 挡，表笔按在 C1 引脚的焊点上，若蜂鸣器鸣叫或阻值过小，说明 C1 或 IC1 内部的开关管击穿。此时，悬空 C1 的一个引脚后，测量 C1 引脚间的阻值，若阻值过小，说明 C1 击穿，否则说明开关管击穿。若测量 C1 的两端阻值正常，说明 C1 和 IC1 正常，多为整流堆 VD1 内有二极管击穿或市电输入回路的滤波电容等元件击穿。怀疑 VD1 异常时，只要用万用表在路测 VD1 的每个整流管的正、反向阻值或导通压降就可以确认。

提示　电源模块内的开关管击穿后，必须要检查 C2、VD2、VD4、ZD1、R2、IC3、IC2 和 T1 是否正常，以免更换后的电源模块再次损坏。

开关电源输出电压低的故障：检修该故障时，主要检查电源模块 IC1、整流管 VD3 是否工作正常。

无电压输出或输出电压低且波动：该故障主要检查整流管 VD3、滤波电容 C3、误差放大器 IC3、光耦合器 IC2，以及电阻 R2、R3 是否正常。R2、R3 是否正常可通过测量其阻值进行确认，而 IC1～IC3 最好采用代换法进行确认。

三、微处理器工作基本条件电路

无论是室内机的微处理器电路，还是室外机的微处理器电路，要想正常工作，都必须满足供电、复位信号和时钟信号正常这3个基本条件。典型的微处理器基本工作条件电路如图3-4所示。

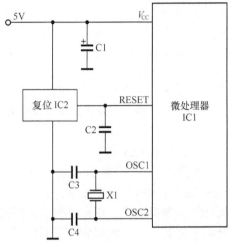

1. 供电

（1）工作原理

电源电路输出的5V电压经C1滤波后，加到微处理器IC1供电端V_{CC}，为IC1内部电路供电。大部分微处理器能够在4.6～5.3V的供电范围内正常工作。

（2）典型故障

若微处理器没有5V电压供电，微处理器不能工作，会产生整机不工作、电源指示灯不亮的故障。当V_{CC}电压不足，会产生微处理器有时能工作、有时不能工作，甚至工作紊乱的故障；而V_{CC}电压高

图3-4 微处理器基本工作条件电路

不仅会导致微处理器工作紊乱，还可能会导致微处理器等元器件过压损坏。

（3）故障检测

通过测微处理器IC1的V_{CC}端电压就可以确认供电是否正常。

2. 复位

微处理器的复位方式有低电平复位和高电平复位两种。采用低电平复位方式的微处理器复位端RESET有0～5V的复位信号输入，采用高电平复位方式的微处理器复位端RESET有一个5～0V的复位信号输入。下面以图3-4所示电路为例介绍低电平复位方式的工作原理。

（1）工作原理

变频空调控制系统的复位信号多由专用复位芯片IC2（多为MC34064）提供。开机瞬间，由于5V电源电压在滤波电容的作用下是逐渐升高的，当该电压低于设置值（多为3.6V）时，IC2的输出端输出一个低电平的复位信号。该信号加到微处理器IC1的RESET端，IC1内的存储器、寄存器等电路清零复位。随着5V电源电压的不断升高，IC2输出高电平信号，经C2滤波后加到IC1的RESET端后，它的内部电路复位结束，开始工作。

（2）典型故障

若微处理器没有复位信号输入，微处理器不能工作，会产生整机不工作、电源指示灯不亮的故障。当复位信号异常时，会产生微处理器有时能工作、有时不能工作，甚至工作紊乱的故障。

（3）故障检测

复位信号是否正常，最好采用示波器检测，若没有示波器也可以采用模拟、电压检测、器件代换等方法进行检测。

方法 与 技巧	由于复位时间极短，所以通过测电压的方法很难判断微处理器是否输入了复位信号，而一般维修人员又没有示波器，为此可通过简单易行的模拟法进行判断。对于采用低电平复位方式的复位电路，在确认复位端子电压为 5V 时，可通过 120Ω电阻将微处理器的复位端子 RESET 对地瞬间短接，若微处理器能够正常工作，说明复位电路异常；对于采用高电平复位方式的复位电路，在确认复位端子电压为低电平时，可通过 120Ω电阻将微处理器的 RESET 端子对 5V 电源瞬间短接，若微处理器能够正常工作，说明复位电路异常。

3．时钟振荡

（1）工作原理

微处理器 IC1 获得供电后，它与 OSC1、OSC2 端外接的晶振 X1 和移相电容 C3、C4 通过振荡产生时钟信号作为系统控制电路之间的通信信号。

（2）典型故障

若时钟电路异常不能形成时钟信号，微处理器不能工作，会产生整机不工作、电源指示灯不亮的故障。当时钟信号异常时，会产生微处理器有时能工作、有时不能工作，甚至工作紊乱的故障，比如，时钟电路异常时会导致制冷期间室内温度较高时压缩机不能工作在高频状态，而工作在中频或低频状态。

（3）故障检测

怀疑时钟振荡电路异常时，最好采用代换法对晶振、移相电容进行判断。

四、操作、显示与存储电路

操作、显示与存储电路应用在室内机微处理器电路。该电路主要由操作键、遥控发射器、遥控接收电路、存储器构成，如图 3-5 所示。

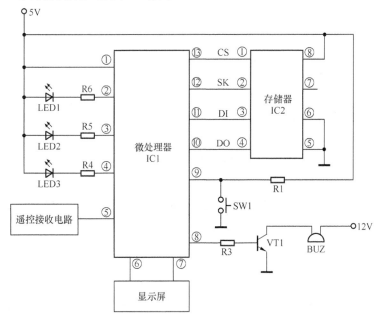

图 3-5　典型操作、显示与存储电路

1. 遥控操作电路

（1）控制过程

微处理器 IC1⑤脚外接的遥控接收电路（组件）俗称接收头，该电路对遥控器发出的红外光信号识别处理后将其送到 IC1⑤脚，被 ICI 内部电路检测后，通过相应的端口输出控制信号，实现操作控制。

（2）典型故障

该电路异常不仅会产生遥控失灵、遥控距离短的故障，而且会产生误控制故障。

（3）故障检测

① 遥控失灵

维修遥控失灵故障时，在确认供电电路正常并且它与微处理器之间通路正常后，若没有发现有接触不良的元器件，就可以更换接收头。另外，遥控器异常也会产生遥控失灵故障，常见的故障元器件是晶振或红外发射管。导电橡胶老化会产生部分按键操作失灵的故障。若编码芯片异常，通常采用更换遥控器的方法排除故障。

② 遥控距离短

产生遥控距离短的主要故障原因：A. 遥控器内的电池电量不足，B. 遥控器内的发射管老化，C. 变频空调上的遥控接收窗口脏污，D. 遥控接收头的供电异常，E. 接收头老化。

③ 误控制

误控制的主要原因是市电有干扰或室内机附近有其他干扰源，导致遥控接收头工作紊乱，也可能会误输出控制信号，使变频空调工作紊乱。

2. 操作键电路

（1）控制过程

IC1 的⑨脚外接的轻触按键开关 SW1 是用户进行功能操作的按键。当按压该键时，IC1 的⑨脚电位变为低电平，被 IC1 检测后，控制相应的端口输出控制信号，实现操作控制。

（2）典型故障

按键开路会产生控制功能失效的故障；按键接触不良会产生有时控制正常、有时失效的故障；按键漏电则会产生不能开机或误操作的故障。

（3）故障检测

采用万用表 R×1 挡检测按键开关就可以判断它是否开路、接触不良或漏电，也可以采用脱开一个引脚的方法判断它是否漏电。

3. 蜂鸣器电路

蜂鸣器电路由 IC1、放大器 VT1、蜂鸣器 BUZ 等构成。

（1）工作原理

每次进行操作时，IC1 的⑧脚输出蜂鸣器驱动信号。该信号通过 R3 限流、VT1 倒相放大后，驱动蜂鸣器 BUZ 鸣叫一声，提醒用户空调已收到操作信号，此次控制有效。

（2）典型故障

该电路异常会产生蜂鸣器不鸣叫或声音失真的故障。

（3）故障检测

采用数字式万用表二极管挡或指针式万用表 R×1 挡在路检测放大管 VT1 是否正常，若正常，检查 R3 和蜂鸣器是否正常，都正常后则检查 IC1。

4. 指示灯电路

（1）工作原理

发光管 LED1～LED3 分别是电源、运行、定时指示灯。它们通过电阻接在微处理器 IC1 的②～④脚上，当相应的引脚为低电平时，受控发光管发光，表明空调的工作状态。

 提 示　许多空调的指示灯不是由微处理器直接供电的，而是与蜂鸣器电路一样，需要通过三极管进行倒相放大后，驱动发光管发光。

（2）典型故障

该电路异常会产生指示灯不亮或始终发光的故障。

（3）故障检测

检修发光管发光故障时，若发光管两端有电压，则说明发光管异常。发光管也可以采用数字式万用表的二极管挡检测。而发光管始终发光，说明微处理器 IC1 异常，不过，该故障一般不会发生。

5. 显示电路

显示电路是通过指示灯或显示屏对空调工作状态或保护状态进行显示，这样不仅方便用户的使用，而且便于故障检修。目前，变频空调多采用 VFD（Vacuum Fluorescent Display）型显示屏。VFD 显示屏采用真空荧光显示器件，实现彩色图形显示，具有夜视功能。

 提 示　该电路异常会产生显示屏不亮或显示的字符缺笔画的故障。

6. 存储器

（1）工作原理

变频空调的微处理器电路为了加强存储功能，还设置了扩展存储器 IC2。该存储器属于电可擦写只读存储器。IC2 不仅存储了微处理器正常工作所需要的各种控制数据，而且用户操作后的数据由微处理器发出指令存储在存储器 IC2 内部。

当存储器时钟信号输入端 SK 在时钟信号为低电平时,存储器才能接收来自微处理器 IC1 的指令；当片选信号输入端 CS 输入的信号为低电平时，IC1 才能通过 DO 端从 IC2 内读取数据，同样只有片选信号为低电平时，IC1 才能通过 DI 端将数据存储在 IC2 内部。

 提 示　目前，许多新型变频空调的存储器通过 I²C 总线与微处理器进行通信，不仅简化了电路结构，而且提高了读写速度。

（2）典型故障

存储器异常主要的故障是整机不工作，其次是某个功能异常，如风扇转速异常、控制温度异常等。

（3）故障检测

检查存储器电路时，首先测存储器 IC2 的供电是否正常，若供电正常，再检查它与 IC1

间的连线是否正常，若正常，可代换检查 IC2，若代换 IC2 无效，说明 IC1 异常。

 提示 代换检查时，使用的存储器必须是写有数据的存储器，否则空调不能正常工作。

五、通信电路

由于变频空调的室内机、室外机都单独设置了微处理器电路，只有这两个微处理器电路同步工作，完成控制信号的传输，变频空调才能完成制冷、制热等任务。而将室内机、室外机电路连接在一起的电路就是通信电路。典型的变频空调通信电路由市电供电系统、室内微处理器 IC1、室外微处理器 U1 和光耦合器 PC1～PC4 等元器件构成，如图 3-6 所示。

1. 供电

市电电压通过 R10 限流，再通过 VD6 半波整流，利用 ZD1 稳压产生 24V 电压。该电压通过 C6 滤波后，加到光耦合器 PC1 的④脚，为 PC1 内的光敏管供电。

2. 工作原理

（1）室外接收、室内发送

室外接收、室内发送期间，室外微处理器 U1 的①脚输出低电平控制信号，室内微处理器 IC1 的 UO1 端①脚输出数据信号（脉冲信号）。由于 U1 的①脚的电位为低电平，光耦合器 PC3 内的发光管开始发光，PC3 内的光敏管受光照后开始导通。同时，IC1 的①脚输出的脉冲信号加到光耦合器 PC1 的②脚，通过 PC1 耦合后，从光敏管 e 极输出的脉冲电压通过 R19、VD9、R15、CNI1、TH01、R16、VD5 加到 PC3 的④脚。由于 PC3 内的光敏管是导通的，所以它④脚输入的脉冲信号通过它的③脚输出后，加到光耦合器 PC4 的①脚，经 PC4 耦合，数据信号从 PC4 的④脚输出，再通过 R2 加到 U1 的②脚，U1 接收到 IC1 发来的控制信号后，就可以控制室外机机组运行，从而完成了室内发送、室外接收控制。

（2）室外发送、室内接收

室外发送、室内接收期间，室内微处理器 IC1 的①脚输出低电平控制信号，室外微处理器 U1 的①脚输出脉冲信号。IC1 的①脚电位为低电平时，光耦合器 PC1①、②脚内的发光管开始发光，PC1 内的光敏管受光照后开始导通，从它③脚输出的电压加到 PC2 的①脚，为 PC2 内的发光管供电。同时，U1 的①脚输出的数据信号经 PC3 的耦合，从 PC3 的④脚输出，通过 VD5、R16、TH01、CNI1、R15、VD9 加到 PC2 的②脚，经 PC2 耦合，从它④脚输出的信号加到 IC1 的②脚，IC1 就可以识别出室外机的工作状态，以便进一步实施控制，从而完成了室外发送、室内接收控制。

 注意 由于室内、室外通信电路公用了市电零线，所以室内机、室外机端子板上的相线、零线不能接错，否则，通信电路不能工作。

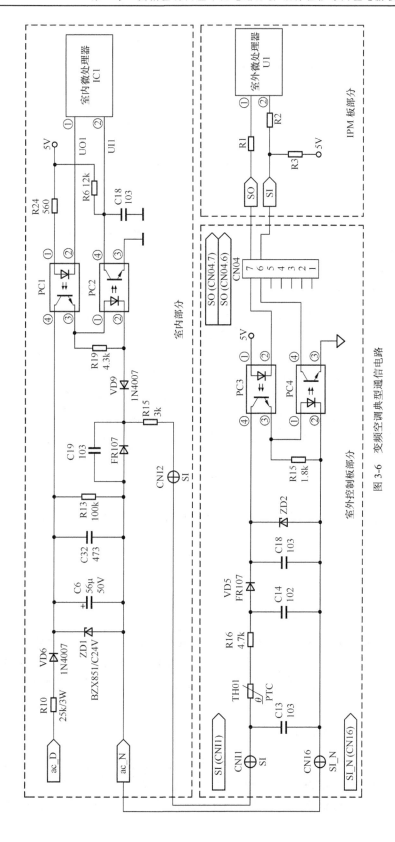

图 3-6 变频空调典型通信电路

3. 通信规则

室内、室外微处理器工作后，室内微处理器（主控微处理器）对室外微处理器（副控微处理器）进行检测，确认正常后，才能进行通信控制。

通常室内微处理器对室外微处理器发出控制信息，室外微处理器接收后进行处理，室外微处理器处理完再延迟 50ms 发出应答信号，只有室内微处理器接收到室外微处理器发出的应答信号，才能执行下一步的控制，如果 500ms 后没有收到应答信号则再次重复发送数据，如果 1min 或 2min（直流变频空调为 1min，交流变频空调为 2min）内仍未收到应答信号，则室内微处理器判断室外微处理器异常，会输出通信异常的报警信号。

4. 常见故障与检测

（1）常见故障

通信电路异常不仅会产生整机不工作、通信报警故障，而且会产生空调有时工作正常、有时工作不正常，显示通信异常故障代码的故障。

（2）故障检测

首先检查室内、室外机的连线是否正确，若不正确，需要重新连接；若连线正确，测滤波电容 C6 两端有无 24V 直流电压，若没有 24V 直流电压，说明通信电路的供电异常。断电后，测 ZD1 两端阻值是否正常，若阻值过小，说明 ZD1 或 C6、C32 击穿；若阻值正常，检查 VD6、R10 是否开路。若 24V 供电正常，开机瞬间测光耦合器 PC2 的④脚有无脉冲信号输出，若有，检查室内机电路板；若没有，测光耦合器 PC3 的②脚有无脉冲信号输入。若有，检查 PC3 与 PC2 间电路；若 PC3 的②脚没有脉冲信号输入，测光耦合器 PC4 的④脚有无脉冲信号输出。若有，检查室外机电路板；若没有，测光耦合器 PC3 的④脚有无脉冲信号输入。若有，检查 PC1 与 PC3 间电路；若没有，测 PC1 的②脚有无脉冲信号输入。若没有，检查室内微处理器电路；若②脚有脉冲信号输入，测 PC3 的②脚电位是否为低电平。若不是，检查室外微处理器；若 PC3 的②脚为低电平，检查 PC3、PC4。

提示 在零线和信号线间电压如果有高低变化，则表明通信正常，否则通信电路有故障。

注意 测试需要在未进入保护状态时进行，否则测试无效。

方法与技巧 目前，大部分变频空调的室外机都具有单独运行（也称单独启动）功能，通过该功能若能使室外机单独运行，并且室内机也能单独运行（室内风扇旋转），则说明通信电路异常；若哪个不能单独运行，则说明它的电源电路或微处理器电路异常。

六、自动控制信号输入电路

变频空调的自动控制信号输入电路主要包括市电电压检测信号、市电过零检测信号、室内环境温度检测信号、室外环境温度检测信号、室内盘管温度检测信号、室外盘管温度检测信号、压缩机排气温度检测信号、压缩机上部温度检测信号、压缩机电流检测信号、电机转速检测信号等信号输入电路。压缩机电流检测信号输入电路和电机转速检测信号输入电路在后面介绍，下面介绍其他几种检测信号输入电路的工作原理和故障检测。

1. 市电电压检测电路

为了防止市电电压过高给电源电路、IPM、压缩机等器件带来危害，变频空调都设置了市电电压检测电路。典型的市电电压检测电路由微处理器 IC1、电压互感器 T1、整流管 VD1～VD4、电阻 R1 和 R2 等构成，如图 3-7 所示。

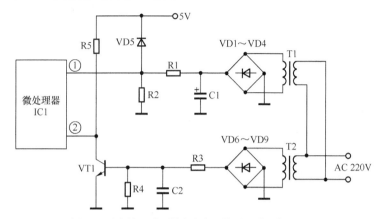

图 3-7 变频空调典型的市电电压检测、过零检测电路

（1）工作原理

市电电压通过电压互感器 T1 检测后，从 T1 输出与市电电压成正比的交流电压。该电压作为取样电压通过 VD1～VD4 桥式整流、C1 滤波产生直流电压，再通过电阻 R1、R2 取样，利用 C1 滤波，加到微处理器 IC1 的①脚。当①脚输入的电压过高或过低，IC1 判断市电超过 260V 或低于 160V，输出控制信号使该机停止工作，进入市电异常保护状态，并通过显示屏、蜂鸣器报警。

VD5 是钳位二极管，它的作用是防止微处理器 IC1 的①脚输入的电压超过 5.4V，以免 R2 开路使取样电压升高，导致 IC1 过压损坏。

 提示　部分变频空调的市电检测电路是利用数个取样电阻对 300V 供电电压进行取样，产生取样电压的。部分变频空调的市电输入范围可达到 150～270V，甚至更大。

（2）常见故障与检测

该电路异常会产生空调整机或室外机不工作，并且显示屏或指示灯显示故障代码的故障。

检测时，首先要检测市电电压是否正常，若市电电压异常，则等待市电恢复正常后使用；若市电电压正常，测微处理器 IC1 的①脚输入的电压是否正常。若正常，说明 IC1 异常；若①脚电压不正常，测滤波电容 C1 两端电压是否正常。若不正常，测变压器 T1 输出电压是否正常，若不正常，检查 T1；若正常，断电后，在路检查 VD1～VD4 是否正常。若不正常，更换即可；若正常，检查 C1。若 C1 两端电压正常，检查二极管 VD5、R1、R2 是否正常即可。

2. 市电过零检测电路

为了保证风扇电机供电回路的晶闸管不在导通瞬间过流损坏，需要设置市电（交流电）

过零检测电路。市电过零检测电路也叫同步控制电路。典型的市电过零检测电路由变压器 T2、整流管 VD6～VD9、三极管 VT1、电阻 R3～R5 和滤波电容 C2 组成，如图 3-7 所示。

（1）工作原理

市电电压通过电源变压器 T2 降压，利用 R3、R4 取样，再利用 C2 滤波高频干扰脉冲后，加到倒相放大器 VT1 的 b 极，从它 c 极输出的 50Hz 交流信号就是同步控制信号。该信号作为基准信号加到微处理器 IC1 的②脚。IC1 对②脚输入的信号检测后，确保供电回路中的双向晶闸管或光耦合器内的光控晶闸管在市电的过零点处导通，从而避免了该晶闸管在导通瞬间过流损坏，实现同步控制。

 提示 许多变频空调的市电过零检测电路采用全波或桥式整流电路对变压器输出的交流电进行整流，所以此类空调的市电过零检测电路得到的过零检测信号的频率是 100Hz。

（2）常见故障与检测

该电路异常主要表现：①风扇电机不转；②室内机或室外机不工作，指示灯或显示屏显示故障代码；③室内微处理器电路不工作。

检测时，首先测微处理器 IC1 的②脚输入的检测信号是否正常，若正常，说明 IC1 异常；若②脚输入的信号不正常，说明市电过零检测电路异常。断电后，在路检查 VD6～VD9、VT1 是否正常，若不正常，更换即可；若正常，检查 R3～R5、T2 和 C2 即可。

3. 室内环境温度检测电路

典型的室内环境温度检测电路以室内微处理器 IC1、存储器 IC2、温度检测传感器 RT1 为核心构成，如图 3-8 所示。存储器 IC2 内部固化了不同温度对应的电压值，而 RT1 是负温度系数热敏电阻。

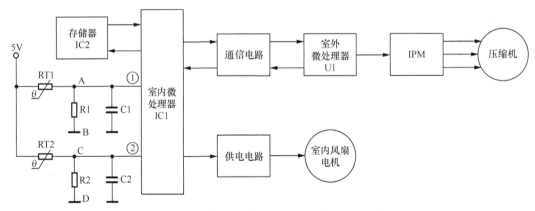

图 3-8　典型变频空调室内环境、盘管温度检测电路

（1）工作原理

在制冷期间，当室内温度高于设置温度较多时，RT1 的阻值相对较小，5V 电压通过 RT1 与 R1 分压取样产生的取样电压较低。该电压通过 C1 滤波后加到微处理器 IC1①脚，被 IC1 识别处理后，将需要压缩机高速运转的控制指令通过通信电路传递给室外电路板上的微处理器 U1，U1 得到指令后，输出的 PWM 控制信号的占空比较大，致使 IPM 为压缩机提供的电

压加大，压缩机工作在高速运转状态，空调工作在快速降温状态。随着制冷的不断进行，室温下降，当室温每下降一定值（多为 0.5℃）时，RT1 的阻值随室温下降而增大到一定值，为 IC1①脚提供的电压减小，被 IC1 识别后，通过通信电路控制 U1 输出的 PWM 控制信号的占空比减小，IPM 为压缩机提供的电压减小，压缩机的转速降低一挡，降温速度也逐步减低；当室内的温度下降到需要值，RT1 的阻值增大到相应值，为 IC1①脚提供的电压符合 IC2 内部固化的电压值后，通过通信电路告诉微处理器 U1，U1 输出控制信号使压缩机停止工作，进入保温状态。保温期间，RT1 的阻值随着室内温度的升高而减小，被 IC1 识别后，会再次控制空调进入下一轮的制冷循环状态。

提示　许多读者认为变频空调是不停机的。而实际上，变频空调也会停机，只是停机次数比定频空调少很多。当变频空调在最低频率运行时的输出制冷（热）量仍然超过被控房间的热负荷要求时，变频空调就会停机。变频空调不停机只不过是因为其被控房间设定所需的热负荷始终大于其最低频率运行时输出的制冷（热）量。另外，压缩机也不能长期工作在高速运转状态，因为压缩机长时间工作在全频、高速状态下不但费电，而且会加大 IPM、压缩机等器件的损耗，缩短空调的使用寿命。因此，不同的品牌和机型都会对变频空调的高速、高频运转时间进行控制，有的只允许运转 10min，而最长的运行时间不能超过 60min。达到这一限定时间后，即使被控房间的温度没有达到设定温度值，变频空调也会自动降到低于高频或在额定频率的状态下运行。

（2）常见故障与检测

室内环境温度检测电路异常后，不仅会产生制冷、制热不正常的故障，而且会产生空调保护性停机、显示故障代码的故障。

首先，测微处理器 IC1 的①脚电压是否正常，若电压正常，说明 IC1 或 IC2 异常；若电压过低，检查 RT1 阻值是否增大，滤波电容 C1 是否漏电；若电压高，检查 RT1 是否漏电，R1 阻值是否增大即可。

方法与技巧　RT1 或由它和 R1、C1 组成的阻抗信号/电压信号变换电路异常后，可通过故障代码进行判断。另外，因 RT1 的阻值随温度升高而增大，所以可采用电阻法和温度法进行判断。由于 RT1 在一定温度时阻抗基本不变，所以怀疑 RT1 异常时，可在图 3-8 中 A、B 的位置（电路板上温度传感器 RT1 的插座引脚的焊点）上焊接一只 56kΩ 的可调电阻，若调整可调电阻后，空调能够工作，则说明 RT1 或它的阻抗信号/电压信号变换电路异常。

4. 室内盘管温度检测电路

典型的室内盘管温度检测电路以微处理器 IC1、存储器 IC2、温度检测传感器 RT2 为核心构成，如图 3-8 所示。存储器 IC2 内部固化了不同温度对应的电压值，而 RT2 是负温度系数热敏电阻。

（1）工作原理

制冷状态下，若室内风扇转速慢或室内空气过滤器脏，使室内热交换器无法吸收足够的热量，它内部的制冷剂不能汽化，可能会导致压缩机因液击而损坏，所以需要设置防冻结保护电路。当室内盘管温度达到或低于0℃且持续3min时，RT2的阻值较大，此时5V电压通过RT2、R2取样的电压较低，通过C2滤波后，加到微处理器IC1的②脚，IC1将该电压与存储器IC2内储存的室内盘管冻结的电压值比较后，判断热交换器冻结，于是IC1输出控制信号使空调停止工作，并通过显示屏报警该机进入防冻结保护状态。当压缩机运行2min后，室内盘管温度仍低于2℃时，被RT2检测后提供给IC1，IC1以每3min下降一挡频率的速度降低压缩机的运行频率，直至温度达到或超过6℃，限制频率解除。

在制热状态下，室内交换器温度过高会损坏室内机内的塑料部件，所以需要设置过热保护功能。当室内盘管温度高于53℃时，被RT2检测后，再为IC1提供室内盘管过热的电压值，于是IC1以每3min下降一挡频率的速度降低压缩机的运行频率，直至温度达到或低于48℃，限制频率解除。

提示 部分变频空调的室内盘管冻结保护值不是0℃，而是−1℃。

（2）常见故障与检测

室内盘管温度检测电路异常后，产生的主要故障：①制冷、制热不正常；②室内风扇电机转速异常；③空调保护性停机，显示室内盘管传感器异常或室内盘管过冷、过热故障代码。

首先，检查室内盘管是否过冷或过热，若是，检查过冷或过热的原因；若盘管温度正常，说明故障发生在室外盘管温度检测电路。测微处理器IC1的②脚电压是否正常，若电压正常，说明IC1或IC2异常；若电压过低，检查RT2是否阻值增大，滤波电容C2是否漏电；若电压高，检查RT2是否漏电、R2是否阻值增大即可。

方法与技巧 怀疑RT2异常时，可在图3-8中C、D的位置（电路板上温度传感器RT2的插座引脚的焊点）上焊接一只56kΩ的可调电阻，若调整可调电阻后，空调能够工作，则说明RT2或它的阻抗信号/电压信号变换电路异常。

5. 室外环境温度检测电路

典型的室外环境温度检测电路以室外微处理器U1、存储器U2、温度检测传感器RT1为核心构成，如图3-9所示。

（1）工作原理

在制冷期间，当室外温度高于55℃时，RT1的阻值较小，5V电压通过RT1与R1分压取样产生的取样电压较低。该电压通过C1滤波后加到微处理器U1①脚，U1将该电压与存储器U2内储存的室外高温保护的电压值比较后，判断室外温度过高，于是U1输出控制信号使空调停止工作，并通过显示屏报警该机进入室外高温保护状态。只有室外温度低于53℃，被RT1检测，为U1的①脚提供的电压符合要求后，U1输出控制信号，才使空调进入制冷状态。

在制热期间，若室外环境温度低于−15℃时，RT2的阻值增大到一定值，此时5V电压通过RT2、R2取样的电压较低。该电压通过C2滤波后，加到U1的②脚，U1将该电压与U2内储存的室外−15℃温度的电压值比较后，判断室外温度过低，于是U1输出停机的控制信号，使空调停止工作，并通过显示屏报警，该机进入室外温度过低保护状态。

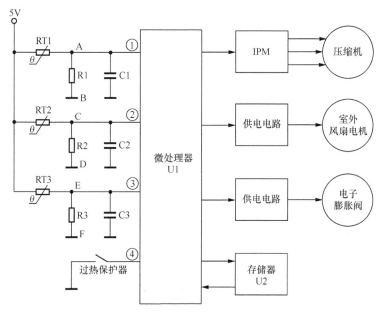

图 3-9　典型变频空调的室外环境、盘管、排气温度检测电路

另外，在制热期间，RT1 将检测的信号经变换后送给 U1 的①脚，U1 输出控制信号使室外风扇电机根据室外温度高低判断是工作在高速运转状态，还是中速或低速运转状态。

（2）常见故障与检测

室外温度检测电路异常不仅会产生室外风扇转速异常的故障，而且会产生空调保护性停机、显示室外温度过高故障代码等故障。

首先，测室外温度是否在正常范围，若不是，待温度正常后使用；若室外温度范围正常，测微处理器 U1 的①脚电压是否正常，若电压正常，说明 U1 或 U2 异常；若电压过低，查 RT1 阻值是否增大，滤波电容 C1 是否漏电；若电压高，检查 RT1 是否漏电、R1 阻值是否增大即可。

 方法 与 技巧　怀疑 RT1 异常时，可在图 3-9 中 A、B 的位置（电路板上温度传感器 RT1 的插座引脚的焊点）上焊接一只 56kΩ左右的可调电阻，若调整可调电阻后，空调能够工作，则说明 RT1 或它的阻抗信号/电压信号变换电路异常。

----

6. 室外盘管温度检测电路

典型的室外盘管温度检测电路以微处理器 U1、存储器 U2、温度检测传感器 RT2 为核心构成，如图 3-9 所示。

（1）工作原理

制冷状态下，若室外风扇转速慢或室外热交换器表面过脏，室外热交换器表面温度升高，当温度超过 60℃且持续 3min 时，RT2 的阻值迅速减小，此时 5V 电压通过 RT2、R2 取样的电压较低。该电压通过 C2 滤波后，加到微处理器 U1 的②脚，U1 将该电压与存储器 U2 内储存的室外盘管过热的电压值比较后，判断热交换器过热，于是 U1 输出控制信号使空调停止工作，并通过显示屏报警该机进入室外热交换器过热保护状态。当室外热交换器表面的温度低于 48℃时，RT2 的阻值增大，为 U1 的②脚提供的电压减小，被 U1 识别后，控制空调进入工作状态。

另外，室外盘管温度检测电路还在制冷期间配合室外温度传感器对室外风扇的转速进行控制。

（2）常见故障与检测

室外盘管温度检测电路异常不仅会产生制冷、制热不正常的故障，而且会产生空调保护性停机、显示室外盘管过冷或过热故障代码的故障。

首先，检查室外盘管是否过冷或过热，若是，检查过冷或过热的原因；若盘管温度正常，说明故障发生在室外盘管温度检测电路。首先，测微处理器 U1 的②脚电压是否正常，若电压正常，说明 U1 或 U2 异常；若电压过低，查 RT2 是否阻值增大，滤波电容 C2 是否漏电；若电压高，检查 RT2 是否漏电、R2 是否阻值增大即可。

方法与技巧 怀疑 RT2 异常时，可在图 3-9 中 C、D 的位置（电路板上温度传感器 RT2 的插座引脚的焊点）上焊接一只 56kΩ 左右的可调电阻，若调整可调电阻后，空调能够工作，则说明 RT2 或它的阻抗信号/电压信号变换电路异常。

7. 压缩机排气温度检测电路

典型的压缩机排气温度检测电路以室外微处理器 U1、存储器 U2、温度检测传感器 RT3 为核心构成，如图 3-9 所示。

（1）工作原理

当压缩机排气管温度在 108～115℃ 的范围时，RT3 的阻值较小，此时 5V 电压通过 RT3、R3 取样的电压较低。该电压通过 C3 滤波后，加到微处理器 U1 的③脚，U1 将该电压与存储器 U2 内储存的压缩机排气温度的电压值比较后，以每 3min 降一挡的速度降低频率运行，直到排气温度降低到 100℃ 为止。当温度仍然为 115℃，并且持续时间达到 3min 时，U1 判断压缩机排气温度过高，于是 U1 输出控制信号使空调停止工作，并通过显示屏报警该机进入压缩机排气温度过高保护状态。当压缩机排气温度低于 80℃ 时，RT3 的阻值增大，为 U1 的③脚提供的电压减小，被 U1 识别后，控制空调进入工作状态。

提示 部分变频空调压缩机排气管温度达到 110℃ 时，就会进入压缩机排气管过热保护状态。

（2）常见故障与检测

压缩机排气温度检测电路异常不仅会产生制冷、制热不正常的故障，而且会产生空调保护性停机、显示压缩机排气温度过高故障代码的故障。

首先，检查压缩机排气管温度是否过高，若过高，检查过高的原因；若排气管温度正常，说明排气管温度检测电路异常。测微处理器 U1 的③脚电压是否正常，若电压正常，说明 U1 或 U2 异常；若电压过低，查 RT3 是否阻值增大，滤波电容 C3 是否漏电；若电压高，检查 RT3 是否漏电、R3 是否阻值增大即可。

方法与技巧 怀疑 RT3 异常时，可在图 3-9 中 E、F 的位置（电路板上温度传感器 RT3 的插座引脚的焊点）上焊接一只 56kΩ 的可调电阻，若调整可调电阻后，空调能够工作，则说明 RT3 或它的阻抗信号/电压信号变换电路异常。

8. 压缩机上部温度检测电路

典型的上部温度检测电路以室外微处理器 U1、机械型（双金属片）过热保护器为核心构成，如图 3-9 所示。

（1）工作原理

压缩机正常工作时，过热保护器的触点接通，使微处理器 U1 的④脚电位为低电平，被 U1 检测后，控制空调进入工作状态。当压缩机因供电异常或制冷系统异常温度升高并超过 120℃时，过热保护器断开，被 U1 检测后，U1 输出控制信号使空调停止工作，进入压缩机过热或过载保护状态，并通过显示屏或指示灯提醒显示故障代码。当压缩机上部的温度低于 105℃时，过热保护器的触点再次接通，被 U1 识别后，会控制空调再次工作。

（2）常见故障与检测

压缩机上部温度检测电路异常不仅会产生制冷、制热不正常的故障，而且会产生空调保护性停机、通过指示灯或显示屏显示压缩机上部过热故障代码的故障。

首先，检查压缩机上部温度是否过高，若是，检查过高的原因；若不是，说明温度过高保护电路误动作。测微处理器 U1 的④脚电压是否正常，若电压正常，说明微处理器 U1 或 U2 异常；若电压不正常，检查过热保护器和微处理器。

七、室内风扇、导风电机电路

变频空调的室内风扇电机（简称室内风机）电路由微处理器 IC1、存储器 IC2、光耦合器 IC3 等构成，如图 3-10 所示。

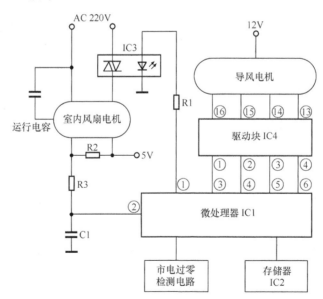

图 3-10 变频空调典型的室内风扇、导风电机电路

1. 室内风扇电机电路

（1）电机驱动

制冷/制热期间，微处理器 IC1 的室内风扇电机供电控制端①脚输出同步触发脉冲信

号。该信号通过 R1 限流，为光耦合器 IC3 内的发光管供电，使它内部的双向晶闸管导通，220V 市电电压通过 IC3 为室内电机供电，启动风扇电机运转，开始为室内机通风，确保室内热交换器能够完成热交换功能。当 IC1 的①脚没有触发脉冲输出时，IC3 内的发光管因无导通电流而熄灭，致使它内部的双向晶闸管截止，室内风扇电机因失去供电而停转。

另外，在制热初期，微处理器 IC1 根据检测到的室内热交换器盘管温度较低，使①脚输出的控制信号占空比较小，控制室内风扇电机处于低速运转状态，以免为室内吹冷风，待室内热交换器的温度达到一定高度时，IC1 的①脚输出的控制信号占空比增大，使室内风扇电机的转速提高。

提 示 因 IC3 主要由发光管和晶闸管构成，所以许多资料将它误称为光耦晶闸管或光耦可控硅。另外，部分变频空调的室内风扇电机的供电也采用继电器控制方式，也有部分变频空调的室内风扇电机采用的是直流无刷电机。

（2）相位检测电路

典型室内风扇电机相位检测电路由微处理器 IC1、霍尔传感器等构成。霍尔传感器安装在风扇电机内，当风扇电机旋转后，霍尔传感器就会输出相位正常的检测信号，即 PG 脉冲信号。该脉冲通过电阻 R3 限流，再经 C1 滤除高频杂波后，加到微处理器 IC1 的②脚。只有输入正常的 PG 信号后，IC1 才能输出信号使空调正常工作。一旦 IC1 没有 PG 信号输入或输入的信号异常时，IC1 会断定室内风扇电机异常，不再输出室内风扇电机驱动信号，此时部分空调会产生室内风扇电机不能旋转的故障，而部分空调的微处理器检测到室内风扇电机不转后，会输出控制信号使整机停止工作，并通过显示屏或指示灯显示室内风扇电机不转的故障代码。

（3）常见故障

若 R1、IC3 异常使室内风扇电机因无供电不能启动，会产生室内风扇不转的故障；若 IC3 内晶闸管的 A、K 极间击穿，会引起室内风扇电机始终运转的故障。而电机内的霍尔传感器、C1、R3 异常会产生室内风扇电机不转或室内机不工作、显示室内机风扇电机转速故障代码等故障。

（4）故障检测

若室内风扇电机有交流供电电压，检查运行电容（俗称启动电容）和室内风扇电机；若无供电电压，测 IC1 的①脚有无触发脉冲输出，若有，检查 R1 和 IC3；若没有，查 IC1。

**方 法
与
技 巧** 怀疑相位检测脉冲 PG 异常时，可在拨动风扇扇叶的同时，测 C1 两端电压，若有变化，说明有 PG 脉冲，检查微处理器、存储器；若没有变化，说明没有 PG 脉冲输出，检查 R3、C1 和霍尔传感器。

---

2. 导风电机电路

部分变频空调的导风电机采用交流同步电机(简称同步电机)，部分采用直流步进电机(简称步进电机)。交流同步电机的供电比较简单，通过微处理器控制继电器就可以为它供电；而步进电机有 4 个绕组，不仅需要 12V 直流电压供电，而且需要 4 个驱动信号，所以电路比较复杂。下面介绍采用步进电机的导风电机供电电路。

（1）控制过程

4 个绕组都由 12V 直流电压供电，而它们的激励信号来自驱动块 IC4 的⑬～⑯脚。需要该电机运转时，IC1 的③～⑥脚输出的激励脉冲加到 IC4 的①～④脚，通过它内部的 4 个非门倒相放大后，从⑬～⑯脚输出的激励信号驱动导风电机运转，控制风扇摆动，将室内机风扇吹出的风多方向、大角度吹向室内。

（2）典型故障

微处理器 IC1 或驱动块 IC4 异常会产生导风电机不转或运转异常的故障。

（3）故障检测

检测 IC1 的③～⑥脚输出的脉冲激励信号是否正常，若正常，说明驱动块 IC4 或电机异常；若不正常，说明 IC1 异常。若驱动块 IC4 的⑬～⑯脚输出的激励脉冲正常，说明导风电机异常，否则说明驱动块 IC4 异常。

八、室外风扇电机、四通阀电路

1. 室外风扇电机电路

变频空调典型的室外风扇电机（简称室外风机）电路以室外风机微处理器 IC1、存储器 IC2、单刀双掷继电器 RL1、双刀双掷继电器 RL2、驱动器 IC3 为核心构成，如图 3-11 所示。

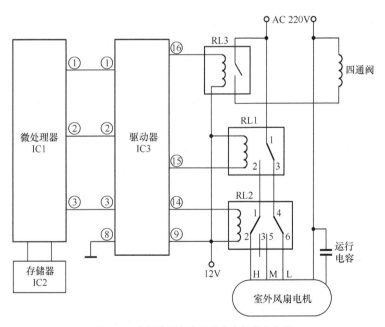

图 3-11　空调典型的室外风扇电机供电电路

（1）工作原理

需要风扇电机工作在低风速时，微处理器 IC1 的②脚输出高电平控制信号，③脚输出低电平控制信号。②脚输出的高电平控制信号通过 IC3 内的非门倒相放大后，使继电器 RL1 的线圈有导通电流，RL1 内的动触点 1 与常开触点 3 接通，为继电器 RL2 内的动触点 4 供电。

IC1 的③脚输出的低电平控制信号通过 IC3 倒相放大后使 RL2 的线圈无导通电流，RL2 的动触点 1 接通常闭触点 3、动触点 4 接通常闭触点 6，于是 220V 市电电压加到室外风扇电机的低速绕组 L 上，室外风扇电机工作在低速运转状态。

需要风扇电机工作在中风速时，IC1 的②、③脚输出的控制信号为高电平。如上所述，②脚输出高电平控制信号时 RL1 内的触点 1、3 接通，为 RL2 内的动触点 4 供电；IC1 的③脚输出的高电平信号通过 IC3 内的非门倒相放大后，为 RL2 的线圈提供导通电流，它的动触点 1 与常开触点 2 接通、动触点 4 与常开触点 5 接通，于是 220V 市电电压加到室外风扇电机的中速绕组 M 上，室外风扇电机工作在中速运转状态。

需要风扇电机工作在高风速时，IC1 的②脚输出的控制信号为低电平，③脚输出的控制信号为高电平。如上所述，③脚输出高电平控制信号时，RL2 内的动触点 1 与常开触点 2 接通；IC1 的②脚输出的低电平信号通过 IC3 内的非门倒相放大后，切断 RL1 线圈的供电回路，它的动触点 1 与常闭触点 2 接通，于是 220V 市电电压加到室外风扇电机的高速绕组 H 上，室外风扇电机工作在高速运转状态。

 提示 实际应用时，室外风扇电机的供电控制不一定按上述逻辑进行，但控制原理是一样的。

（2）典型故障

该电路异常会产生风扇不转、不能高速运转或通电后风扇就高速运转的故障。其中，风扇不转的故障原因是继电器 RL1 的动触点 1 无市电输入，运行电容或风扇电机异常。

（3）故障检测

检修风扇不能高速运转的故障时，首先，测风扇电机高速供电端子 H 有无电压，若有，检查电机的高速供电端子或引线是否开路；若没有，测继电器 RL2 的动触点 1 的焊点上有无供电。若有，测 IC3 的⑭脚电位是否为低电平，若是，维修或更换 RL2；若⑭脚电位为高电平，测 IC1 的③脚有无高电平控制信号输出。若没有，查 IC1；若有，查 IC3。若 RL2 的触点 1 的引脚没有电压，测 IC3 的⑮脚电位是否为高电平，若是，维修或更换 RL1；若⑮脚电位为低电平，测 IC1 的②脚有无高电平控制信号输出。若有，查 IC1；若没有，查 IC3。

 提示 若空调发生室外风扇电机不能中速运转或低速运转故障时，检修方法和检修不能高速运转的故障相同。

检修通电后室外风扇电机就高速运转故障时，首先，测 IC3 的⑭脚电位是否为低电平，若不是，说明 RL2 内的触点粘连，维修或更换 RL2；若为低电平，测 IC1 的③脚有无高电平控制信号输出，若有，查 IC1；若没有，说明 IC3 内的非门击穿，更换 IC3。

 提示 若空调发生室外风扇电机在通电后就中速运转或低速运转故障时，检修方法和检修不能高速运转的故障相同。

2. 四通阀（四通换向阀）线圈电路

变频空调典型的四通阀电路以室外机微处理器 IC1、存储器 IC2、继电器 RL3、四通阀为核心构成，如图 3-11 所示。

需要制冷时，微处理器 IC1 的四通阀线圈供电控制端①脚输出的信号为低电平，它经驱动器 IC3 的①脚内的非门倒相放大后，使 IC3 的⑯脚电位为高电平，继电器 RL3 的线圈无导通电流，于是 RL3 内的触点不能吸合，四通阀的线圈无供电，它内部的阀芯不动作，使室内热交换器作为蒸发器，室外热交换器作为冷凝器，于是空调工作在制冷状态，制冷剂循环过程如图 3-12 所示。

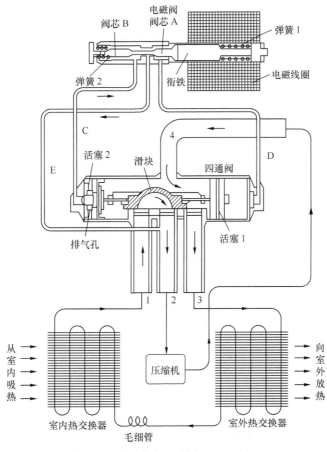

图 3-12　制冷状态时制冷剂循环示意图

需要制热时，IC1 的①脚输出的信号为高电平，它经 IC3 的①脚内的非门倒相放大后，使 IC3 的⑯脚电位为低电平，RL3 的线圈有电流流过，RL3 内的触点闭合，为四通换向阀的线圈供电，它内部的阀芯动作，改变制冷剂的流向，使室内热交换器作为冷凝器，室外热交换器作为蒸发器，于是空调工作在制热状态，制冷剂循环过程如图 3-13 所示。

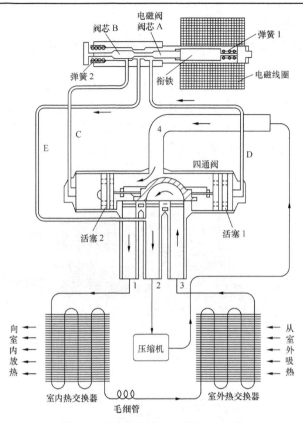

图 3-13　制热状态时制冷剂循环示意图

九、室外机供电、压缩机电流检测电路

变频空调典型的 300V 供电、压缩机电流检测电路如图 3-14 所示。

1. 供电电路

（1）电路分析

室外机供电电路由室内微处理器 IC1、继电器 RL1、限流电阻 RT（PTC）、桥式整流堆 DB1 和滤波电容 C2 构成，如图 3-15 所示。

开机后，室内微处理器 IC1 工作，从①脚发出室外机供电的高电平控制信号。该控制信号经驱动电路放大后，为继电器 RT 的线圈提供导通电流，使 RL1 内的触点闭合，220V 市电电压经 RL1 和限流电阻 RT 进入室外机电路板，不仅加到室外风扇电机、四通阀供电电路，而且通过整流堆 DB1 全桥整流、C2 滤波后获得 300V 左右直流电压，为功率模块 IPM 和开关电源供电。

（2）常见故障与检测

若继电器 RL1 或其驱动电路异常，使室外机电路板无市电电压输入时，会产生通信异常的故障；若整流堆 DB1 内的整流管或滤波电容 C2 击穿，会导致熔丝管 F1 过流熔断，导致室外机电路板不工作，产生通信异常的故障；若 DB1 内有二极管开路或滤波电容 C2 容量下降，使 300V 供电电压不足且纹波大，会产生压缩机不能正常运转或保护性停机、显示压缩机或 IPM 异常故障代码的故障，甚至会导致室外机开关电源损坏。DB1 是否正常，用万用表二极管挡在路就可以测出；而 C2 是否正常可用电容表测量或采用代换法进行确认。

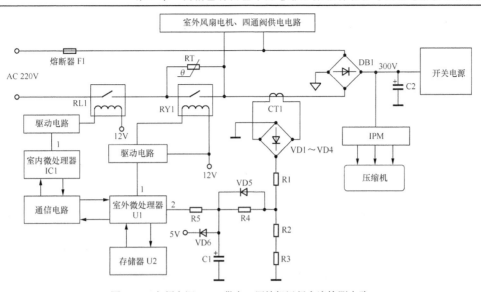

图 3-14　变频空调 300V 供电、压缩机运行电流检测电路

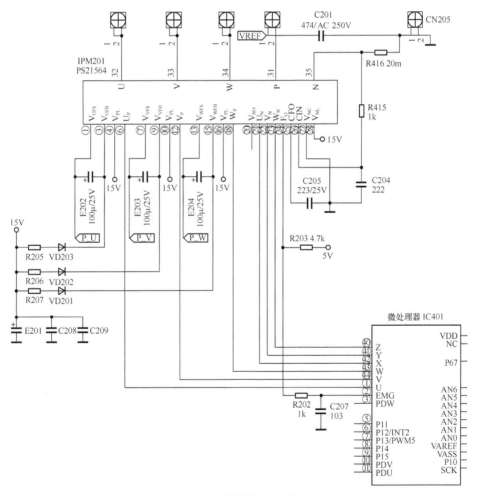

图 3-15　典型变频压缩机电机驱动电路

RT 开路后不能形成 300V 供电电压，导致 C2 两端无 300V 电压；若 RT 漏电或热敏性能下降，使滤波电容 C2 充电电流过大，会导致熔丝管 F1 过流熔断。RT 是否漏电用万用表在路就可测出。热敏性能是否下降最好采用代换法确认。

2. 限流及其控制电路

（1）电路分析

因为 300V 供电的滤波电容 C2 的容量较大（容量值超过 2000μF），所以它的初始充电电流较大，为了防止大的充电电流导致整流堆等元器件过流损坏，需要通过设置限流电路来抑制该冲击电流。目前，变频空调多采用热敏电阻 PTC 构成的限流电路。C2 初始充电产生的大电流通过图 3-14 中的 RT（PTC）进行限流，RT 因有电流流过而温度升高。由于 RT 是正温度系数热敏电阻，所以它的阻值随温度升高而迅速增大，使 C2 两端电压大幅度减小，导致 IPM 和开关电源不能正常工作。因此，当 C2 充电结束后必须将 RT 短接，才能确保负载工作后 C2 两端电压基本不变。这个电路就是限流电阻控制电路。典型的限流电阻控制电路由室外微处理器 U1、继电器 RY1 及其驱动电路构成，如图 3-14 所示。

当室外微处理器 U1 工作后，从它的①脚输出的高电平控制信号经驱动电路倒相放大，为继电器 RY1 的线圈提供导通电流，使 RY1 内的触点闭合，将限流电阻 RT 短接，实现限流电阻控制。

（2）常见故障

若继电器 RY1 的触点粘连或驱动电路异常使其始终导通，会导致滤波电容 C2 充电电流过大，熔丝管 F1 过流熔断。RY1 的触点是否粘连用万用表在路就可测出，而驱动电路是否异常用电阻测量法和电压测量法就可以确认。

 注意 由于滤波电容 C2 的容量为 2000～7200μF，切断电源后 C2 仍然储存较高的电压，所以维修时，应先将电烙铁或白炽灯的插头并联在 C2 两端，将 C2 储存的电压放掉，以免维修时被电击，发生人身安全事故或损坏测量仪表。

---

3. 压缩机运行电流检测电路

变频空调为了防止压缩机过流损坏，设置了压缩机运行电流检测电路。典型的压缩机运行电流检测电路以微处理器 U1、电流互感器 CT1 为核心构成，如图 3-14 所示。

（1）工作原理

一根电源线穿过 CT1 的磁芯，这样 CT1 就可以对压缩机的运行电流进行检测，CT1 的次级绕组感应出与电流成正比的交流电压。该电压作为取样电压经 VD1～VD4 桥式整流产生脉动直流电压，通过 R1～R3 取样，再通过 R4、VD6 降压，由 C1 滤波后，通过 R5 加到微处理器 U1 的②脚。当压缩机运行电流正常时，CT1 次级绕组输出的电流正常，经整流、滤波后使 U1 的②脚输入的电压在正常范围内，U1 将该电压与存储器 U2 内存储的压缩机过流数据比较后，判断压缩机电流正常，输出控制信号使空调工作。当压缩机运行电流超过设定值时，CT1 次级绕组输出的电流增大，经整流、滤波后使 U1 的②脚输入的电压升高，U1 将该电压与存储器 U2 内存储的压缩机过流数据比较后，判断压缩机过流，则输出压缩机停转信号，使压缩机停转作，以免压缩机过流损坏，实现压缩机过流保护。

（2）常见故障与检测

压缩机运行电流检测电路异常不仅会产生制冷、制热不正常的故障，而且会产生空调保护性停机、显示压缩机过流故障代码的故障。

首先，测微处理器 U1 的②脚电压是否正常，若电压正常，说明微处理器 U1 或存储器 U2 异常；若电压不正常，测压缩机运行电流是否正常，若不正常，检查压缩机过流的原因；若电流正常，说明压缩机运行电流检测电路异常。首先，测 CT1 输出的交流电压是否正常，若电压不正常，检查 CT1；若 CT1 输出电压正常，在路测 VD1～VD6 是否正常，若它们正常，检查 R1～R5、C1。

十、压缩机电机驱动电路

典型的变频压缩机电机驱动电路由微处理器 IC1、IPM 和压缩机构成，如图 3-15 所示。

1. IPM 的构成与引脚功能

常见的 PS21564 型 IPM 内部由 6 只 IGBT 型功率管及其驱动电路、保护电路、自举电源等构成，如图 3-16 所示，它的引脚功能如表 3-1 所示。

表 3-1　　　　功率模块 PS21564 的引脚功能

引脚号	名称	功能	引脚号	名称	功能
①	V_{UFS}	U 相驱动电路电源负极	⑲	NC	空脚
②	NC	空脚	⑳	V_{NO}	过流时间取样设置
③	V_{UFB}	U 相驱动电路电源正极	㉑	U_N	U 相下桥驱动信号输入
④	V_{PL}	U 相驱动电路供电	㉒	V_N	V 相下桥驱动信号输入
⑤	NC	空脚	㉓	W_N	W 相下桥驱动信号输入
⑥	U_P	U 相上桥驱动信号输入	㉔	F_O	故障保护信号输出
⑦	V_{VFS}	V 相驱动电路电源负极	㉕	CFO	故障保护延迟电路
⑧	NC	空脚	㉖	CIN	过流取样信号输入
⑨	V_{VFB}	V 相驱动电路电源正极	㉗	V_{NC}	接地
⑩	V_{PL}	V 相驱动电路供电	㉘	V_{NL}	下桥控制电路供电
⑪	NC	空脚	㉙		空脚
⑫	V_P	V 相上桥驱动信号输入	㉚		空脚
⑬	V_{WFS}	W 相驱动电路电源负极	㉛	P	300V 供电
⑭	NC	空脚	㉜	U	U 相信号输出
⑮	V_{WFB}	W 相驱动电路电源正极	㉝	V	V 相信号输出
⑯	V_{PL}	W 相驱动电路供电	㉞	W	W 相信号输出
⑰	NC	空脚	㉟	N	接地
⑱	W_P	W 相上桥驱动信号输入			

在图 3-16 中，3 个驱动电路 HMC 驱动三相桥臂的上管，驱动电路 LVIC 驱动三相桥臂的下管。其中，驱动电路由 PWM 信号的整形电路、电平移位电路、欠压保护电路、IGBT 驱动电路构成，如图 3-17 所示。

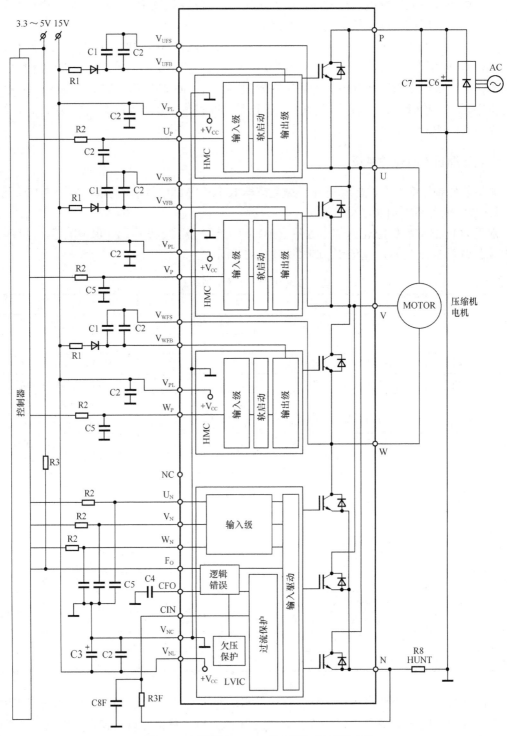

图 3-16　功率模块 PS21564 的内部构成与应用电路

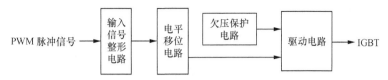

图 3-17　功率模块内部驱动电路构成

2. IPM 的工作原理

IPM 内 3 个半桥电路的构成和工作原理相同，下面通过介绍一个半桥电路的原理，使读者了解 IPM 的工作原理，电路如图 3-18 所示。

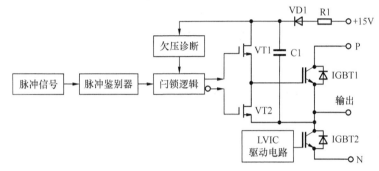

图 3-18　IPM 内一个半桥功率变换电路构成示意图

当输入的脉冲信号为高电平，LVIC 驱动电路输出低电平信号时，IGBT2 截止，同时经过脉冲鉴别器确认，并且供电正常时，闩锁逻辑电路上端输出的驱动信号为高电平，下端输出的驱动信号为低电平，使驱动管 VT1 导通，VT2 关断，VT1 的 S 极输出的电压使 IGBT1 导通，IGBT1 导通后，从输出端为压缩机电机绕组供电，使电机绕组形成正向电流。当输入脉冲信号为低电平时，VT1 截止，VT2 导通，使 IGBT1 关断，同时 LVIC 电路使 IGBT2 导通，IGBT2 导通后，电机绕组产生的反相电动势通过 IGBT2 到地，形成反向电流。

3. IPM 的自举供电

目前，IPM 都采用了单电源供电方式，为了确保电路能正常工作，需要自举升压电路。图 3-18 中的电阻 R1、自举二极管 VD1 和自举电容 C1 组成供电自举升压电路。

如上所述，当激励脉冲为低电平时，IGBT1 截止，IGBT2 导通，15V 电压通过 R1 和 VD1 为 C1 充电，使 C1 两端建立 14.5V 左右的电压，为激励管 VT1 供电。当驱动脉冲为高电平时，IGBT2 截止，VT1 导通，C1 两端的 14.5V 电压通过 VT1 使 IGBT1 导通，从而实现自举升压控制。

　提示　为了保证 C1 两端充电电压达到 14.5V，需要 IGBT2 有足够的导通时间（不少于 200μs）。

----

4. 保护电路

目前，变频空调采用的 IPM 内设置了过流、欠压、过热、短路保护电路。一旦发生欠压、过流、过热等故障，IPM 内部的保护电路动作，不仅使 IPM 停止工作，而且输出保护信号。该信号通过接口电路送到室外微处理器，被室外微处理器识别后发出控制信号，使室外机或整机停止工作并通过指示灯或显示屏显示故障代码,表明该机进入 IPM 异常的保护状态。

5. 常见故障与检测

(1) 常见故障

通信电路异常不仅会产生整机不工作、通信报警的故障,而且会产生空调有时正常、有时保护性停机,显示屏显示无负载或 IPM 异常故障代码的故障。

(2) 故障检测

检测 IPM 的主要方法:①直观检查法,若发现 IPM 的表面有裂痕,则说明 IPM 已损坏;②将万用表置于"二极管"挡,分别测 U、V、W 端子与 P、N 端子间的正向电阻,显示屏显示的数值范围是 380～450Ω,而反向电阻的阻值为无穷大,否则,说明 IPM 内的 IGBT 击穿;③将万用表置于 250V 交流电压挡,测量 IPM 的 W、U、V 端子的输出电压应为 0～160V,并且任意两相间的电压值应相同,否则 IPM 或压缩机绕组开路。若确认压缩机绕组正常,则说明 IPM 损坏。

提示 测量 IPM 的阻值时,实际测量值是 IGBT 的 ce 结上并联的二极管的阻值,因此,测量阻值只能判断 IGBT 或并联的二极管是否击穿,而不能测量出 IGBT 性能下降等故障。

注意 若 IPM 内的 IGBT 损坏,必须要对自举升压电路的电容、电阻和二极管进行检查,以免更换后的 IPM 再次损坏。

第 2 节　控制电路典型故障的检修流程

本节主要介绍变频空调控制电路(电脑板、电控板)的典型故障的故障分析与检修流程、方法与技巧。

一、整机不工作

整机不工作是指插好电源线后室内机上的指示灯、显示屏不亮,并且用遥控器也不能开机。该故障主要是由于电源电路、微处理器电路异常所致。故障原因根据有无 5V 供电又有所不同,没有 5V 供电,说明市电输入系统、电脑板上的电源电路异常;若 5V 供电正常,说明微处理器电路异常。整机不工作,无 5V 供电的故障检修流程如图 3-19 所示。整机不工作,有 5V 供电的故障检修流程如图 3-20 所示。

提示 该流程是按照线性电源介绍的,若采用的是开关电源,在检修熔丝管熔断故障时,还要检查开关管、300V 供电滤波电容是否击穿。

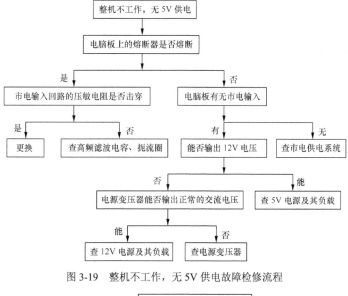

图 3-19　整机不工作，无 5V 供电故障检修流程

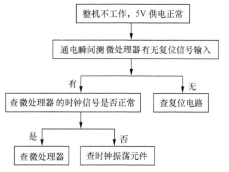

图 3-20　整机不工作，5V 供电正常故障检修流程

二、显示供电异常故障代码

该故障的主要原因：①市电电压异常；②电源插座、电源线异常；③市电检测电路异常；④微处理器异常。该故障检修流程如图 3-21 所示。

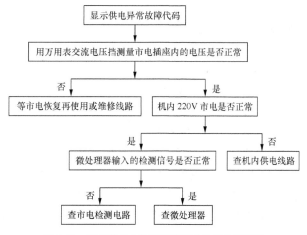

图 3-21　显示供电异常故障代码的故障检修流程

三、显示通信异常故障代码

该故障的主要原因：①附近有较强的电磁干扰；②室内机与室外机的连线异常；③室内电脑板的微处理器、通信电路器件异常；④室外电路板电源电路异常；⑤300V 供电电路异常；⑥IPM 电路异常。该故障检修流程如图 3-22 所示。

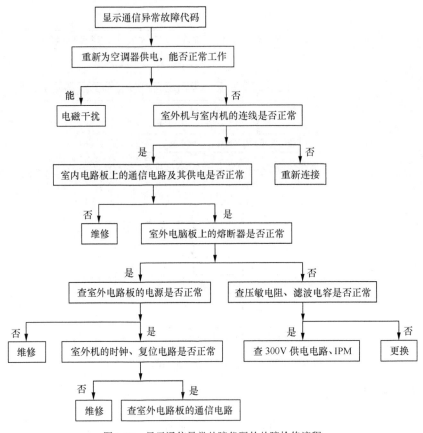

图 3-22　显示通信异常故障代码的故障检修流程

 提示 变频空调的室外机电路板微处理器电路工作所需要的 5V 电压通过 12V 电压经稳压产生，而 12V 电压由开关电源产生。由于开关电源都是采用 300V 电压供电，所以 IPM 内的功率管击穿引起市电输入回路的 15～20A 熔丝管过流熔断时，不能形成 300V 电压，或 300V 电压形成电路及它的限流电阻异常，不能形成 300V 电压时，室外微处理器不能工作，也就会导致通信电路不工作，从而产生该故障。

 方法与技巧 如果室外机电路板上有指示灯，可根据指示灯的发光情况对故障部位进行大致判断。通信期间，若指示灯闪烁，基本可判断是室外机电路板异常；若发光但不闪烁，多为室内机电路板异常；若不发光，多为室外机的电源电路、微处理器或通信电路不良，这是因为室外机电路板只有接收到室内机电路板发来的脉冲信号后才能发光，而室外机接收信号后才能向室内机电路板发出脉冲信号，这样室内机、室外机的电路板才能进行通信。

四、显示室内温度传感器异常故障代码

该故障的主要原因：①连接器的插头接触不好；②室内温度传感器阻值偏移；③阻抗信号/电压信号转换电路的电阻变值、电容漏电；④室内微处理器或存储器异常。该故障检修流程如图 3-23 所示。

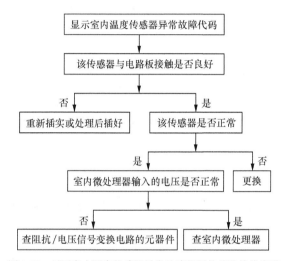

图 3-23　显示室内温度传感器异常故障代码的故障检修流程

 提　示　显示其他温度传感器异常故障代码的故障和室内温度传感器异常故障的检修流程一样，维修时可参考该流程。

 注　意　存储器异常后必须要采用原厂写有数据的存储器更换，否则可能会导致空调不能正常工作。

五、显示室内风扇电机异常故障代码

该故障的主要原因：①室内风扇电机运行电容异常；②室内风扇电机供电电路异常；③室内风扇电机反馈电路异常；④室内风扇电机异常；⑤室内微处理器或存储器异常。该故障检修流程如图 3-24 所示。

六、显示压缩机排气管过热故障代码

该故障的主要原因：①制冷系统异常；②压缩机排气管温度检测电路异常；③压缩机异常；④微处理器异常。该故障检修流程如图 3-25 所示。

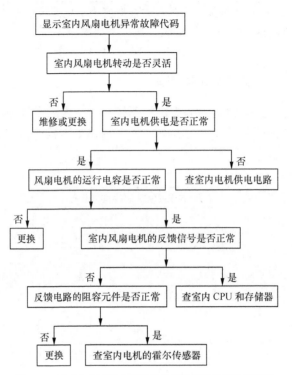

图 3-24　显示室内风扇电机异常故障代码的故障检修流程

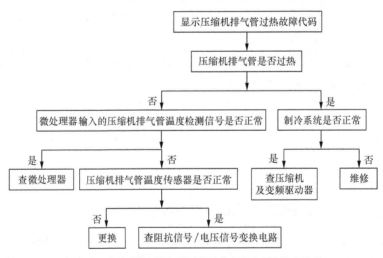

图 3-25　显示压缩机排气管过热故障代码的故障检修流程

七、显示压缩机过流故障代码

该故障的主要原因：①制冷系统异常；②压缩机运转电流检测电路异常；③压缩机异常；④IPM 异常；⑤室外微处理器或存储器异常。该故障检修流程如图 3-26 所示。

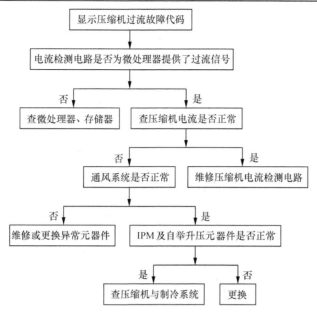

图 3-26　显示压缩机过流故障代码的故障检修流程

八、显示 IPM 异常故障代码

该故障的主要原因：①IPM 散热异常；②供电电路异常；③温度检测电路异常；④温度检测传感器的阻抗信号/电压信号变换电路异常；⑤微处理器或存储器异常。该故障检修流程如图 3-27 所示。

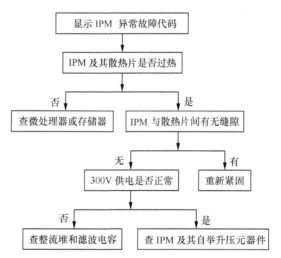

图 3-27　显示 IPM 异常故障代码的故障检修流程

九、显示无负载故障代码

该故障代码的主要原因：①压缩机未运转；②IPM 模块异常；③300V 供电电路异常；④微处理器异常。该故障检修流程如图 3-28 所示。

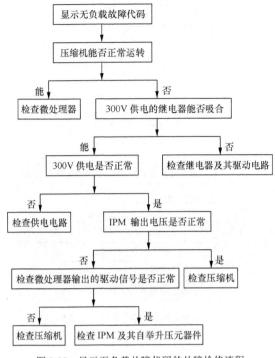

图 3-28　显示无负载故障代码的故障检修流程

十、显示室外热交换器过热故障代码

该故障的主要原因：①室外机通风系统异常；②制冷系统异常；③室外盘管温度检测电路异常；④室外盘管温度检测传感器的阻抗信号/电压信号变换电路异常；⑤室外微处理器异常。该故障检修流程如图 3-29 所示。

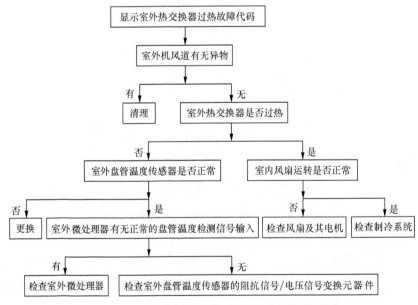

图 3-29　显示室外热交换器过热故障代码的故障检修流程

提 示　若空调出现显示室外机过载故障代码的故障时，检修流程和该流程相同。另外，有时压缩机工作异常也可能产生该故障。

十一、制冷效果差

该故障的主要原因：①温度设置不正常；②室内温度传感器及其阻抗信号/电压信号变换电路异常；③通风系统异常；④制冷系统异常；⑤300V 供电电路异常；⑥IPM 模块异常；⑦室内微处理器或存储器异常。该故障检修流程如图 3-30 所示。

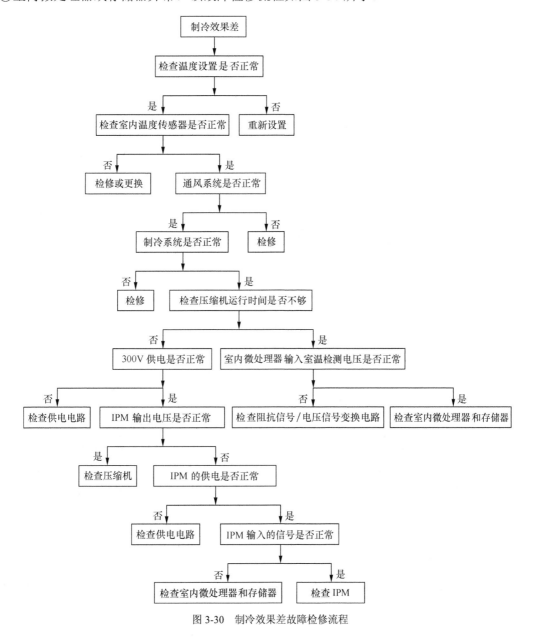

图 3-30　制冷效果差故障检修流程

提 示 若温度检测传感器或其阻值/电压变换电路、通风系统异常，或制冷剂泄漏严重，被电路板上的微处理器检测后，微处理器控制空调进入保护状态，并会通过显示屏或指示灯显示故障代码。

十二、遥控功能失效

该故障的主要原因：①遥控器的电池没电；②遥控器晶振异常；③遥控器的发射管损坏；④遥控器芯片损坏；⑤空调的接收电路损坏。该故障检修流程如图 3-31 所示。

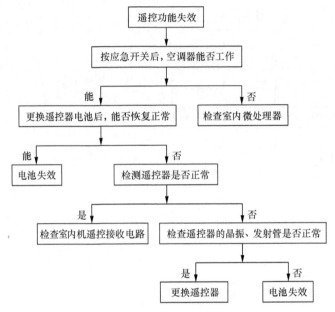

图 3-31　遥控功能失效故障检修流程

 提 示 电池容量不足、发射管老化还会产生遥控距离近的故障；晶振异常还会产生有时不能遥控，但震动遥控器后恢复正常的故障。

 方法与技巧 遥控器检测可采用 4 种方法：一是采用相同型号的遥控器控制室内机，若能正常，则说明用户的遥控器损坏；二是用具有遥控器检测功能的万用表检测；三是用专用的遥控器检测仪器进行检测（通常卖电子元器件的商店就有该仪器）；四是用收音机检测。

十三、部分操作功能失效

该故障的主要原因：①操作键及其相接的线路异常；②微处理器损坏。该故障检修流程如图 3-32 所示。

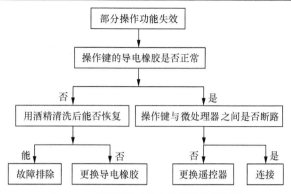

图 3-32　部分操作功能失效故障检修流程

十四、显示屏字符缺笔画

该故障的主要原因：①液晶显示屏异常；②主控制板与液晶显示屏之间的连线断；③微处理器损坏。该故障检修流程如图 3-33 所示。

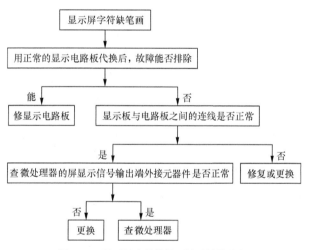

图 3-33　显示屏字符缺笔画故障检修流程

十五、蜂鸣器不发音

该故障的主要原因：①蜂鸣器损坏；②驱动电路异常；③微处理器损坏。检修流程如图 3-34所示。

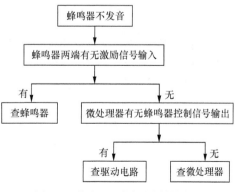

图 3-34　蜂鸣器不发音故障检修流程

第3节　典型电脑板故障检修图解

本节主要介绍典型变频空调电脑板的故障图解。通过本节内容读者可进一步掌握变频空调电脑板的故障分析方法。

一、海信 KFR-26G/85FZBpH-A2、KFR-35G/85FZBpH-A2 型变频空调电路板故障图解

1. 室内机
（1）电气接线图

KFR-26G/85FZBpH-A2 与 KFR-35G/85FZBpH-A2 变频空调室内机接线图如图 3-35 所示。

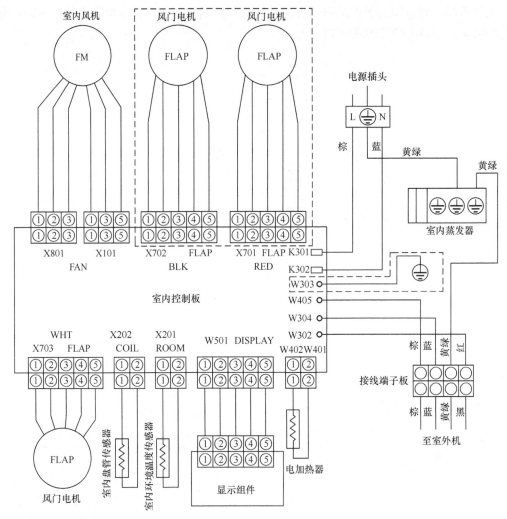

图3-35　KFR-26G/85FZBpH-A2 与 KFR-35G/85FZBpH-A2 空调室内机接线图

（2）电路板图解

KFR-26G/85FZBpH-A2、KFR-35G/85FZBpH-A2 室内机电路板实物与典型元器件图解，如图 3-36 所示。

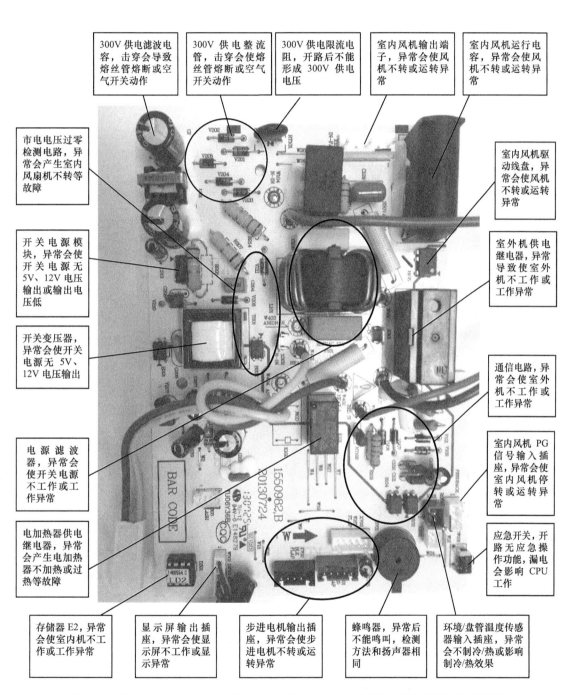

图 3-36 海信 KFR-26G/85FZBpH-A2、KFR-35G/85FZBpH-A2 空调室内机电路板故障检修图解

提示 CPU 电路、继电器驱动电路都在电路板的背面，图 3-36 中未画出。

2. 室外机

（1）电气接线图

7KFR-26G/85FZBpH-A2、KFR-35G/85FZBpH-A2 室外机接线图如图 3-37 所示。

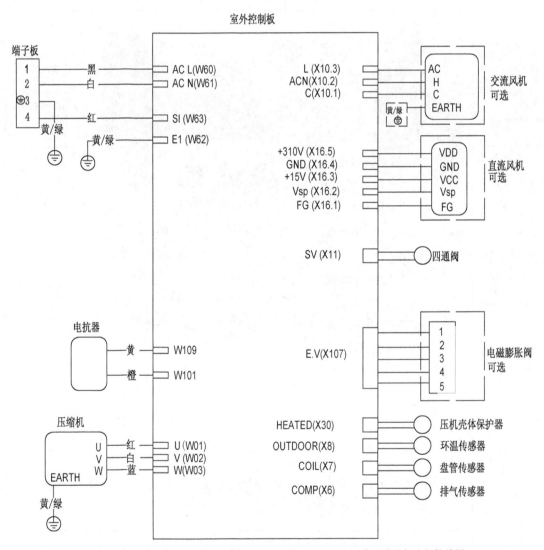

图 3-37　海信 KFR-26G/85FZBpH-A2、KFR-35G/85FZBpH-A2 空调室外机电气接线图

（2）KFR-26G/85FZBpH-A2 室外机

KFR-26G/85FZBpH-A2 室外机电路图解精要如图 3-38 所示。

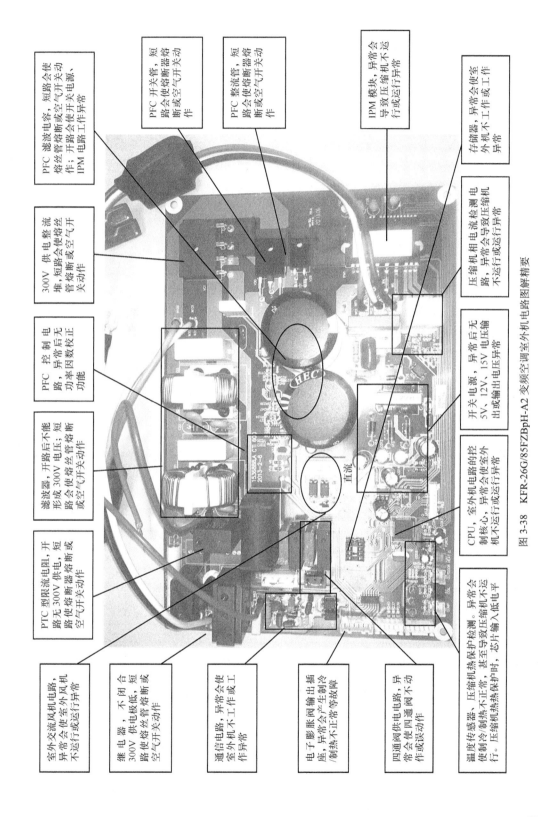

PFC 滤波电容，短路会使熔丝管熔断或使空气开关动作；开路会使开关电源、IPM 电路工作异常

PFC 开关管，短路会使熔断器熔断或空气开关动作

PFC 整流管，短路会使熔断器熔断或空气开关动作

IPM 模块，异常会使室外压缩机运行或工作异常

存储器，异常会使室外机不工作或运行异常

300V 供电整流堆，短路会使熔丝开关动作

压缩机相电流检测电路，异常会导致压缩机不运行或运行异常

PFC 控制电路，异常后因功率因数校正功能

滤波器，开路后无形成 300V 电压；短路会使熔丝管熔断或空气开关动作

开关电源 5V、12V、15V 电压出或输出电压异常

PTC 型限流电阻，开路无 300V 供电，短路会使熔断器熔断使空气开关动作

CPU，室外机电路的控制核心，异常会使室外机不运行或运行异常

直流

图 3-38　KFR-26G/85FZBpH-A2 变频空调室外机电路图解精要

室外交流风机电路，异常会使室外风机不运行或运行异常

继电器，不闭合无 300V 供电会使熔丝管熔断或空气开关动作

通信电路，异常会使室外机不工作异常

电子膨胀阀输出插座，异常会产生制冷/制热不正常等故障

四通阀供电电路，异常会使四通阀不动作或误动作

温度传感器、压缩机热保护检测。异常会使制冷/制热不正常，甚至导致压缩机不运行。压缩机热保护时，芯片输入低电平

提 示 KFR-35G/85FZBpH-A2 室外机电路与 KFR-26G/85FZBpH-A2 室外机电路的主要区别是：它的室外风扇电机采用的是直流风扇电机，并且电路板上取消了交流风扇电机供电电路。

3．IPM 模块的检测

检测时，先将数字万用表打到二极管挡，将红色表笔放在模块 N 管脚上，再用黑色表笔分别接模块 U、V、W 三个端子，导通压降值的范围在 0.35～0.7V；如果正常，再将万用表的黑色表笔放在模块 P 管脚上，用黑色表笔分别接模块 U、V、W 三个端子，导通压降值的范围也在 0.35～0.7V 之间。如果导通压降值近于 0 或为无穷大，则说明模块损坏。

4．关键数据

（1）电路板的维修参考数据

正常时，通讯线上的电压应按 0V→15V→24V 的周期变换；常温下，PTC 型热敏电阻的阻值为 47Ω 左右；电子膨胀阀的工作电压为 12V，室外机初次通电时，电子膨胀阀应发出动作的声音，否则说明它没有工作；稳压器 7815 的输入电压应在 18V 左右，输出电压为 15V。

直流风机插座的④脚接地；⑥脚对地电压为 310V 左右；③脚是驱动电路的工作电压，对地电压为 15V；②脚为直流风机驱动信号输出，电压在 8V 左右；①脚为直流风机转速反馈信号，电压为 7V 左右。

（2）制冷/制热系统的维修参考数据

本机型不同环境温度下制冷蒸发饱和压力以及所对应的温度值，制热冷凝压力以及所对应的室内盘管温度值、出风口温度、电流值、频率等如表 3-2～3-5 所示。

 提 示 测试时为高风模式，设定制冷温度为 18℃/制热温度为 32℃，室内盘管、室外整机电流为检测工装的显示值。温度低于-5℃时，电加热器开始加热。

表 3-2 　　　　　　　　　　26 系列空调制冷期间的维修参考数据

室内环境温度/℃	室外环境温度/℃	维修口压力（表压）/Bar	出风口温度/℃	压缩机频率/Hz
27	25	6.5	13.5	76
27	30	6.9	11.2	85
27	35	7	11.8	85
27	38	8.2	13.3	85
27	40	9.3	14.6	83
27	45	10.8	16.5	73

表 3-3 　　　　　　　　　　26 系列空调制热期间的维修参考数据

室内环境温度/℃	室外环境温度/℃	维修口压力（表压）/Bar	出风口温度/℃	压缩机频率/Hz
10	−10	25.5	33.3	85
10	−5	25.7	36.2	85
10	0	25.9	36.8	85
10	2	26.7	37.6	85

室内环境温度/℃	室外环境温度/℃	维修口压力（表压）/Bar	出风口温度/℃	压缩机频率/Hz
10	5	27.5	38.3	85
10	10	27.8	40.2	85
20	−10	26.8	39.8	85
20	−7	27.4	40.5	85
20	−5	28.2	44.6	85
20	0	28.9	42.1	85
20	2	27.1	42.9	85
20	5	30.5	44.6	85
20	10	30.2	44.3	78
20	15	30.3	44.2	65

表 3-4   35 系列空调制冷期间主要维修参考数据

室内环境温度/℃	室外环境温度/℃	维修口压力（表压）/Bar	出风口温度/℃	压缩机频率/Hz
27	25	8.5	12	80
27	30	9	12	80
27	35	8.6	12.5	80
27	38	8.9	12.8	80
27	40	8.9	12.9	80
27	45	10.1	14.6	62

表 3-5   35 系列空调制热期间主要维修参考数据

室内环境温度/℃	室外环境温度/℃	维修口压力（表压）/Bar	出风口温度/℃	压缩机频率/Hz
10	−10	22.5	34	88
10	−5	23.5	36.1	88
10	0	25	32.7	88
10	2	32.3	40.3	88
10	5	30	37.9	88
10	10	33.8	39.2	88
20	−10	24.5	36	59
20	−7	25	38.5	59
20	−5	26.9	40.6	88
20	0	29.3	41.2	88
20	2	31	42.5	88
20	5	33.5	45	88
20	10	37	47.9	84
20	15	38	49.1	75

二、长虹 R410A 变频空调器电路板图解与故障代码

1. 电路板图解

长虹 R410A 变频空调器电路板故障图解如图 3-39 所示。

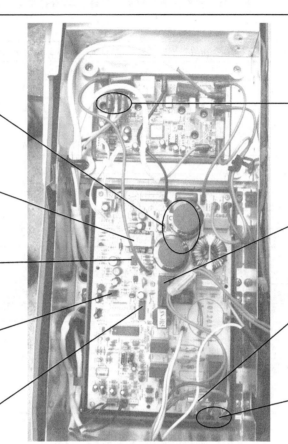

300V 供电滤波电容，它容量不足，会导致压缩机驱动模块、开关电源工作异常

开关变压器，它异常会导致开关电源无电压输出或电源模块损坏

电源模块，它异常会导致开关电源无电压输出或熔丝管熔断

5V 稳压器，它异常会导致无 5V 电压输出或输出电压不稳定

驱动器，它异常会导致继电器的触点不能闭合或不能释放的故障

压缩机驱动输出线，若接触不良会产生压缩机不能正常运转、显示故障代码，甚至可能会损坏驱动电路

300V 供电限流电阻（PTC 热敏电阻）控制继电器，它的触点不能闭合，会导致开关 300V 供电过低，开关电源、IPM 电路不能工作；若触点粘连，会产生熔丝管熔断的故障

熔丝管，它过流熔断后，电路板无市电电压输入，产生整机不工作故障

220V 供电，棕线为 L，蓝线为 N，若插反会产生通信异常的故障

图 3-39　长虹 R410A 变频空调电路板故障检修图解

2. 测试代码进入方法与含义

按住遥控器的"空清"键 5 秒后进入遥控器的测试码发射状态，通过"温度"升降键可改变测试码，按"开/关"键即发码。检测完毕后按住遥控器的"空清"键 5 秒后退出测试码状态。长虹 R410A 变频空调器测试代码与含义如表 3-6 所示。

表 3-6　　　　　　　　　　　　长虹 R410A 变频空调器测试代码与含义

测 试 代 码	含 义
5	锁频额定制冷点，锁频额定制热点
9	取消"5"的功能
10	取消 11-17 的显示，同时显示设定温度
11	显示室内温度
12	显示内盘温度
13	显示室外温度
14	显示外盘温度
15	显示压机排气温度
16	显示运行电流
17	内机保护显示
20	取消 21 的功能
21	显示实际运行频率

注意 不能按其他遥控代码，否则空调可能会按非正常模式运转。一旦按错代码，可以将空调断电后，重新通电即可。

3. 故障代码

为了便于生产和维修，该机电路板具有故障自诊功能。当该机控制电路中的某一元器件发生故障时，被微处理器检测后，微处理器会控制室内机的显示屏显示故障代码，来提醒故障发生部位。故障代码与故障原因如表 3-7 所示。

表 3-7　　　　　　　　　　　长虹 R410A 变频空调器故障代码与含义

代 码	故 障 说 明	代 码	故 障 说 明
F0	直流风扇电机故障	「0	逆变器直流过电压故障
F1	室温传感器故障	「1	逆变器直流低电压故障
F2	室外温度传感器故障	「2	逆变器交流过电流故障
F3	内盘温度传感器故障	「3	失步检出
F4	外盘温度传感器故障	「4	欠相检出故障（速度推定脉动检出法）
F5	压机排气温度传感器故障	「5	欠相检出故障（电流不平衡检出法）
F6	室内通信无法接受	「6	逆变器 IPM 故障（边沿、电平）
F7	室外通信无法接受	「7	PFC_IPM 故障（边沿、电平）
F8	外机与 IPDU 通信故障	「8	PFC 输入过电流检出故障
E0	压机顶置保护	「9	直流电压检出异常
E1	内机无法接收显示面板通信	」0	PFC 低电压（有效值）检出故障
E2	室外风扇电机故障	」1	AD Offset 异常检出故障
E3	显示面板无法接收室内主板通信	」2	逆变器 PWM 逻辑设置故障
」3	逆变器 PWM 初始化故障	」7	Shunt 电阻不平衡调整故障
」4	PFC_PWM 逻辑设置故障	」8	通信断线检出
」5	PFC_PWM 初始化故障	」9	电机参数设置故障
」6	温度异常	P1	压机排气温度保护
P2	过电流保护	P4	制热过载保护
P3	制热除霜	P5	制冷防冻结
P6	制冷过载保护	E4	室内直流电机或驱动电路异常（72 柜机）
P8	外机与驱动板通讯故障	C1	存储器数据异常
E8	与滑动面板有关的同步电机或光电开关异常（72 柜机）	C0	直流电源异常
C2	存储器初始化	P7	压缩机驱动模块过热保护
P8	压缩机运转频率低于最低频率	E4	与滑动面板有关的同步电机或光电开关异常（50 柜机）

备注：符号代码识别读法 "「" 读作 "倒 L"，"」" 读作 "J"。

提示 检修显示 F1~F5 故障代码的故障时，不仅要检查相应的温度传感器，而且要检查它的阻抗信号/电压信号变换电路。

第4章　变频空调电脑板典型电子器件、集成电路的检测和更换方法

第1节　变频空调电脑板典型电子器件的识别与检测

变频空调（变频空调器）电脑板（也称主板、控制板）由众多的电子元器件构成，其中典型的元器件有晶闸管、场效应管、光耦合器、继电器、LED 数码管、集成电路等。

一、晶闸管（可控硅）

1. 晶闸管的特点

晶闸管也称可控硅，是一种能够像闸门一样控制电流大小的半导体器件。因此，晶闸管主要是作为开关应用在供电回路或保护电路中。晶闸管有单向晶闸管（SCR）、双向晶闸管（TRIAC）、可关断晶闸管（GOT）、温控晶闸管、光控晶闸管和逆导晶闸管等多种。变频空调仅采用双向晶闸管，并未采用其他的晶闸管。常见的双向晶闸管实物如图 4-1 所示。

图 4-1　双向晶闸管实物图

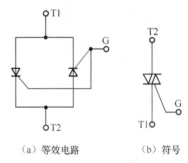

（a）等效电路　　　（b）符号

图 4-2　双向晶闸管等效电路和符号

2. 双向晶闸管的识别与检测

双向晶闸管也叫双向可控硅。双向晶闸管具有成本低、效率高、性能可靠等优点，被广泛应用在交流调压、电机调速、灯光控制等电路中。双向晶闸管的实物外形和单向晶闸管基本相同。

（1）构成和特点

双向晶闸管是两个单向晶闸管反向并联，所以它具有双向导通性能，即只要控制极 G 输入触发电流后，无论 T1、T2 间的电压方向如何，它都能够导通。它的等效电路和符号如图 4-2 所示。

（2）引脚和好坏的判断

下面介绍使用指针万用表对双向晶闸管的引脚进行识别，以及对其好坏进行检测的方法，

如图 4-3 所示。

首先，将指针型万用表置于 R×1 挡，任意测双向晶闸管两个引脚的阻值，当一组的阻值为几十欧姆时，说明这两个引脚的特性为 G 极和 T1 极，剩下的引脚为 T2 极，如图 4-3（a）所示；随后，假设 T1 和 G 极中的任意一脚为 T1，将黑表笔接 T1，红表笔接 T2 极，此时的阻值为无穷大，说明晶闸管截止，如图 4-3（b）所示；用表笔瞬间短接 T2、G 极，为 G 极提供触发电压，如果阻值由无穷大变为 20Ω 左右，说明晶闸管被触发导通并维持导通，如图 4-3（c）、图 4-3（d）所示。调换表笔重复上述操作，结果相同时，说明假定正确。若调换表笔操作时，阻值仅能在短时间内为几十欧姆，随后增大，则说明晶闸管不能维持导通，假定的 G 极实际为 T1 极，而假定的 T1 极为 G 极；若被测管不能触发导通，说明触发电流小或被测管异常。

（a）T1 与 G 极间阻值

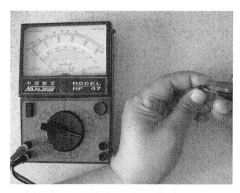

（b）T2 与 T1 极间的阻值

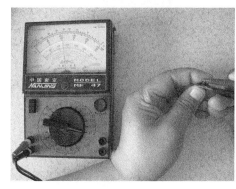

（c）触发

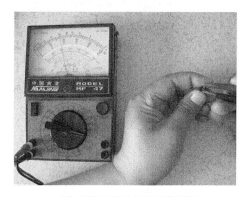

（d）导通后的 T1 与 T2 极间阻值

图 4-3 双向晶闸管好坏及触发能力的检测

二、场效应管

1. 场效应管的特点

场效应管的全称是场效应晶体管（Field Effect Transistor，缩写为 FET）。它是一种外形与三极管相似的半导体器件。但它与三极管的控制特性却截然不同，三极管是电流控制型器件，通过控制基极电流来达到控制集电极电流或发射极电流的目的，即需要信号源提供一定的电流才能工作，所以它的输入阻抗较低。而场效应管则是电压控制型器件，它的输出电流决定于输入电压的大小，基本上不需要信号源提供电流，所以它的输入阻抗较高。此外，场效应管与三极管相比，具有开关速度快、高频特性好、热稳定性好、功率增益大及噪声小等优点，因此在电子产品中得到广泛应用。

2. 场效应管的分类

场效应管按其结构可分为结型场效应管和绝缘栅型场效应管两种，根据极性不同又分为 N 沟道和 P 沟道两种，按功率可分为小功率、中功率和大功率 3 种，按封装结构可分为塑封和金封两种，按焊接方式可分为插入式焊接和贴面式焊接两种，按栅极数量可分为单栅极场效应管和双栅极场效应管两种等。

3. 场效应管的引脚功能

不管哪种场效应管，它都有栅极（gate，简称为 G 极），漏极（drain，简称为 D 极）和源极（source，简称为 S 极）3 个电极。这 3 个电极所起的作用与三极管对应的集电极（c 极）、基极（b 极）、发射极（e 极）类似。其中，G 极对应 b 极，D 极对应 c 极，S 极对应 e 极。N 沟道型场效应管对应 NPN 型三极管，P 沟道型场效应管对应 PNP 型三极管。常见的场效应管实物如图 4-4 所示，场效应管在电路图中的符号如图 4-5 所示。

（a）直插焊接式　　　　　　　　（b）贴面焊接式

图 4-4　常见的场效应管实物图

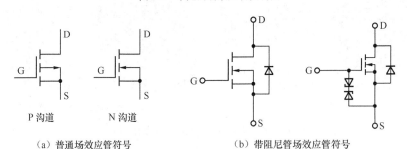

P 沟道　　　　N 沟道

（a）普通场效应管符号　　　　　　（b）带阻尼管场效应管符号

图 4-5　场效应管的电路符号

4. 场效应管的检测

（1）引脚与管型的判断

参见图 4-6，将指针式万用表置于 R×1 挡，测量场效应管任意两引脚之间的正、反向电阻值。其中一次测量中两引脚的电阻值为十几欧姆，这时黑表笔所接的引脚为 S 极（N 沟道型场效应管）或 D 极（P 沟道型场效应管），红表笔接的引脚是 D 极，余下的引脚为 G 极，如图 4-6（a）所示。再将万用表置于 R×10k 挡，黑表笔接 D 极，红表笔接 S 极，阻值应大于 500kΩ。此时，红表笔所接引脚不动，黑表笔将 D、G 极短接后，再测 D、S 极，此时的阻值迅速变小，说明该管被触发导通，并且该管为 N 沟道型场效应管，如图 4-6（b）所示。如果经触发后，D、S 极间阻值为无穷大，说明该管没有被触发导通。再将万用表置于 R×10k挡，则红表笔接 D 极，红表笔短接 D、G 极后，再测 D、S 极间阻值迅速减小，说明该管被触发导通，并且该管为 P 沟道型场效应管，如图 4-6（c）所示。

 提示　用表笔的金属部位将触发后的场效应管的 3 个引脚短接，就可以使该管恢复截止。许多大功率场效应管的 D、S 极间并联了一只二极管，所以未触发时，测量 D、S 极间的正、反向电阻实际上是测量了该二极管的阻值。有的场效应管被触发后，D、S 极间的阻值会很小，甚至会接近于 0。

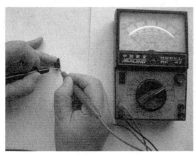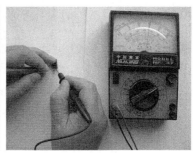

（a）D、S 极的判别

（b）N 沟道型场效应管的触发

（c）P 沟道型场效应管的触发

图 4-6　大功率型场效应管的引脚和管型判别

（2）场效应管好坏的判别

指针式万用表测量：用万用表 R×1k 挡或 R×10k 挡测量场效应管任意两脚之间的正、反向电阻值。正常时，除 D 极与 S 极的正向电阻值较小外，其余各引脚之间（G 与 D 极、G 与 S 极）的正、反向电阻值均应为无穷大。若测得某两极之间的电阻值接近 0，则说明该管已击穿损坏。确认被测管子的阻值正常后，再按图 4-6 所示的方法对其进行触发，若能够触发导通，说明管子正常，否则说明它已损坏或性能下降。

数字式万用表测量：参见图 4-7，将万用表置于"二极管"挡，测量 G、S 极或 G、D 极之间的正、反向电阻都应为无穷大，测量 D、S 极间正向电阻时屏幕显示数值为 0.5 左右，调换表笔后，数值为无穷大。如果出现两次及两次以上电阻值较小，则说明该场效应管已击穿。

（a）G、D 极和 G、S 极间正、反向电阻　　（b）D、S 极间正向电阻　　（c）D、S 极间反向电阻

图 4-7　N 沟道型场效应管好坏的判别

5．场效应管的代换

维修中，场效应管的代换原则和三极管一样，也要坚持"类别相同，特性相近"的原则。"类别相同"是指代换中应选相同品牌、相同型号的场效应管，即 N 沟道管换 N 沟道管，P 沟道管换 P 沟道管；"特性相近"是指代换中应选参数、外形及引脚相同或相近的场效应管。

三、光耦合器

1．光耦合器的识别

光耦合器又称光电耦合器、光电隔离器或光耦，它是以光为主要媒介的转换元件，它通过由电到光，再由光到电来实现信号的隔离传输。常见的光耦合器大多由一只发光二极管（简称发光管）和一只光敏三极管（简称光敏管）或光控晶闸管构成。当发光管流过导通电流后开始发光，光敏管受到光照后导通，这样通过控制发光管导通电流的大小，改变其发光的强弱就可以控制光敏管或光控晶闸管的导通程度，所以它属于一种具有隔离传输性能的器件。空调电路上应用的光耦合器主要有 4 脚和 6 脚两种，它们的典型实物图和电路符号如图 4-8 所示。

（a）实物图　　　　　　　　　　　　　（b）电路符号

图 4-8　光耦合器

2．光耦合器的检测

（1）引脚、穿透电流的检测

用数字式万用表的二极管挡或指针式万用表的电阻挡测量，就可以判断出光耦合器的引脚和穿透电流的大小，如图 4-9 所示。

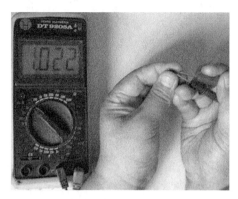

（a）发光管正向电阻

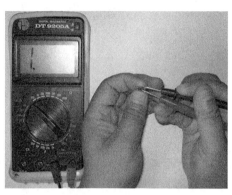

（b）发光管反向电阻

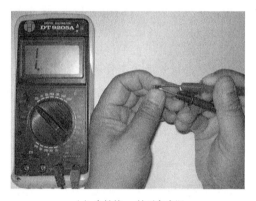

（c）光敏管 ce 结正向电阻

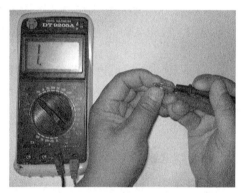

（d）光敏管 ce 结反向电阻

图 4-9　光耦合器引脚判断和穿透电流的检测

由于发光管具有二极管的单向导通特性，所以测量时只要发现两个引脚的阻值为单向导通特性，则说明这一侧是发光管，另一侧为光敏管。用万用表的二极管挡测发光管的正向电阻，显示 1.022 左右，反向电阻的阻值为无穷大；而光敏管 c、e 极间的正、反向电阻的阻值都应为无穷大。若发光管的正向电阻大，说明导通电阻大；若发光管的反向电阻或光敏管的 ce 结电阻小，说明发光管或光敏管漏电。

提示　数据由 4 脚的光耦合器 PC123 上测得。若采用指针式万用表 R×1k 挡测量时，发光管的正向电阻阻值为 20kΩ 左右，它的反向电阻阻值及光敏管的正、反向电阻阻值均为无穷大。

（2）光电效应的检测

检测光耦合器的光电效应时，需要采用两块指针万用表或指针万用表、数字万用表各一块，检测方法如图 4-10 所示。

（a）R×1 挡检测

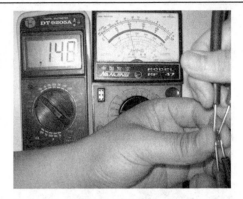
（b）R×10 挡检测

图 4-10　光耦合器光电效应的检测

　　将数字式万用表置于"二极管"挡，两表笔分别接在光敏管的 c、e 极上，再将指针式万用表置于 R×1 挡，黑表笔接发光管的正极、红表笔接发光管的负极，此时数字式万用表显示屏显示的数值为 0.076；表笔不动，将指针式万用表置于 R×10 挡后，数字式万用表显示的数值增大为 0.148。这说明在增大指针式万用表的挡位，使流过发光管的电流减小后，光敏管的导通阻值增大，被测试的光电耦合器 PC123 的光电效应正常。

　　提示　　在使用 R×1、R×10 挡为发光管提供电流时，光敏管的导通程度与万用表内的电池容量成正比，也就是指针式万用表的电池容量下降后，会导致数字式万用表测量的数值增大。

四、电磁继电器

　　电磁继电器是一种控制器件，通常应用于自动控制电路中，它由控制系统（又称输入回路）和被控制系统（又称输出回路）两部分构成，它实际上是用较小的电流去控制较大电流的一种"自动开关"。

　　1. 电磁继电器的识别
　　电磁继电器一般由线圈、铁芯、衔铁、触点簧片、外壳、引脚等构成。因为它内部的触点是否动作受线圈能否产生电磁场的控制，所以此类继电器称为电磁继电器。常用的电磁继电器的实物外形如图 4-11 所示。

图 4-11　常用的电磁继电器实物

电磁继电器根据线圈的供电方式可以分为直流电磁继电器和交流电磁继电器两种，交流电磁继电器的外壳上标有"AC"字符，直流电磁继电器的外壳上标有"DC"字符。电磁继电器根据触点的状态可分为常开型继电器、常闭型继电器和转换型继电器 3 种。3 种电磁继电器的电路符号如表 4-1 所示。

表 4-1　　　　　　　　　　　　　普通电磁继电器的电路符号

线 圈 符 号	触 点 符 号	
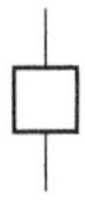 KR	 KR-1	动合触点（常开），称 H 型
	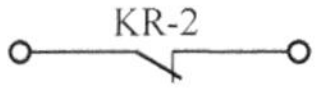 KR-2	动断触点（常闭），称 D 型
	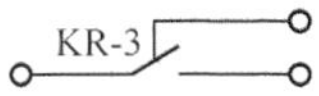 KR-3	切换触点（转换），称 Z 型
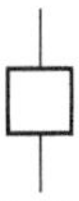 KR1	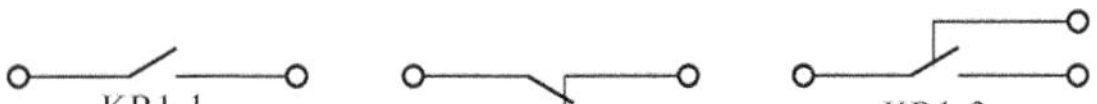 KR1-1　　KR1-2　　KR1-3	
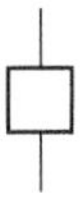 KR2	KR2-1　　KR2-2	

（1）常开型

常开型继电器也叫动合型继电器，通常用"合"字的拼音字头 H 表示。此类继电器的线圈没有导通电流时，触点处于断开状态，当线圈通电后触点就闭合。

（2）常闭型

常闭型继电器也叫动断型继电器，通常用"断"字的拼音字头 D 表示。此类继电器的线圈没有导通电流时，触点处于接通状态，当线圈通电后触点就断开。

（3）转换型

转换型继电器通常用"转"字的拼音字头 Z 表示。转换型继电器有 3 个一字排开的触点，中间的触点是动触点，两侧的触点是静触点。此类继电器的线圈没有导通电流时，动触点与其中的一个静触点接通，而与另一个断开；当线圈通电后动触点移动，与原闭合的静触点断开，与原断开的静触点接通。

2.　电磁继电器的检测

（1）线圈直流电阻的检测

继电器的型号不一样，其线圈的直流电阻也不一样，通过检测线圈的直流电阻，可以判断继电器是否正常。

如图 4-12（a）所示，将数字万用表置于 200Ω 电阻挡，测继电器线圈的两个引脚间的阻值，若阻值与标称值基本相同，表明线圈良好；若阻值为无穷大，说明线圈开路；若阻值小，则说明线圈短路。但是，通过万用表测量线圈的阻值很难判断线圈是否匝间短路。

（2）继电器触点通断的检测

如图 4-12（b）所示，将万用表置于通断测量挡，将表笔接在常闭触点的两个引脚，显示的数值近于 0，并且蜂鸣器鸣叫，否则说明触点损坏。如图 4-12（c）所示，用表笔接常开触点的两引脚，其间的数值应为无穷大；否则，说明触点粘连。

（a）线圈的检测

（b）常闭触点的检测

（c）常开触点的检测

图 4-12　电磁继电器好坏的判断

参见图 4-13，用直流稳压电源为继电器的线圈供电，使衔铁动作，将常闭触点转为断开，而将常开触点转为闭合，再检测触点引脚的阻值，阻值正好与未加电时的测量结果相反，说明该继电器正常；否则，说明该继电器损坏。

图 4-13　电磁继电器供电后触点通断的检测

3. 继电器的更换

继电器损坏后必须采用相同规格的同类产品更换，否则不仅会给安装带来困难，而且可能会产生新的故障。

五、LED 数码管

LED（发光二极管）数码管是由 LED 构成的数字、图形显示器件。主要用它进行功能或数字显示。常见的 LED 数码显示器件如图 4-14 所示。

（1）LED 数码管的构成

LED 数码管有共阳极、共阴极两种，如图

（a）一位

（b）双位

（c）普通显示屏

图 4-14　LED 数码显示器件实物图

4-15（a）所示。所谓共阳极就是 7 个 LED 的正极连接在一起，如图 4-15（b）所示；所谓共阴极就是将 7 个 LED 的负极连接在一起，如图 4-15（c）所示。

a～g 脚是 7 个笔段的驱动信号输入端，DP 脚是小数点驱动信号输入端，③、⑧脚的内部相接，是公共阳极或公共阴极。

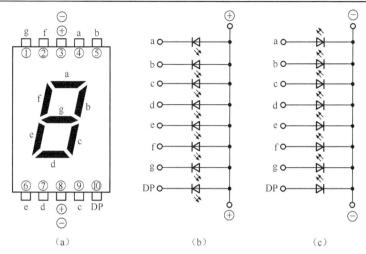

图 4-15　一位 LED 数码管构成示意图

（2）LED 数码管的工作原理

对于共阳极数码管，它的③、⑧脚是供电端，接电源；它的 a～g 脚是激励信号输入端，
接在激励电路输出端上。当 a～g 脚内的哪个脚或多个
脚输入低电平信号时，则相应笔段的 LED 发光。

对于共阴极数码管，它的③、⑧脚是接地端，直
接接地；它的 a～g 脚也是激励信号输入端，接在激励
电路输出端上。当 a～g 脚内的哪个脚或多个脚输入高
电平信号时，则相应笔段的 LED 发光，该笔段被点亮。

（3）LED 数码显示器件的检测

如图 4-16 所示，将数字式万用表置于"二极管"
挡，把红表笔接在 LED 正极一端，黑表笔接在负极的
一端，若万用表的显示屏显示 1.588 左右的数值，并

图 4-16　数字式万用表检测 LED 数码管示意图

且数码管相应的笔段发光，说明被测数码管笔段内的 LED 正常，否则该笔段内的 LED 已损坏。

第 2 节　变频空调电脑板常用集成电路的识别与检测

集成电路也称为集成块、芯片，它的英文全称是 Integrated Circuit，缩写为 IC。常见的
集成电路有直插单列、双列和贴面焊接等多种封装结构，如图 4-17 所示。

（a）单列直播　　（b）双列直播　　（c）双列贴面　　（d）四列贴面

图 4-17　常见的集成电路实物图

一、三端不可调稳压器

三端不可调稳压器是目前应用最广泛的稳压器。三端不可调稳压器主要有78××系列和79××系列两大类。其中，78××系列稳压器输出正电压，而79××系列稳压器输出负电压。其中，××代表电压数值，比如，7812代表输出电压为12V的稳压器，7905代表输出电压为−5V的稳压器。常见的三端不可调稳压器实物外形与引脚功能如图4-18所示。

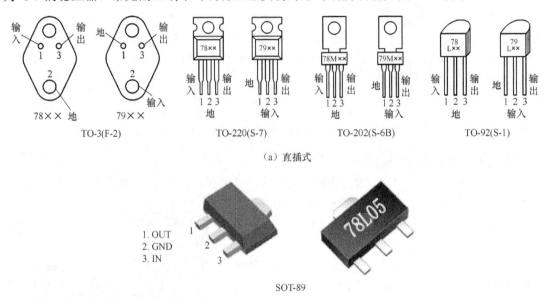

（a）直插式

1. OUT
2. GND
3. IN

SOT-89

（b）贴面式

图4-18　三端不可调稳压器的实物外形

1. 三端不可调稳压器的分类

（1）按输出电压分类

三端不可调稳压器按输出电压可分为10种，以78××系列稳压器为例介绍，包括7805（5V）、7806（6V）、7808（8V）、7809（9V）、7810（10V）、7812（12V）、7815（15V）、7818（18V）、7820（20V）、7824（24V）。变频空调主要采用的三端不可调稳压器是7805和7812。

（2）按输出电流分类

三端不可调稳压器按输出电流可分为多种。电流大小与型号内的字母有关，稳压器最大输出电流与字母的关系如表4-2所示。

表4-2　　　　　　　　　稳压器最大输出电流与字母的关系

字母	L	N	M	无字母	T	H	P
最大电流（A）	0.1	0.3	0.5	1.5	3	5	10

如表4-2所示，常见的78L05就是最大电流为100mA的5V稳压器，而常见的AN7812就是最大电流为1.5A的12V稳压器。

2. 三端不可调稳压器的检测

检测三端不可调稳压器时，可采用电阻测量法和电压测量法两种方法。而实际测量中，一般都采用电压测量法。下面以三端稳压器 KA7812 为例进行介绍，检测过程如图 4-19 所示。

将 KA7812 的供电端和接地端通过导线接在稳压电源的正、负极输出端子上，稳压电源调在 16V 直流电压输出挡上，测 KA7812 的供电端与接地端之间的电压为 15.85V，测输出端与接地端之间的电压为 11.97V，说明该稳压器正常。若输入端电压正常，而输出端电压异常，则为稳压器异常。

（a）输入端电压　　　　（b）输出端电压

图 4-19　三端稳压器 KA7812 的检测示意图

 注意　若稳压器空载电压正常，而接上负载时输出电压下降，说明负载过流或稳压器带载能力差，这种情况对于缺乏经验的人员最好采用代换法进行判断，以免误判。

二、驱动器 ULN2003/μPA81C/μPA2003/MC1413/TD62003AP/KID65004

1. ULN2003/μPA81C/μPA2003 /MC1413/TD62003AP/KID65004 的识别

ULN2003/μPA81C/μPA2003/MC1413/TD62003AP/KID65004 是由 7 个非门电路构成的，它的输出电流为 200mA（最大可达 350mA），放大器采用集电极开路输出，饱和压降 V_{CE} 约 1V，耐压 BV_{CEO} 约为 36V，可用来驱动继电器，也可直接驱动白炽灯等器件。它内部还集成了一个消线圈反电动势的钳位二极管，以免放大器截止瞬间过压损坏。ULN2003/μPA81C/μPA2003/MC1413/TD62003AP/KID65004 的实物（以 ULN2003 为例）如图 4-20 所示，内部构成如图 4-21 所示。在图 4-21 中，内接三角形底部的引脚是输入端，接小圆圈的引脚是输出端。

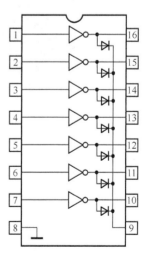

（a）直插式　　　　（b）贴片式

图 4-20　ULN2003 实物示意图　　　　图 4-21　ULN2003 内部构成示意图

2. ULN2003/μPA81C/μPA2003/MC1413/TD62003AP/KID65004 的检测

由于 ULN2003/μPA81C/μPA2003//MC1413/TD62003AP/KID65004 是由 7 个非门电路构成的，所以它们的①～⑦脚与⑧脚间的正、反向阻值是基本相同的，而⑩～⑯脚与⑧脚间的阻值也基本相同，如图 4-22 所示。

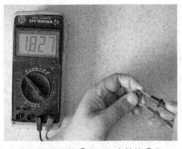
（a）黑表笔接⑧脚、红表笔接①脚

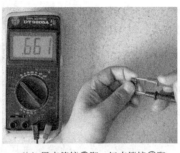
（b）黑表笔接⑧脚、红表笔接④脚

（c）黑表笔接①脚、红表笔接⑧脚

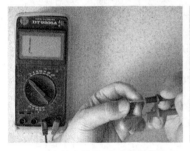
（d）黑表笔接②脚、红表笔接⑧脚

（e）黑表笔接⑩脚、红表笔接⑧脚

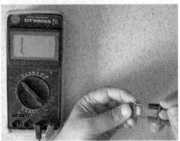
（f）黑表笔接⑧脚、红表笔接⑩脚

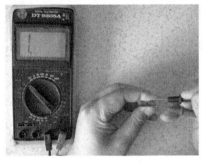
（g）黑表笔接⑭脚、红表笔接⑧脚

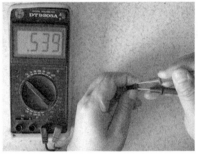
（h）黑表笔接⑧脚、红表笔接⑭脚

图 4-22　检测 ULN2003 的非门示意图

提示　图 4-22 中未对所有的非门的引脚进行检测，如需检测，按同样方法依次检测即可。

三、驱动器 ULN2803/ TD62803AP

变频空调还采用一种 8 个非门电路构成的驱动器 ULN2803/TD62803AP。它与 ULN2003 工作原理和检测方法相同，仅多一路非门，所以它有 18 个引脚，如图 4-23 所示。它的内部构成如图 4-24 所示。

（a）直插式　　　　　　（b）贴片式

图 4-23　ULN2803 实物图

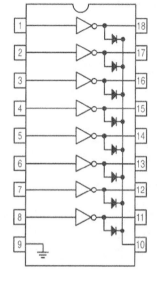

图 4-24　ULN2803/TD62803 内部构成

四、三端误差放大器 TL431

1. TL431 的识别

三端误差放大器 TL431（或 KIA431、KA431、LM431、HA17431）在电源电路中应用得较多。TL431 属于精密型误差放大器，它有 8 脚直插式和 3 脚直插式两种封装形式，如图 4-25 所示。

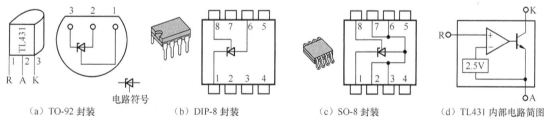

（a）TO-92 封装　　　　（b）DIP-8 封装　　　　（c）SO-8 封装　　　（d）TL431 内部电路简图

图 4-25　误差放大器 TL431

目前，常用的是 3 脚封装的（外形类似 2SC1815），它有 3 个引脚，分别是误差信号输入端 R，接地端 A，控制信号输出端 K。

当 R 脚输入的误差取样电压超过 2.5V 后，TL431 内的比较器输出的电压升高，三极管导通加强，使得 TL431 的 K 脚电位下降；若 R 脚输入的电压低于 2.5V 时，则 K 脚电位升高。

2. TL431 的检测

如图 4-26 所示，TL431 的非在路检测主要是检测 R、A、K 脚间的正、反向电阻。

（a）黑表笔接 A 脚、红表笔接 K 脚

（b）红表笔接 A 脚、黑表笔接 K 脚

（c）黑表笔接 R 脚、红表笔接 K 脚

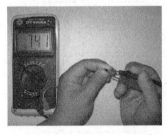

（d）红表笔接 R 脚、黑表笔接 K 脚

（e）黑表笔接 A 脚、红表笔接 R 脚

（f）红表笔接 A 脚、黑表笔接 R 脚

图 4-26　TL431 的非在路电阻检测示意图

五、双运算放大器 LM358

1. LM358 的识别

LM358 内设两个完全相同的运算放大器及运算补偿电路，采用差分输入方式。它有 DIP-8 双列直插和 SOP-8（SMP）双列扁平两种封装形式。它的实物和内部构成如图 4-27 所示，它的引脚功能如表 4-3 所示。

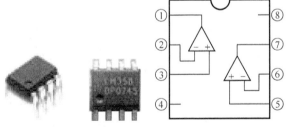

（a）实物图　　　　　　　　（b）内部构成图

图 4-27　LM358 实物图和内部构成图

表 4-3　　　　　　　　　　　　　　　　LM358 的引脚功能

引脚号	名　称	功　能	引脚号	名　称	功　能
①	OUT1	运算放大器 1 输出	⑤	Inputs2（+）	运算放大器 2 同相输入端
②	Inputs1（-）	运算放大器 1 反相输入端	⑥	Inputs2（-）	运算放大器 2 反相输入端
③	Inputs1（+）	运算放大器 1 同相输入端	⑦	OUT2	运算放大器 2 输出
④	GND	接地	⑧	V_{CC}	供电

2. LM358 的检测

（1）LM358 内运算放大器的检测

LM358 是由两个相同的运算放大器构成的，因此它的两个运算放大器的相同功能引脚对地正、反向阻值基本相同。下面以①、②、③脚内的运算放大器为例介绍检测方法和阻值，如图 4-28 所示，其他放大器的检测方法与它相同。

（a）红表笔接①脚、黑表笔接④脚　　（b）红表笔接②脚、黑表笔接④脚　　（c）红表笔接③脚、黑表笔接④脚

（d）黑表笔接①脚、红表笔接④脚　　（e）黑表笔接②脚、红表笔接④脚　　（f）黑表笔接③脚、红表笔接④脚

图 4-28　检测 LM358 内运算放大器示意图

（2）LM358 的供电端对地阻值的检测

LM358 的供电端⑧脚和接地端④脚间的正、反向电阻的阻值检测如图 4-29 所示。

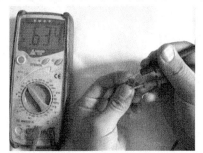

（a）黑表笔接④脚、红表笔接⑧脚　　　　　（b）黑表笔接⑧脚、红表笔接④脚

图 4-29　检测 LM358 的供电端对地阻值示意图

六、双电压比较器 LM393

1. LM393 的识别

LM393 内设两个完全相同的电压比较器，采用差分输入方式。它的工作电压范围达 2～36V，它有 DIP-8 双列直插和 SOP-8（SMP）双列扁平两种封装形式。它的实物外形和内部构成如图 4-30 所示，引脚功能如表 4-4 所示。

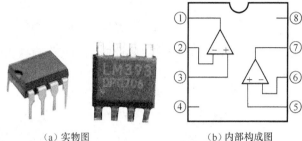

（a）实物图　　　　　　　　　　　　（b）内部构成图

图 4-30　LM393 实物图和内部构成图

表 4-4　　　　　　　　　　　　　　　LM393 的引脚功能

引脚号	名　　称	功　　能	引脚号	名　　称	功　　能
①	OUT A	电压比较器 A 输出	⑤	INB+	电压比较器 B 同相输入端
②	INA−	电压比较器 A 反相输入端	⑥	INB−	电压比较器 B 反相输入端
③	INA+	电压比较器 A 同相输入端	⑦	OUT B	电压比较器 B 输出
④	GND	接地	⑧	V_{CC}	供电

2. LM393 的检测

（1）LM393 内电压比较器的检测

LM393 是由两个相同的电压比较器构成的，因此它的两个电压比较器的相同功能引脚对地正、反向阻值基本相同。下面以①、②、③脚内的电压比较器为例介绍检测方法和阻值，如图 4-31 所示，另一个电压比较器的测试方法与它相同。

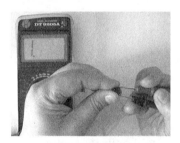
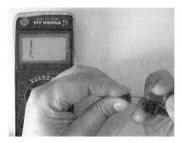
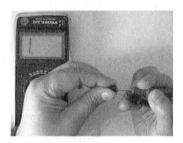

（a）红表笔接①脚、黑表笔接④脚　　（b）红表笔接②脚、黑表笔接④脚　　（c）红表笔接③脚、黑表笔接④脚

（d）黑表笔接①脚、红表笔接④脚　　（e）黑表笔接②脚、红表笔接④脚　　（f）黑表笔接③脚、红表笔接④脚

图 4-31　检测 LM393 电压比较器示意图

（2）LM393 的供电端对地阻值的检测

LM393 的供电端⑧脚和接地端④脚间的正、反向电阻的阻值检测如图 4-32 所示。

（a）黑表笔接④脚、红表笔接⑧脚　　　　　（b）黑表笔接⑧脚、红表笔接④脚

图 4-32　检测 LM393 的供电端对地阻值示意图

七、TOP 系列电源模块

TOP 系列电源模块内部由场效应型功率管和控制电路两部分构成，如图 4-33 所示。它有 YO3A、DIP-8 和 SMD-8 等封装结构，如图 4-34 所示。YO3A 的封装结构有 3 个引脚，而 DIP-8 和 SMD-8 的封装结构都有 8 个引脚，它们的区别在于是直插焊接，还是贴面焊接。YO3A 封装的引脚功能如表 4-5 所示。

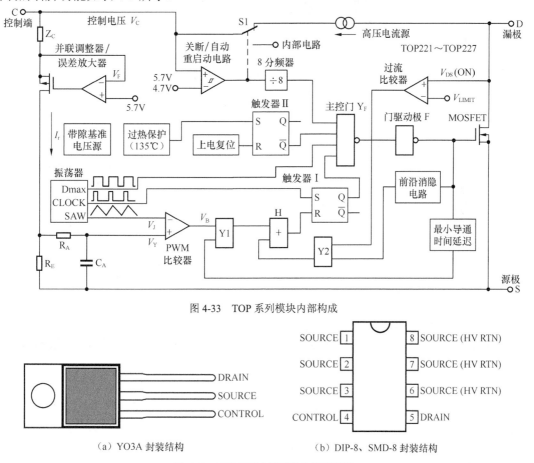

图 4-33　TOP 系列模块内部构成

（a）YO3A 封装结构　　　　　　　　　　（b）DIP-8、SMD-8 封装结构

图 4-34　TOP 系列电源模块实物示意图

表 4-5   **TOP 系列电源模块（YO3A 封装）的引脚功能**

名　　称	功　　能
SOURCE	场效应型开关管的 S 极
CONTROL	误差控制信号输入
DRAIN	开关管漏极和高压恒流源供电

八、电可擦可编程只读存储器（E2PROM）93C46

93C46 是一种可定义为 16 位（ORG 端悬空）或 8 位（ORG 端接地）的 1KB 存储器。它可以通过 DI（或 DO）写入（或读出）数据。它的供电电压范围是 1.8～6V，它保存数据的时间可达 100 年，而数据可读取次数可达 100 万次，它有 DIP-8、SOIC-8、TSSOP-8 等多种封装结构。常见的 93C46 实物图如图 4-35 所示，它的引脚功能如表 4-6 所示。

（a）直插式　　　　　　　　（b）贴片式

图 4-35　存储器 93C46 的实物图

表 4-6   **存储器 93C46 的引脚功能**

引脚号	名称	功　　能	引脚号	名称	功　　能
①	CS	片选信号输入（低电平有效）	⑤	GND	接地
②	SK	时钟信号输入（低电平有效）	⑥	ORG	存储器结构选择（当⑥脚接地后，存储器为 8 位；当⑥脚悬空时，存储器为 16 位）
③	DI	串行信号输入	⑦	DC	状态控制，可接地，也可通过上拉电阻接供电
④	DO	串行信号输出	⑧	V_{CC}	供电

九、集成电路的检测与代换

1. 集成电路的检测

判断集成电路是否正常，通常采用直观检测法、电压检测法、电阻检测法、波形检测法、代换检测法。

（1）直观检测法

部分电源控制芯片、驱动块损坏时表面会出现裂痕，所以通过肉眼查看就可判断它已损坏。

（2）电压检测法

电压检测法是通过检测被怀疑芯片的各脚对地电压的数据，和正常的电压数据比较后，就可判断该芯片是否正常。

　注意　测量集成电路引脚电压时需要注意以下几项。

① 由于集成电路的引脚间距较小，因此测量时表笔不要将引脚短路，以免导致集成电路损坏。

② 不能采用内阻低的万用表测量。若采用内阻低的万用表测量集成电路的振荡器端子电压，会导致振荡器产生的振荡脉冲的振荡频率发生变化，可能会导致集成电路不能正常工作，甚至会发生故障。

③ 测量过程中表笔要与引脚接触良好，否则不仅会导致所测的数据不准确，而且可能会导致集成电路工作失常，甚至会发生故障。

④ 测量的数据与资料上介绍的数据有差别时，不要轻易判断集成电路损坏。这是因为使用的万用表不同，测量数据会有所不同，并且进行信号处理的集成电路在有无信号时数据也会有所不同。因此，要经过仔细分析，并且确认它外接的元器件正常后，才能判断该集成电路损坏。

（3）电阻检测法

电阻检测法就是通过检测被怀疑芯片的各脚对地电阻的数据并和正常的数据比较，判断该芯片是否正常的方法。电阻检测法有在路测量和非在路测量两种。

　注意　在路测量时若数据有误差，也不能轻易判断集成电路损坏。这是因为使用的万用表不同或使用的电阻挡位不同，都会导致测量数据不同，并且应用该集成电路的电路结构不同，也会导致测量的数据不同。

（4）代换检测法

代换检测法就是采用正常的芯片代换所怀疑的芯片，若故障消失，说明被怀疑的芯片损坏；若故障依旧，说明芯片正常。注意在代换时首先要确认代换件的供电是否正常，以免再次损坏。

　提示　采用代换检测法判断集成电路时，最好安装集成电路插座，这样在确认原集成电路无故障时，可将判断用的集成电路退货，焊锡后的集成电路是不能退货的。另外，必须要保证代换的集成电路是正常的，否则会产生误判的现象，甚至会扩大故障范围。

2. 集成电路的代换

维修中，集成电路的代换应选用相同品牌、相同型号的，仅部分集成电路可采用其他型号的仿制品更换。

第3节　电子元器件的更换方法与备用器件

一、电阻、电容、晶体管的更换

1.　电阻、电容、晶体管的拆卸

由于电阻、电容、二极管的引脚都有两个，而三极管的引脚有 3 个，通常采用直接拆卸的方法，即用一只手持电烙铁对需要拆卸元器件的一个引脚进行加热，用另一只手向外拔出该脚，然后再拆卸余下的引脚即可，如图 4-36 所示。

图 4-36　拆卸电容示意图

 提示　因为晶体管、开关变压器、整流堆引脚的焊锡较多，所以拆卸时采用吸锡法和悬空法更容易些。

2.　电阻、电容、晶体管的安装

焊接时，先将引脚孔里的焊锡清除干净，再将集成电路的引脚对应插入电路板的引脚孔内，最后用接地良好的电烙铁迅速焊接好各引脚。

二、集成电路的更换

1.　集成电路的拆卸

拆卸集成电路通常有吸锡法、悬空法、吹锡法及热风枪熔锡法等。

（1）吸锡法

吸锡法指用吸锡器和吸锡绳（类似屏蔽线）将集成电路引脚的焊锡吸掉，以便于拆卸集成电路。

如图 4-37（a）所示，采用吸锡器吸锡时，先用 30W 电烙铁将集成电路引脚上的焊锡熔化，再用吸锡器将焊锡吸掉，随后用镊子或一字螺丝刀从集成电路的一侧插入到它的底部，再向上撬就可以将集成电路从电路板上取下，如图 4-37（b）所示。

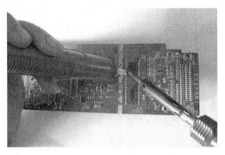
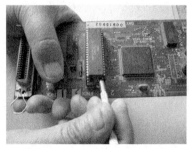

（a）吸锡　　　　　　　　　　　　（b）取出

图 4-37　吸锡器拆卸集成电路示意图

注意　撬集成电路时，若有的引脚不能被顺利"拔"出，说明该引脚上的焊锡没有完全被吸净，需要吸净后再撬，以免拉断引脚。

（2）悬空法

如图 4-38 所示，采用悬空法吸锡时，先用 30W 电烙铁将集成电路引脚上的焊锡熔化，随后用 9 号针头或专用的套管插到集成电路的引脚上并旋转，将集成电路的引脚与焊锡和线路板悬空后，用镊子或一字螺丝刀将集成电路取下。采用该方法时也可以先将针头插到集成电路引脚上，再用电烙铁将焊锡熔化。

（3）吹锡法

采用吹锡法时，先用 30W 电烙铁将集成电路引脚上的锡熔化，再用洗耳（一种小型带气管的橡皮球，常用于钟表维修）将集成电路引脚上的锡吹散，使引脚与线路板脱离。

（4）热风枪熔锡法

热风枪熔锡法主要是用于拆卸扁平焊接方式的元器件，采用热风枪拆卸时，使用热风枪应的注意事项如下。

一是根据所焊元件的大小，选择不同的喷嘴。

二是正确调节温度和风力调节旋钮，使温度和风力适当。如吹焊电阻、电容、晶体管等小元件时温度一般调到 2～3 挡，风速调到 1～2 挡；吹焊集成电路时，温度一般调到 3～5 挡，风速调到 2～3 挡。但由于热风枪品牌众多，拆焊的元器件耐热情况也各不相同，所以热风枪的温度和风速的调节可根据个人的习惯，并视具体情况而定。

三是将喷嘴对准所拆元件，等焊锡熔化后再用镊子取下元件，如图 4-39 所示。

图 4-38　针头拆卸集成电路示意图　　　　　图 4-39　热风枪拆卸集成电路示意图

2. 集成电路的安装

对于直插式集成电路，安装前先将焊孔内的焊锡清除干净，对准引脚后再将所有引脚插入。确认所有引脚都插入好后，再用不漏电的电烙铁迅速焊接。焊接时的速度要快，以免因焊接时间过长，导致集成电路过热损坏，并且更换集成电路后的电路板需要待降到一定温度后才能通电，以免集成电路过热损坏。

　提示　集成电路的引脚顺序有一定的规律，在引脚附近有小圆坑、色点或缺角，则这个引脚是①脚。有的集成电路商标向上，左侧有一个缺口，那缺口左下的第一个引脚就是①脚。

对于贴片式集成电路，安装前先将电路板引脚间的焊锡清除干净，对准各个引脚后焊接。因变频空调电脑板采用的单片机（CPU）属于大规模集成电路，不仅引脚多、引脚间距小，而且采用贴面焊接。因此，要采用热风枪焊接。

三、必用备件

维修电脑板故障时，一些连接器的接插件接触不良、元件的引脚脱焊等简单故障比较容易判断并修复，但对一些由电阻、电容、晶体管、集成电路等电子元器件损坏引发的故障，需要代换或更换故障元器件后才能排除，所以要对常用的元器件和易损元器件有一定数量的备份，这样不仅可以节省检修时间，而且便于一些故障的诊断。但所准备的元器件一定要保证质量，否则可能会使维修工作困难加大。备件可按使用率的高低来准备，对于常用的元器件（如熔丝管、电容、电阻、晶体管、电源模块、继电器等易损件）可多备，而蜂鸣器、晶振、集成电路等不常使用或贵重的元器件可少备，并在日常维修中多积累经验，掌握哪些元器件和集成电路是通用的，以便维修时代用。

精 通 篇

第5章 海尔典型变频空调电路分析与故障检修

第1节 海尔 KFR-50LW/Bp、KFR-60LW/Bp
型变频空调电路

海尔 KFR-50LW/Bp、KFR-60LW/Bp 型柜式变频空调的电路构成和工作原理基本相同，下面以 KFR-50LW/Bp 型变频空调为例进行介绍。

一、室内机电路

室内机电路由电源电路、微处理器电路、室内风扇电机电路、室外机供电电路等构成，方框图如图 5-1 所示，电气接线图如图 5-2 所示，电路原理图如图 5-3 所示。

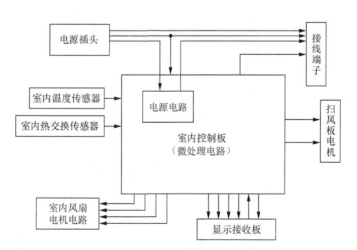

图 5-1 海尔 KFR-50LW/Bp 型柜式变频空调室内机控制电路构成方框图

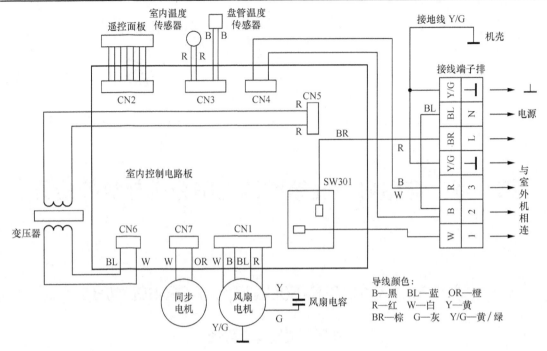

图 5-2　海尔 KFR-50LW/Bp 型柜式变频空调室内机控制电路电气接线图

1. **电源电路**

室内机的电源电路采用由变压器 T1、三端稳压器 V202（7805）为核心构成的变压器降压式直流稳压电源。

插好空调的电源线后，220V 市电电压通过熔丝管（熔断器）FUSE300 输入，再经高频滤波电容 C307 滤除市电电网中的高频干扰脉冲，利用连接器 CN5 输入到电源电路。通过变压器 T1 降压，从它的次级绕组输出的 12V 左右（与市电电压高低成正比）交流电压不仅送到市电过零检测电路，而且通过整流管 D204～D207 组成的桥式整流堆进行整流，再通过 D208 加到滤波电容 C214 两端，通过 C214 滤波产生 12V 左右的直流电压。该电压不仅为继电器、驱动块等电路供电，而且利用三端稳压器 V202 稳压输出 5V 电压，经 C106 滤波后，为室内微处理器、存储器等电路供电。

市电输入回路并联的 Z301 是压敏电阻，当市电电压过高或有雷电窜入，使 Z301 两端的峰值电压达到 560V 时它击穿短路，引起 FUSE300 过流熔断，避免了电源电路的元器件过压损坏，实现过压和防雷电保护。

2. **市电过零检测电路**

市电过零检测电路由整流管 D204 和 D205、放大管 BG101 为核心组成。

变压器 T1 次级绕组输出的交流电压通过 D204、D205 全波整流产生脉动电压，再通过 R109 和 R100 分压限流，C101 滤波后，再经 BG101 倒相放大产生 100Hz 交流检测信号，即市电过零检测信号。该信号作为基准信号通过 R104、C126 低通滤波加到微处理器 IC101（47C862ANGC51）的㊹脚。IC101 对㊹脚输入的信号检测后，就可识别出室内机有无市电输入。若 IC101 判断无市电检测信号输入，就会输出控制信号使该机停止工作，实现市电断电保护。

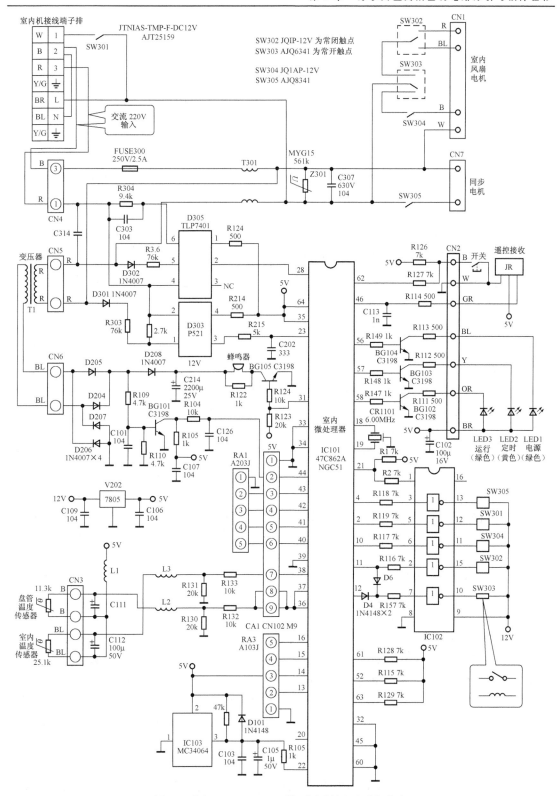

图 5-3 海尔 KFR-50LW/Bp 型柜式变频空调室内机电路

3. 室内微处理器电路

该机室内机微处理器电路以东芝的单片机 47C862ANGC51（IC101）、存储器、遥控接收器、指示灯、蜂鸣器等构成，如图 5-3 所示。

（1）47C862ANGC51 的主要引脚功能

47C862ANGC51 的主要引脚功能如表 5-1 所示。

表 5-1　　　　　　　　　室内微处理器 47C862ANGC51 的主要引脚功能

引脚号	功　　能	引脚号	功　　能
②	室外机供电控制信号输出	㉘	室内通信信号输出
④	导风电机供电控制信号输出	㉛	蜂鸣器驱动信号输出
⑩	室内风扇电机低速端子供电控制信号输出	㉟、⑭	5V 供电
⑪	室内风扇电机中速端子供电控制信号输出	㊱、㊲	室内盘管温度检测信号输入
⑫	室内风扇电机高速端子供电控制信号输出	㊳	室内环境温度检测信号输入
⑬～⑯	未用，接上拉电阻	㊹	市电过零检测信号输入
⑱、⑲	接晶振	㊻	遥控信号输入
㉒	复位信号输入	㊶～㊸	指示灯控制信号输出
㉓	室外通信信号输入	㊽	应急开关控制信号输入

（2）微处理器工作基本条件电路

微处理器正常工作需具备 5V 供电、复位、时钟振荡正常这 3 个基本条件。

5V 供电电路：插好空调的电源线，待室内机电源电路工作后，由其输出的 5V 电压加到微处理器 IC101 的供电端㉟、⑭脚，为 IC101 供电。

复位电路：该机的复位电路以微处理器 IC101 和复位芯片 IC103（MC34064）为核心构成。开机瞬间，由于 5V 电源电压在滤波电容的作用下逐渐升高，当该电压低于 4.6V 时，IC103 的输出端①脚输出低电平电压，该电压通过 R105 加到 IC101 的㉒脚，使 IC101 内的存储器、寄存器等电路清零复位。随着 5V 电源电压的逐渐升高，当其超过 4.6V 后，IC103 的①脚输出高电平电压，经 C103、C105 滤波后，为 IC101 的㉒脚提供高电平信号，使 IC101 内部电路复位结束，开始工作。正常工作后，IC101 的㉒脚电位几乎与供电相同。

时钟振荡电路：微处理器 IC101 得到供电后，它内部的振荡器与⑱、⑲脚外接的晶振 CR1101 通过振荡产生 6MHz 的时钟信号。该信号经分频后协调各部位的工作，并作为 IC101 输出各种控制信号的基准脉冲源。

（3）遥控操作电路

微处理器 IC101 的㊻脚是遥控信号输入端，遥控接收组件（接收头）安装在面板（操作板）上，通过连接器 CN2 与室内控制电路板连接。用遥控器对该机进行温度调节等操作时，遥控接收电路将红外信号进行解码、放大后，通过 CN2 输入到室内控制电路板上，再通过 R114 限流、C113 滤波后，加到 IC101 的㊻脚。IC101 对㊻脚输入的信号进行处理后，控制相关电路进入用户所需要的工作状态。

（4）应急操作电路

应急开关安装在操作面板上，通过连接器 CN2 与室内电路板连接。当按下应急开关后，通过 R127 为 IC101 的㊽脚提供低电平的控制信号后，IC101 控制该机进入应急控制状态。进入应急状态后，当室内温度高于 27℃时，该机自动进入制冷状态，设定的温度为 27℃；当室内温度处于 21～27℃时，该机自动进入除湿状态。

（5）指示灯控制电路

为了实现人机交互，该室内机面板上设置了由微处理器 IC101、3 个发光管及其驱动电路构成的指示灯电路，如图 5-3 所示。

电源指示：当微处理器 IC101 工作后，IC101 通过○56脚输出的高电平控制电压通过 R149 限流，使 BG104 导通。BG104 导通后，5V 电压通过发光管 LED1、R113、BG104 的 ce 结构成回路，使 LED1 发光，表明电源电路和微处理器开始工作。

运行、定时指示：需要该机执行运行程序时，微处理器 IC101 除了控制相关电路工作外，还从○57脚输出高电平控制电压。该电压通过 R148 限流，再通过 BG103 倒相放大后，为发光管 LED2 提供导通电流，使它发光，表明该机工作在运行状态。

需要该机执行定时程序时，微处理器 IC101 除了控制相关电路工作外，还从○58脚输出高电平控制电压。该电压通过 R147 限流，再通过 BG102 倒相放大后，为发光管 LED3 提供导通电流，使它发光，表明该机工作在定时状态。

（6）蜂鸣器电路

参见图 5-3，蜂鸣器电路由微处理器 IC101、驱动管 BG105、蜂鸣器等构成。

进行遥控操作时，IC101○31脚输出的脉冲信号经 R124 限流，再经 BG105 倒相放大后，驱动蜂鸣器鸣叫，表明操作信号已被 IC101 接收。

4. 室内风扇电机电路

参见图 5-3，室内风扇电机电路由室内微处理器 IC101、风扇电机及其供电电路构成。

需要室内风扇电机工作在高风速时，微处理器 IC101 的○10、○11脚输出的控制信号为低电平，而它的○12脚输出的控制信号为高电平；○10脚输出的低电平电压通过 R117 加到驱动块 IC102 的○6脚，通过○6脚内部的非门倒相放大后，切断 SW304 的线圈供电回路，SW304 内的触点断开；○11脚输出的低电平电压通过 R116 加到 IC102 的○2脚，通过○2脚内部的非门倒相放大后，使 SW302 的线圈没有导通电流，SW302 的动触点接通常闭触点；○12脚输出的高电平控制电压经或门的 D4 和 R157 加到 IC102○7脚，通过○7脚内的非门倒相放大后，使继电器 SW303 的线圈有导通电流，SW303 内的动触点与常开触点接通，能为继电器 SW302 的动触点供电。此时，220V 市电电压通过 SW303、SW302、CN1 的 R 脚加到室内风扇电机的高速绕组上，室内风扇电机进入高速运转状态。

需要室内风扇电机工作在中风速时，微处理器 IC101 的○10、○12脚输出的控制信号为低电平，而它的○11脚输出的控制信号为高电平。如上所述，○10脚输出低电平电压时，继电器 SW304 内的触点断开；○11脚输出的高电平电压通过 R116 加到 IC102 的○2脚，通过○2脚内部的非门倒相放大后，使 SW302 的线圈有导通电流，SW302 的动触点接通常开触点，同时○11脚输出的高电平控制电压经或门的 D6 和 R157 加到 IC102○7脚，如上所述，继电器 SW302 的动触点有供电。此时，220V 市电电压通过 SW303、SW302、CN1 的 BL 脚加到室内风扇电机的中速绕组上，室内风扇电机进入中速运转状态。

需要室内风扇电机工作在低风速时，微处理器 IC101 的○11、○12脚输出的控制信号为低电平，而它的○10脚输出的控制信号为高电平。○11、○12脚输出低电平电压后，该电压经 IC102○7脚内的非门倒相放大后，切断 SW303 的线圈中的导通电流，SW303 内的动触点与常开触点断开，而与常闭触点接通，不能为 SW302 的动触点供电，而为 SW304 的动触点供电。同时，⑩脚输出的高电平电压通过 R117 加到 IC102 的⑥脚，通过⑥脚内部的非门倒相放大后，使 SW304 的线圈有导通电流，SW304 的动触点接通静触点，于是 220V 市电电压通过 SW303、SW304、CN1 的 B 脚加到室内风扇电机的低速绕组上，室内风扇电机进入低速运转状态。

5. 导风电机控制

参见图 5-3，由于该机导风电机采用的是交流同步电机，所以该机的导风电机控制电路比较简单，由微处理器 IC101、驱动块 IC102、继电器 SW305 等构成。

在室内风扇运转期间，需要使用导风功能时，按遥控器上的"风向"键，被微处理器 IC101 识别后从④脚输出高电平控制信号。该信号通过 R118 加到驱动块 IC102 的③脚，经③、⑬脚内的非门倒相放大后，驱动继电器 SW305 的线圈产生磁场，使 SW305 内的触点闭合，为同步电机供电，同步电机得电后旋转，带动室内机上的风叶摆动，实现大角度、多方向送风。

6. 室外机供电控制电路

参见图 5-3，室外机供电控制电路由室内微处理器 IC101、SW301 及 IC102 等构成。

当室内微处理器 IC101 工作后，从②脚发出室外机供电的高电平控制信号。该控制信号经 R119 加到驱动块 IC102⑤脚，经⑤脚内的非门倒相放大后，通过 IC102 的⑫脚为继电器 SW301 的线圈提供导通电流，SW301 内的触点闭合，接通室外机的供电回路，为室外机供电。

二、室外机电路

室外机电路由 310V 供电电路、电源电路、微处理器电路、室外风扇电机电路、压缩机驱动电路（功率模块）等构成，方框图如图 5-4 所示，电气接线图如图 5-5 所示，电路原理图如图 5-6 所示。

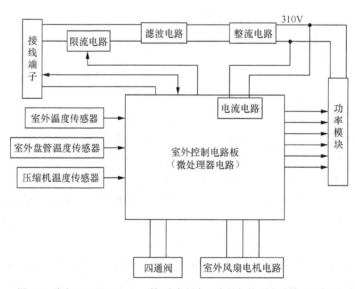

图 5-4 海尔 KFR-50LW/Bp 型柜式变频空调室外机控制电路构成方框图

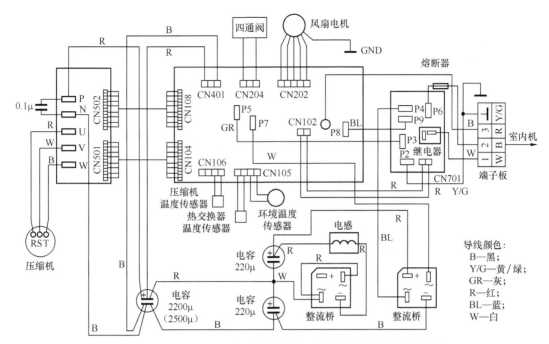

图 5-5　海尔 KFR-50LW/Bp 型柜式变频空调室外机控制电路电气接线图

1．310V 供电电路

参见图 5-6，310V 供电电路由限流电阻 PTC1、桥式整流堆 H（1）、滤波电容、电抗器等构成。

市电电压通过 30A 熔丝管（熔断器）输入，再通过 PTC1 限流后，经电流互感器 TA 的初级绕组输入到 310V 供电电路。在该电路通过整流堆 H（1）整流，利用电抗器和 3 只滤波电容滤波产生 310V 电压。310V 电压一路为功率模块供电；另一路通过 CN401 返回到室外机电路板，不仅为开关电源供电，而且为市电检测电路提供取样电压。

2．限流电阻及其控制电路

由于该机 310V 供电电路的滤波电容的容量超过 2300μF，所以它的初始充电电流较大，为了防止它充电初期产生的大充电电流导致整流堆、熔断器等元器件过流损坏，该机通过正温度系数热敏电阻 PTC1 来抑制该冲击大电流。同时，因 PTC1 是正温度系数热敏电阻，所以为了保证 IPM 等电路正常工作，该机还设置了由室外微处理器 IC2、继电器 SW3、驱动块 IC1（TDG2003AP）电路构成的限流电阻控制电路。当室外微处理器电路工作后，IC2 的㉒脚输出的高电平控制信号经 R9 限流，再经 IC1④、⑬脚内的非门倒相放大后，为继电器 SW3 的线圈提供导通电流，使 SW3 内的触点闭合，将限流电阻 PTC1 短接，确保 IPM 等电路工作后，300V 供电电压的稳定。

3．开关电源

参见图 5-6，室外机采用开关变压器 T1、开关管 N2 为核心构成的并联型自激式开关电源为室外微处理器电路、功率模块的驱动电路供电。

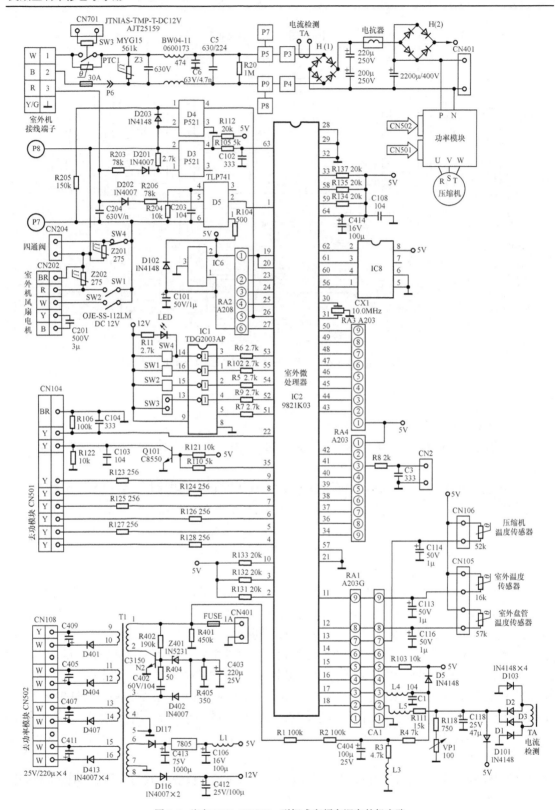

图 5-6　海尔 KFR-50LW/Bp 型柜式变频空调室外机电路

（1）功率变换

连接器 CN401 输入的 310V 左右直流电压经熔丝管 FUSE 分 3 路输出：第 1 路送到市电检测电路；第 2 路通过开关变压器 T1 的初级绕组（1-2 绕组）为开关管 N2 供电；第 3 路通过启动电阻 R402 限流后，为 N2 提供启动电流，使 N2 启动导通。N2 导通后，它的 c 极电流使 1-2 绕组产生①脚正、②脚负的电动势，正反馈绕组（3-4 绕组）感应出③脚正、④脚负的脉冲电压。该电压经 C402、R404、N2 的 be 结构成正反馈回路，使 N2 因正反馈雪崩过程迅速进入饱和导通状态。开关管 N2 饱和后，由于 T1 次级绕组所接的整流管反偏截止，所以 T1 开始存储能量。同时，因 N2 的 c 极电流不再增大，因电感中的电流不能突变，所以 T1 的 1-2 绕组产生反相的电动势，致使 3-4 绕组相应产生反相的电动势，通过 C402、R404 使 N2 迅速截止。开关管 N2 截止后，T1 存储的能量通过次级绕组开始输出。随着 T1 存储的能量释放到一定的程度，T1 各个绕组产生反相电动势，于是 3-4 绕组产生的脉冲电压经 C402、R404 再次使 N2 进入饱和导通状态，形成自激振荡，开关电源进入工作状态。

开关电源工作后，开关变压器 T1 次级绕组输出的电压经整流、滤波后产生多种直流电压。其中，9-10、11-12、13-14、15-16 绕组输出的脉冲电压通过 D401、D404、D407、D413 整流，C409、C405、C407、C411 滤波产生 4 路 15V 电压，通过连接器 CN108 为功率模块的驱动电路供电；7-8 绕组输出的脉冲电压通过 D116 整流、C412 滤波产生 12V 电压，为继电器、驱动块等负载供电；6-7 绕组输出的脉冲电压通过 D117 整流、C413 滤波产生的电压再通过 5V 稳压器 7805 稳压输出 5V 电压，为微处理器、存储器等电路供电。

提示　由于该开关电源的振荡频率为 20kHz，所以它的整流管应采用高频整流管（如 RU2、RG2 等），而该机却采用了工频整流管 1N4007，这不仅会降低开关电源的效率，而且会导致整流管因工作频率不够而严重发热，从而大大增加了整流管的故障率，降低了开关电源使用寿命和 N2 安全性能。

（2）稳压控制

当市电电压升高或负载变轻，引起开关变压器 T1 各个绕组产生的脉冲电压升高时，3-4 绕组升高的脉冲电压经 D402 整流、滤波电容 C403 滤波获得的取样电压（负压）相应升高，使稳压管 Z401 击穿导通加强，为开关管 N2 的 b 极提供负电压，N2 提前截止，致使 N2 导通时间缩短，T1 存储的能量下降，开关电源输出电压下降到正常值，实现稳压控制。反之，稳压控制过程相反。

4. 室外微处理器电路

该机室外机微处理器电路以微处理器 9821K03（IC2）、存储器 IC8 为核心构成，如图 5-6 所示。

（1）室外微处理器 9821K03 的主要引脚功能

室外微处理器 9821K03 的主要引脚功能如表 5-2 所示。

表 5-2　　　　　　　　　　室外微处理器 9821K03 的主要引脚功能

引脚号	功　能	引脚号	功　能
①	室外通信信号输出	㉛	振荡器
②、③	未用，外接上拉电阻	㉟	功率模块控制信号输出

引脚号	功　能	引脚号	功　能
④～⑨	功率模块驱动信号输出	⑤	继电器SW3的控制信号输出
⑪	室外温度传感器检测信号输入	⑤	四通阀控制信号输出
⑫	室外盘管温度检测信号输入	⑭、⑮	室外风扇电机转速控制信号输出
⑬	压缩机温度检测信号输入	⑯	存储器用片选信号输出
⑰	市电电压检测信号输入	⑩	数据信号输出（去存储器）
⑱	压缩机电流检测信号输入	⑪	数据信号输入（来自存储器）
㉒	功率模块异常保护信号输入	⑫	时钟信号输出
㉗	复位信号输入	⑬	室内通信信号输入
㉚	振荡器	⑭	5V供电

（2）微处理器基本工作条件电路

微处理器正常工作需具备5V供电、复位、时钟振荡正常的3个基本条件。

5V 供电电路：插好空调的电源线，待室外机电源电路工作后，由其输出的 5V 电压经 C108、C414 滤波后，加到微处理器 IC2 的供电端⑭脚，为它供电。

复位电路：该机的复位电路以微处理器 IC2 和复位芯片 IC6 为核心构成。开机瞬间，由于 5V 电源电压在滤波电容的作用下逐渐升高，当该电压低于 4.6V 时，IC6 的输出端①脚输出低电平电压，该电压加到 IC2 的㉗脚，使 IC2 内的存储器、寄存器等电路清零复位。随着 5V 电源电压的逐渐升高，当其超过 4.6V 后，IC6 的①脚输出高电平电压，经 C101 滤波后加到 IC2 的㉗脚，使 IC2 内部电路复位结束，开始工作。正常工作后，IC2 的㉗脚电位几乎与供电相同。

时钟振荡电路：微处理器 IC2 得到供电后，它内部的振荡器与㉚、㉛脚外接的晶振 CX1 通过振荡产生 10MHz 的时钟信号。该信号经分频后协调各部位的工作，并作为 IC2 输出各种控制信号的基准脉冲源。

（3）存储器电路

由于变频空调不仅需要存储与温度相对应的电压数据，还要存储室外风扇转速、故障代码、压缩机 F/V 控制等信息，所以需要设置电可擦可编程只读存储器（E2PROM）IC8。下面以调整压缩机电机转速为例进行介绍。

微处理器 IC2 通过片选信号 CS、数据线 SI/SO 和时钟线 SCK 从存储器 IC8 内读取数据后，改变其输出的功率模块驱动信号的占空比大小，最终可实现压缩机电机转速的调整。

5．市电电压检测电路

该机为了防止市电电压过高给电源电路、功率模块、压缩机等器件带来危害，设置了由室外微处理器 IC2、电阻 R1～R3 等构成的市电电压检测电路，如图 5-6 所示。

由于连接器 CN401 输入的 300V 电压是随着市电电压变化而变化的，所以该机是通过对该电压进行取样，实现市电电压检测的。300V 电压通过电阻 R1～R3 取样，经 C404 滤波后产生取样电压 VT。该电压通过 R4、L4 限流，利用电容排 CA1③脚内的电容滤波后，加到微处理器 IC2 的⑰脚。微处理器 IC2 对输入的电压过高或过低进行判断，判断市电电压正常时，输出控制信号使该机正常工作；若判断出市电过压或欠压时，输出控制信号使该机停止工作，进入市电异常保护状态，并通过指示灯显示故障代码。

D5 是钳位二极管，它的作用是防止微处理器 IC2 输入的电压超过 5.4V，以免市电电压升高或取样电阻 R3 异常导致 IC2 过压损坏。

6. 室外风扇电机电路

参见图 5-6，室外风扇电机驱动电路由微处理器 IC2、驱动块 IC1（TDG2003AP）、风扇电机运行电容 C201、风扇电机及其供电继电器 SW1 和 SW2，以及室外温度传感器、室外盘管温度传感器等元器件构成。室外风扇电机的控制与室内电机基本相同，这里不再介绍。

7. 压缩机电流检测电路

参见图 5-6，为了防止压缩机过流损坏，该机设置了以电流互感器 TA、整流管 D1～D3、D103、D101 为核心构成的压缩机电流检测电路。

一根电源线穿过 TA 的磁芯，这样 TA 就可以对压缩机运行电流进行检测，TA 的次级绕组感应出与电流成正比的交流电压。该电压经 D1～D3、D103 桥式整流产生脉动直流电压，再通过 C118 滤波产生直流取样电压。直流取样电压通过 R118、VP1 限压后，利用 R111、L5 限流，然后经电容排 CA1②脚内的电容滤波后，加到微处理器 IC2 的⑱脚。当压缩机运行电流正常时，TA 次级绕组输出的电流在正常范围，经整流、滤波后为 IC2 的⑱脚提供的电压正常，IC2 将该电压与存储器 IC8 内存储的数据比较后，判断压缩机运行电流正常，输出控制信号使该机正常工作。当压缩机运行电流超过设定值后，IC2 的⑱脚输入的电压升高，IC2 将该电压与 IC8 内存储的压缩机过流数据比较后，判断压缩机过流，则输出控制信号使压缩机停止工作，以免压缩机过流损坏，实现压缩机过流保护。

三、室内机、室外机通信电路

该机的通信电路由市电供电系统、室内微处理器 IC101、室外微处理器 IC2 和光耦合器 D303、D305、D3～D5 等元器件构成。电路见图 5-3、图 5-6。

1. 供电

市电电压通过 D302 半波整流，利用 R36 限流，加到 D305 的⑤脚，为它内部的光敏管供电。

2. 工作原理

（1）室内发送、室外接收

室内发送、室外接收期间，室外微处理器 IC2 的①脚输出低电平控制信号，室内微处理器 IC101 的㉘脚输出数据信号（脉冲信号）。IC2 的①脚的电位为低电平，使光耦合器 D5 内的发光管开始发光，D5 内的光敏管受光照后开始导通。同时，IC101 的㉘脚输出的脉冲信号加到光耦合器 D305 的②脚，通过 D305 耦合后，从它④脚输出的脉冲电压通过 CN4、接线端子、R203、D201 加到 D3 的①脚，通过 D3 的耦合，数据信号从 D3 的④脚输出到 IC2 的㊿脚，IC2 接收到 IC101 发来的指令后，就会控制室外机进入需要的工作状态，从而完成室内发送、室外接收控制。

（2）室外发送、室内接收

室外发送、室内接收期间，室内微处理器 IC101 的㉘脚输出低电平控制信号，室外微处理器 IC2 的①脚输出脉冲信号。IC101 的㉘脚电位为低电平时，光耦合器 D305 内的发光管开始发光，D305 内的光敏管受光照后开始导通。同时，IC2 的①脚输出的数据信号通过光耦合器 D5 的耦合，从 D5 的④脚输出，再通过 R204、C203、PTC、T301、R304 加到 D303 的②脚，经 D303 耦合后，从它③脚输出的脉冲信号加到 IC101 的㉓脚，IC101 接收到 IC2 发来的指令后，就会得知室外机组的工作状态，以便做进一步的控制，也就完成了室外发送、室内接收控制。

提示 只有通信电路正常，室内微处理器和室外微处理器进行数据传输后，整机才能工作，否则会进入通信异常保护状态，同时显示屏显示通信异常的故障代码。

四、压缩机电机驱动电路

该机的压缩机电机驱动电路由室外微处理器 IC2、功率模块、压缩机等构成，如图 5-6 所示。

1. 功率模块的工作原理

室外机开关电源输出的 4 路 15V 电压通过连接器 CN108/CN502 为功率模块的驱动电路供电，同时 300V 电压也通过 P、N 端子为功率模块供电。

微处理器 IC2 的④～⑨脚输出的 6 路驱动信号通过连接器 CN104/CN501 加到功率模块的驱动电路输入端，它们通过功率模块内部的驱动电路放大后，驱动 6 只 IGBT 型功率管工作在开关状态，使功率模块输出 3 路分别相差 120°的脉冲电压，驱动压缩机电机运转。

2. 保护电路

功率模块内设置了过流、欠压、过热、短路保护电路。一旦发生欠压、过流、过热等故障，模块内部的保护电路动作，不仅切断模块输入的驱动信号，使模块停止工作，而且输出保护信号。该信号通过连接器 CN108/CN502 返回到室外电路板。该信号通过 C104 滤波，加到微处理器 IC2 的㉒脚，被 IC2 识别后，控制该机停止工作，并通过指示灯显示故障代码，表明该机进入功率模块异常的保护状态。

五、制冷、制热控制电路

该机的制冷、制热控制电路由温度传感器、室内微处理器 IC101、室外微处理器 IC2、存储器、功率模块、压缩机、四通阀及其供电继电器 SW4、风扇电机及其供电电路等构成。风扇电机电路在前面已作介绍，这里不再介绍。

1. 制冷控制

当室内温度高于设置的温度时，CN3 外接的室内温度传感器（负温度系数热敏电阻）的阻值减小，5V 电压通过该电阻与 R131 取样后产生的电压增大，该电压通过 R133 限流、CA1 内的一个电容滤波，为微处理器 IC101 的㊳脚提供的电压升高。IC101 将该电压数据与它内部存储器固化的不同温度的电压数据比较后，识别出室内温度，确定空调需要进入制冷状态。此时，IC101 的⑩～⑫脚输出室内风扇电机供电控制信号，使室内风扇电机获得供电后运转，同时通过通信电路向室外微处理器 IC2 发出制冷指令。IC2 接到制冷指令后，第 1 路通过(54)、(55)脚输出室外风扇电机供电信号，使室外风扇电机运转；第 2 路通过(53)脚输出低电平控制电压，该电压经驱动块 IC1（TDG2003AP）③脚内的非门倒相放大后，使它的⑭脚电位为高电平，不能为继电器 SW4 的线圈提供电流，SW4 内的触点释放，不能为四通阀的线圈供电，四通阀的阀芯不动作，使系统工作在制冷状态，即室内热交换器用作蒸发器，而室外热交换器用作冷凝器；第 3 路通过④～⑨脚输出驱动脉冲，通过功率模块放大后，驱动压缩机运转，开始制冷。随着压缩机和各个风扇电机的不断运行，室内的温度开始下降。室内温度传感器的阻值随室温下降而增大，为 IC101 的㊳脚提供的电压逐渐减小，IC101 识别出室内温度逐渐下降，通过通信电路将该信息提供给 IC2，于是 IC2 的④～⑨脚输出的驱动信号的占空比减小，使功率模块输出的驱动脉冲的占空比减小，压缩机降频运转。当温度达到要求后，室温传感器将检测的结果送给 IC101，IC101 判断出室温达到制冷要求，不仅使室内风扇电机停转，而且通过通信电路告诉 IC2，IC2 输出停机信号，切断室外风扇电机的供电回路，使它停止运转，而且使压缩机停转，制冷工作结束，进入保温状态。随着保温时间的延长，室内的温度逐渐升高，使室温传感器的阻值逐渐减小，为 IC101⑧脚提供的电压再次增大，重复以上过程，空调再次工作，进入下一轮的制冷工作状态。

2. 制热控制

制热控制与制冷控制基本相同，主要的不同点：①室内微处理器 IC101 通过⑧脚的电压，识别出室内温度，通过通信电路向室外微处理器 IC2 发出制热指令，并且通过一定时间延迟后，使它的⑩～⑫脚输出室内风扇电机供电控制信号，室内风扇电机得到供电后运转，延时时间受室内盘管温度传感器的控制；②IC2 接到制热指令后，通过⑤脚输出高电平控制电压，该电压经 IC1③脚内的非门倒相放大后，使它的⑭脚电位为低电平，为继电器 SW4 的线圈提供电流，SW4 内的触点闭合，为四通阀的线圈供电，四通阀的阀芯动作，改变制冷剂的流向，使系统工作在制热状态，即室内热交换器用作冷凝器，而室外热交换器用作蒸发器。

六、常见故障检修

1. 整机不工作

整机不工作指插好电源线后室内机上的指示灯不亮，并且用遥控器也不能开机。该故障主要是由于室内机电源电路、微处理器电路异常所致。故障原因根据有无 5V 供电又有所不同，没有 5V 供电，说明市电输入系统、室内电路板上的电源电路异常；若 5V 供电正常，说明微处理器电路异常。整机不工作，无 5V 供电的故障检修流程如图 5-7 所示；整机不工作，有 5V 供电的故障检修流程如图 5-8 所示。

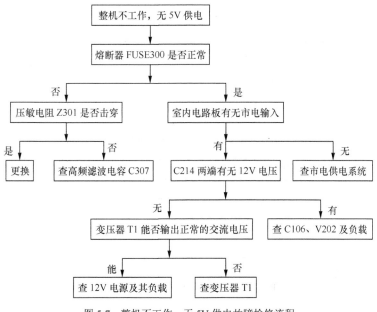

图 5-7　整机不工作，无 5V 供电故障检修流程

提示 如果变压器 T1 的初级绕组有 220V 市电电压，而它的次级绕组没有电压输出，则说明初级绕组开路。当然也可以在断电的情况下测初级绕组的阻值，若阻值为无穷大，则说明初级绕组开路。

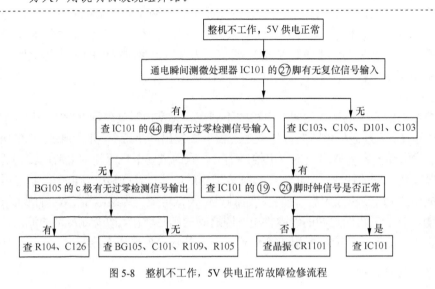

图 5-8 整机不工作，5V 供电正常故障检修流程

注意 变压器 T1 损坏后，必须要检查整流管 D204～D207、C214、V202 是否击穿或漏电，以免更换后的变压器再次损坏。

2. 显示供电异常故障代码

该故障的主要原因：①市电电压异常；②电源插座、电源线异常；③市电检测电路异常；④微处理器异常。该故障检修流程如图 5-9 所示。

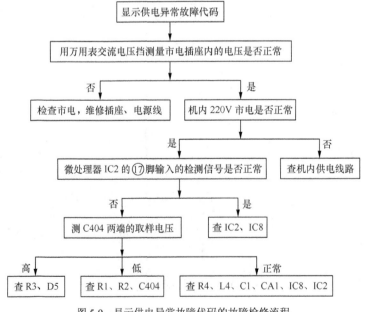

图 5-9 显示供电异常故障代码的故障检修流程

3. 显示室温传感器异常故障代码

该故障的主要原因：①室温传感器阻值偏移；②连接器的插头接触不好；③阻抗信号/电压信号变换电路的电阻变值、电容漏电；④室内微处理器 IC101 异常。该故障检修流程如图 5-10 所示。

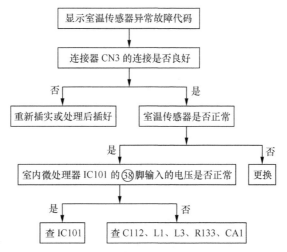

图 5-10　显示室温传感器异常故障代码的故障检修流程

提示　显示其他温度传感器异常故障代码的故障和室温传感器异常故障的检修流程一样，维修时，可参考该流程。

4. 室内风扇电机通电后就高速运转

该故障的主要原因：①继电器 SW303 的触点粘连；②驱动块 IC102 异常；③室内微处理器异常。该故障检修流程如图 5-11 所示。

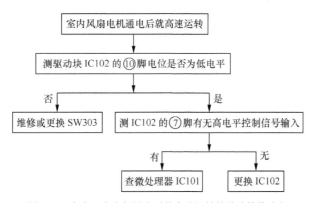

图 5-11　室内风扇电机通电后就高速运转的故障检修流程

提示　由于该机的室内风扇电机采用 3 只继电器 SW301～SW303 为它供电，来满足室内风扇电机 3 种转速的需要，所以继电器开路或其驱动电路异常多会产生室内风扇电机缺一种或两种转速的现象，通常不会产生室内风扇电机不转的故障。电机不转故障主要检查室内风扇电机及其运行电容。

5. 显示压缩机过流故障代码

该故障的主要原因：①制冷系统异常；②压缩机运转电流检测电路异常；③压缩机异常；④功率模块异常；⑤室外微处理器 IC2 或存储器 IC8 异常。该故障检修流程如图 5-12 所示。

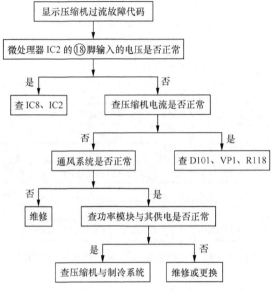

图 5-12 显示压缩机过流故障代码的故障检修流程

6. 显示通信异常故障代码

该故障的主要原因：①附近有较强的电磁干扰；②室内机与室外机的连线异常；③室外机供电电路异常；④室内电脑板的微处理器异常；⑤室外电路板的电源电路异常；⑥室外微处理器电路异常；⑦300V 供电电路异常；⑧功率模块电路异常；⑨通信电路异常。该故障检修流程如图 5-13 和图 5-14 所示。

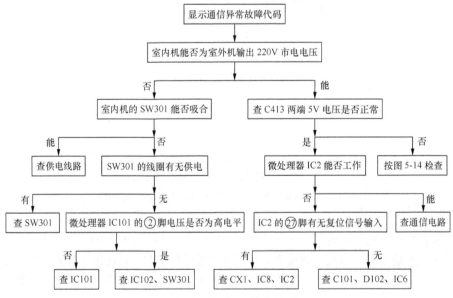

图 5-13 显示通信异常故障代码的故障检修流程（一）

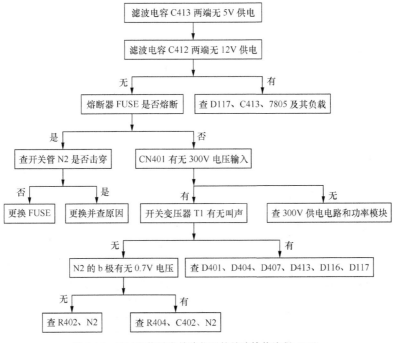

图 5-14　显示通信异常故障代码的故障检修流程（二）

 方法与技巧　维修室外电路板时也可以用 12V 稳压器为 5V 稳压器 7805 供电，这样 7805 就可以为微处理器电路提供 5V 供电，从而方便了检修工作。

 方法与技巧　二极管 D401、D404、D407、D413、D116、D117 和稳压管 Z401 是否正常，通常在路测量就可以确认。若性能差时，最好采用相同参数的二极管代换检查，以免误判。

 注意　开关管 N2 击穿后，必须要检查 Z401、D402、C403 和尖峰吸收回路的元器件（并联在 T1 的初级绕组两端，图中未画出）是否正常，以免更换后的开关管再次损坏。

第 2 节　海尔 KFR-26/35GW/CA 型变频空调电路

海尔 KFR-26/35GW/CA 型变频空调的控制电路由室内机电路、室外机电路、通信电路、压缩机驱动电路等构成。

一、室内机电路

室内机电路由电源电路、温度检测电路、显示电路、室内风扇电机电路等构成，电路原理图如图 5-15 所示，电气接线图如图 5-16 所示。

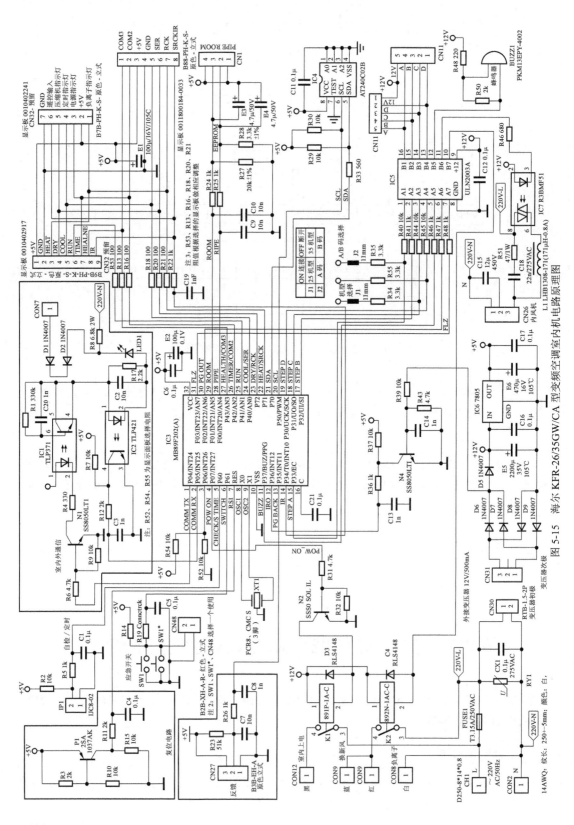

图 5-15 海尔 KFR-26/35GW/CA 型变频空调室内机电路原理图

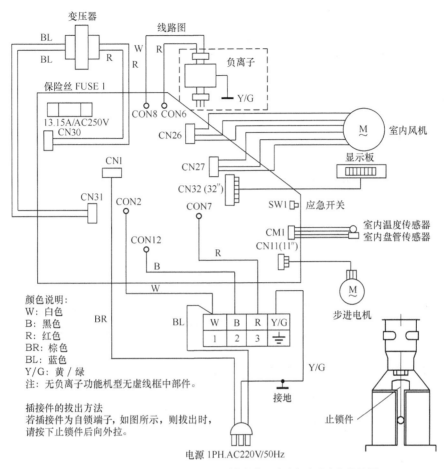

图 5-16　海尔 KFR-26/35GW/CA 型变频空调室内机电路电气接线图

1. 电源电路

室内机的电源电路采用变压器降压式直流稳压电源电路。该电源主要由变压器、稳压器 IC6（7805）为核心构成，如图 5-15、图 5-16 所示。

插好空调的电源线后，220V 市电电压通过熔丝管（熔断器）FUSE1 输入，利用 CX1 滤除市电电网中的高频干扰脉冲后，通过变压器降压产生 12V 左右的交流电压，经 D6～D9 组成的桥式整流堆整流产生脉动电压。该电压不仅送到市电过零检测电路，而且通过 D5 隔离降压，经 E5、C16 滤波产生 12V 左右的直流电压。12V 电压不仅为电磁继电器、驱动块等电路供电，而且利用 IC6 稳压输出 5V 电压。5V 电压利用 E6、C17 滤波后，为微处理器、存储器、复位电路、温度检测电路等供电。

市电输入回路并联的 RV1 是压敏电阻，用于市电过压保护。当市电电压正常时 RV1 相当于开路，不影响电路正常工作。一旦市电异常或有雷电时 RV1 击穿短路，使 FUSE1 过流熔断，切断市电输入回路，以免 CX1、电源变压器等元器件过压损坏。

2. 市电过零检测电路

市电过零检测电路由整流电路和放大管 N4 为核心构成。由整流管 D6～D9 输出的脉动电压经 R39、R43 分压限流，利用 C14 滤除高频干扰脉冲，再经放大管 N4 倒相放大产生

100Hz 交流信号。该信号作为基准信号通过 R36、C13 低通滤波后，加到微处理器 IC3 的⑫脚。IC3 对⑫脚输入的信号检测后，输出的驱动信号使光耦合器 IC7 内的光控晶闸管在市电过零点处导通，从而避免了它在导通瞬间可能因导通损耗大而损坏，实现晶闸管导通的同步控制。

3. 室内微处理器电路

该机室内机微处理器电路由微处理器 MB89F202（IC3）、存储器 IC4、遥控接收头、蜂鸣器等构成，如图 5-15 所示。

（1）MB89F202 的引脚功能

MB89F202 的引脚功能如表 5-3 所示。

表 5-3　　　　　　　　　　室内微处理器 MB89F202 的引脚功能

引 脚 号	名 称	功 能
①	COMM TX1	室内外通信信号输出
②	COMM RX2	室内外通信信号输入
③	P06	面板选择 2
④	POW ON	室外机供电控制信号输出
⑤	CHECK/S TIME	自检控制信号输入/系统控制定时器
⑥	SWITCH	应急开关控制信号输入
⑦	RST	复位信号输入
⑧	OSC1	晶振
⑨	OSC2	晶振
⑩	VSS	接地
⑪	BUZZ	蜂鸣器驱动信号输出
⑫	IRQ	市电过零检测信号输入
⑬	PG BACK	室内风扇电机相位检测信号输入
⑭	IR	遥控信号输入
⑮	STEP A	步进电机驱动信号 A 输出
⑯	C	滤波
⑰	STEP B	步进电机驱动信号 B 输出
⑱	STEP C	步进电机驱动信号 C 输出
⑲	STEP D	步进电机驱动信号 D 输出
⑳	SCL	I²C 总线时钟信号输出
㉑	SDA	I²C 总线数据信号输入/输出
㉒	HEAT/SRCK	显示屏/负离子指示灯驱动信号输出
㉓	DRY/RCK	显示屏/压缩机指示灯驱动信号输出
㉔	COOL/SER	显示屏/定时指示灯控制信号输出
㉕	RUN	运行指示灯控制信号输出
㉖	TIMER/COM2	显示屏/电源指示灯控制信号输出
㉗	HEALTH/COM3	加热控制信号输出

引　脚　号	名　　称	功　　能
㉘	PIPE	室内盘管温度检测信号输入
㉙	ROOM	室内环境温度检测信号输入
㉚	PG OUT	室内风扇电机驱动信号输出
㉛	FLZ	负离子供电控制信号输出
㉜	VCC	供电

（2）微处理器基本工作条件

CPU 正常工作需具备 5V 供电、复位、时钟振荡正常的 3 个基本条件。

5V 供电：插好空调的电源线，待室内机电源电路工作后，由其输出的 5V 电压经 E2、C6 滤波后加到微处理器 IC3 的供电端㉜脚和存储器 IC4 的⑧脚，为它们供电。

时钟振荡：IC3 得到供电后，它内部的振荡器与⑧、⑨脚外接的晶振 XT1 通过振荡产生 8MHz 的时钟信号。该信号经分频后协调各部位的工作，并作为 IC3 输出各种控制信号的基准脉冲源。

复位：复位信号由三极管 P1 和电阻 R3、R10 组成的复位电路产生。开机瞬间，由于 5V 电源在滤波电容的作用下是逐渐升高，当该电源低于 3.6V 时，P1 截止，微处理器 IC3 的⑦脚输入低电平信号，使它内部的只读存储器、寄存器等电路清零复位；当 5V 电源超过 3.6V 后，P1 导通，从它 c 极输出电压经 R11 限流，C4 滤波后加到 IC3 的⑦脚，使 IC3 内部电路复位结束，开始工作。

（3）存储器电路

由于该机不仅需要存储与温度相对应的电压数据，还要存储室内风扇转速、故障代码、压缩机 F/V 控制、显示屏亮度等信息，所以需要设置电可擦写存储器（E^{2}PROM）IC4。下面以调整室内风扇电机转速为例介绍它的储存功能。

进行室内风扇电机转速调整时，微处理器 IC3 通过 I^{2}C 总线从存储器 IC4 内读取数据后，改变室内风扇电机驱动信号的占空比，也就改变了室内电机供电电压的高低，从而实现电机转速的调整。

（4）遥控操作

遥控操作电路由遥控器、遥控接收组件（接收头）和微处理器共同构成。微处理器 IC3 的⑭脚是遥控信号输入端，CN32 的⑧脚外接遥控接收头。用遥控器对该机进行温度高低、风速大小等调节时，接收头将红外信号进行解调、放大后产生数据控制信号。该信号从 CN32 的⑧脚输入，通过 R22 限流、C19 滤波，加到 IC3 的⑭脚，经 IC3 内部电路识别到遥控器的操作信息后，它就会输出指令，不仅控制机组进入用户所需要的工作状态，而且控制显示屏显示该机的工作状态等信息，同时 IC3 的⑪脚还输出蜂鸣器驱动信号，该信号通过 R46 加到驱动块 IC5 的⑤脚，经它内部的非门倒相放大后，从它的⑫脚输出，驱动蜂鸣器 BUZZ1 鸣叫，表明操作信号已被 IC3 接收。

（5）应急开关控制功能

由于该机的微处理器 IC4 不仅功能强大，而且外置了储存量大的存储器 IC4，所以该机的应急开关的功能也不再是单一的开机功能。它的主要功能如下。

一是停机时，按应急开关不足 5s，该机就开始应急运转。

二是停机时，连续按应急开关 5～10s，该机开始试运转。

三是停机时，连续按应急开关 10～15s，开始工作并显示上一次故障的方式。

四是按应急开关超过 15s，可以接收遥控信号。

五是运转过程中，按应急开关时，该机停机。

六是出现异常情况后，按应急开关时停机，并解除异常情况。

七是故障提示中按应急开关时，会解除故障提示。

4. 室内风扇电机电路

室内风扇电机电路由室内微处理器 IC3、光耦合器 IC7、运行电容 C15、风扇电机等元件构成。室内风扇电机的速度调整有手动调节和自动调节两种方式。

（1）手动调节

当用户通过遥控器降低风速时，遥控器发出的信号被微处理器 IC3 识别后，使其㉚脚输出的控制信号的占空比减小，通过 R47 加到 IC5 的⑥脚，经它内部的非门倒相放大，再经 R49 为光耦合器 IC7 内发光管提供的导通电流减小，发光管发光变弱，使光控晶闸管导通程度减小，为室内风扇电机提供的交流电压减小，室内风扇电机转速下降。反之，控制过程相反。

（2）自动控制方式

温度控制方式是该机室内温度传感器、室内盘管温度传感器检测到的温度来实现的。该电路由微处理器 IC3、室内温度传感器、室内盘管温度传感器、连接器 CN1 等元件构成。室内温度传感器、室内盘管温度传感器是负温度系数热敏电阻，它们在图 5-19 中未画出。下面以制热时的风速控制为例进行介绍。

制热初期，室内热交换器（盘管）温度较低，被室内盘管温度传感器检测后，它的阻值较大，5V 电压通过该传感器、R28 取样后的电压较小，经 C9 滤波后，为微处理器 IC3 的㉘脚提供的电压较小，被 IC3 识别后，它的㉚脚不能输出室内风扇电机驱动信号，室内风扇停转，以免为室内吹冷风。随着制热的进行，室内盘管温度逐渐升高，当室内热交换器的温度达到设置值，使 IC3 的㉘脚输入的电压升高到设置值后，IC3 的㉚脚输出驱动信号，驱动室内风扇电机运转，并且㉚脚输出的驱动信号的占空比大小还受㉘脚输入电压高低的控制，实现制热期间的室内风扇转速的自动控制。

当室内热交换器的温度低于 35.2℃时，室内风扇电机以微弱风速运行；室内热交换器的温度在 35.2～37℃之间时，室内风扇电机以弱风速运行；当室内热交换器的温度超过 37℃后，风扇电机按设定风速运行。

（3）电机旋转异常保护

当室内风扇电机旋转后，它内部的霍尔传感器就会输出测速信号，即 PG 脉冲信号。该脉冲信号通过连接器 CN27 的②脚输入到室内电路板，利用 R26 限流、C8 滤波后加到微处理器 IC3 的⑬脚。当 IC3 的⑬脚有正常的 PG 脉冲信号输入，IC3 就会判断室内风扇电机正常，继续输出驱动信号使其运转。当室内风扇电机旋转异常或检测电路异常，导致 IC3 的⑬脚不能输入正常的 PG 脉冲信号，IC3 就会判断室内风扇电机异常，发出指令使该机停止工作，并通过显示屏显示故障代码 E14，提醒该机进入室内风扇电机异常保护状态。

5. 导风电路

该机导风电路由步进电机、驱动块 IC5 和微处理器 IC3 构成。在室内风扇电机旋转的情况下，使用导风功能时，IC3 的⑮、⑰~⑲脚输出的激励脉冲信号经 R40~R43 加到 IC5 的①~④脚，分别经它内部的 4 个非门倒相放大后，从 IC5 的⑮~⑬脚输出，再经连接器 CN11 输出给步进电机的绕组，使步进电机旋转，带动室内机上的风叶摆动，实现大角度、多方向送风。

6. 空气清新电路

空气清新电路由室内微处理器 IC3、负离子放大器、继电器 K2 及其驱动电路构成。

需要对空气进行清新，IC3㉛脚输出高电平控制信号，该信号经 R38 加到驱动块 IC5 的⑦脚，经它内部的非门倒相放大后，为继电器 K2 的线圈提供导通电流，使 K2 的触点闭合，此时市电电压通过 CON6、CON9 为负离子发生器供电，使它开始工作。负离子发生器工作后，产生的臭氧对室内空气进行消毒净化，实现空气清新的目的。

若 IC3 的㉛脚电位为低电平后，K2 的触点释放，切断负离子发生器的供电回路，空气清新功能结束。

7. 室外机供电控制电路

室外机供电电路由室内微处理器 IC3、继电器 K1、放大管 N2 等构成。当 IC3 工作后，从它④脚输出室外机供电的高电平控制信号经 R31 限流，再经 N2 倒相放大，使 K1 内的触点闭合，接通室外机的供电线路，为室外机供电。

二、室外机电路

室外机电路由电源电路、微处理器电路、室外风扇电机驱动电路、压缩机驱动电路等构成，电路原理图如图 5-17 所示，电气接线图如图 5-18 所示。

1. 300V 供电电路

300V 供电电路由限流电阻 PTC1、桥式整流堆和滤波电容（图中未画出）构成，如图 5-17 所示。

市电电压通过 PTC1 限流后，一路通过继电器为交流风扇电机、四通阀的线圈供电；另一路通过 CN5、CN6 进入模块板（压缩机驱动电路板，图中未画出），通过该板上的整流、滤波电路变换为 300V 直流电压。300V 电压不仅为功率模块供电，而且通过 CN7 返回到室外电路板。该电压第一路通过 R66 限流，使 LED2 发光，表明 300V 供电已输入；第二路为直流风扇电机供电；第三路为开关电源供电。

2. 限流电阻及其控制电路

由于 300V 供电电路的滤波电容的容量较大，它在充电初期会产生较大的冲击电流，不仅容易导致整流堆、熔断器等元件过流损坏，而且还会污染电网，所以需要通过限流电阻对冲击大电流进行抑制。但是，电容充电结束后，限流电阻不仅因长期过热而损坏，而且它阻值增大后会导致 300V 供电大幅度下降，影响 IPM 等电路的正常工作。因此，还需要设置限流电阻控制电路。

该机通过正温度系数热敏电阻 PTC1 对 300V 供电滤波电容充电产生的大电流进行抑制，当室外机微处理器电路工作后，室外微处理器 IC9 的㉖脚输出的高电平控制信号经 IC10①、⑭脚内的非门倒相放大后，为 RL4 的线圈提供导通电流，使 RL4 内的触点闭合，将限流电阻 PCT1 短接，取代 PTC1 为模块板供电，实现限流电阻控制。

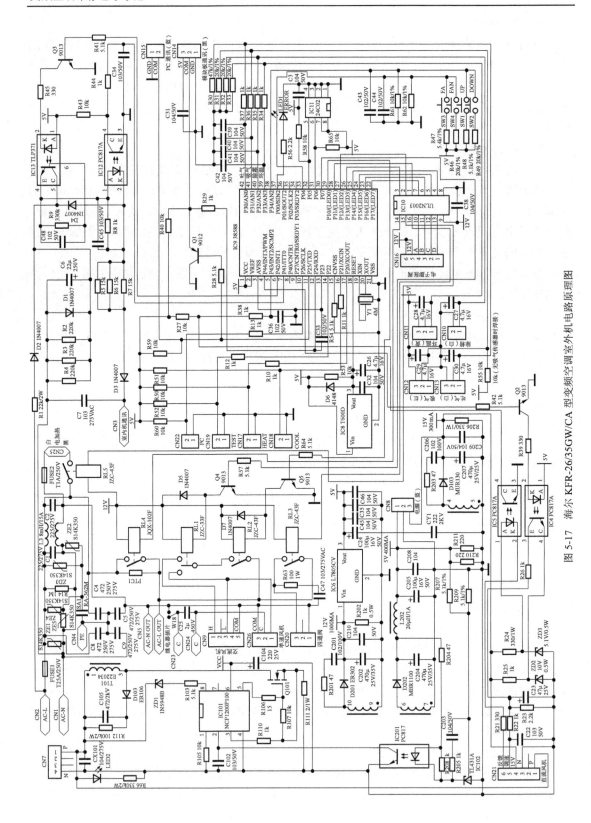

图 5-17　海尔 KFR-26/35GW/CA 型变频空调室外机电路原理图

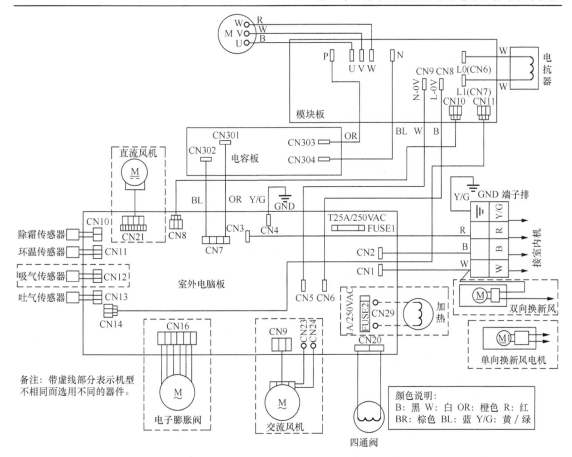

图 5-18 海尔 KFR-26/35GW/CA 型变频空调室外机电路电气接线图

3. 开关电源

该机室外机电源采用电流控制型芯片 NCP1200P100（IC101）为核心构成的开关电源，如图 5-17 所示。NCP1200P100 是 NCP1200 系列产品中的一种，它的引脚功能如表 5-4 所示。

表 5-4   **NCP1200P100 的引脚功能**

引脚号	名 称	功 能	引脚号	名 称	功 能
①	Adj	跳峰值电流调整	⑤	DRV	开关管激励信号输出
②	FB	稳压反馈信号输入	⑥	VCC	工作电压输入、过压、欠压检测
③	CS	初级电流检测信号输入	⑦	NC	空脚
④	GND	接地	⑧	HV	启动电压输入

（1）功率变换

CN7 输入的 300V 直流电压经 CX101 滤波后，一路通过开关变压器 T101 的初级绕组（1-2 绕组）加到开关管 Q101 的 D 极，为它供电；另一路通过稳压管 ZD1 和 R103 降压限流后，加到 IC101 的⑧脚，为 IC101 提供启动电压。此时，IC101⑧脚内的 7mA 高压恒流源开始为⑥脚外接的 C104 充电。当 C104 两端电压达到 11.4V 后，IC101 内部的基准电源工作，由它输出的电压为振荡器等电路供电，振荡器工作后产生 100kHz 振荡脉冲，该脉冲控制 PWM 电路产生激励脉冲,再经放大器放大后从⑤脚输出,利用 R106 限流驱动 Q101 工作在开关状态。Q101 导通期间,T101 存储能量;Q101 截止期间,T101 的次级绕组输出的电压经整流、滤波后产生的直流电压,为它们的负载供电。

为了防止 Q101 在截止瞬间过压损坏,该电源设置了 D102、C1058 和 R106 构成尖峰脉冲吸收回路。

（2）稳压控制

当市电下降或负载变重引起开关电源输出的电压下降时,C204 两端下降的电压通过 R204 限流为光耦 IC201①脚提供的电压减小,同时 C205 两端升高的电压通过 R207、R209 取样后的电压低于 2.5V,经 IC102 比较放大后,使 IC201 的②脚电位升高。此时,IC201 内的发光管因导通电压减小而发光强度减弱,使 IC201 内的光敏管导通减弱,致使 IC101 的②脚电位升高,经 IC101 内的跳周期比较器等控制电路处理后,使它⑤脚输出的激励脉冲的占空比增大,开关管 Q101 导通时间延长,T101 存储能量增大,输出端电压升高到规定值。当输出端电压升高时,稳压控制过程相反。

（3）欠压保护

IC101 初始启动期间,若它的⑥脚电压低于 11.4V（典型值）则不能启动;IC101 启动后,若⑥脚电压低于 9.8V 则停止工作,从而避免了开关管 Q101 因激励不足而损坏。IC101 停止工作后,若 C104 两端电压低于 6.3V（典型值）,IC101 内的恒流源会再次为 C104 充电,当 C104 两端电压超过 11.4V,IC101 会重新进入启动状态,所以进入该保护状态后,开关变压器 T101 会发出高频叫声。

（4）过流保护

开关管 Q101 因负载短路等原因功率过流时,必然会导致 IC101 的⑥脚电位下降,IC101 内部的超载电路动作,使 IC101 不再输出开关管激励脉冲,Q101 截止,避免了 Q101 过流损坏,实现开关管过流保护。

4. 室外微处理器电路

该机室外机微处理器电路以微处理器 IC9、存储器 IC11 为核心构成,如图 5-17 所示。

（1）室外微处理器 IC9 的引脚功能

室外微处理器 IC9 的引脚功能如表 5-5 所示。

表 5-5　　　　　　　　　　　室外微处理器 IC9 的引脚功能

引 脚 号	功 能	引 脚 号	功 能
①	供电	22	电子膨胀阀驱动信号 A 输出
②	参考电压	23	电子膨胀阀驱动信号 B 输出
③	模拟电路接地	24	电子膨胀阀驱动信号 C 输出
④	室外风扇电机驱动信号输出	25	电子膨胀阀驱动信号 D 输出
⑤	室外风扇电机检测信号输入	26	模块板供电/PTC 限流电阻控制信号输出
⑥	室外通信信号输出	27	电加热器供电控制信号输出
⑦	室内通信信号输入	28	四通换向阀供电控制信号输出
⑧、⑨	悬空	29	双速交流电机供电控制信号输出
⑩	悬空	30	双速交流电机转速控制信号输出
⑪	与模块板的 SCLK 通信信号	31	I^{2}C 总线时钟信号输出

引　脚　号	功　　能	引　脚　号	功　　能
⑫	与模块板的 TXD 通信信号	㉜	I^{2}C 总线数据信号输入/输出
⑬	与模块板的 RXD 通信信号	㉝	操作信号输入
⑭	接地	㉞～㊱	悬空
⑮	测试信号输入	㊲	指示灯控制信号输出
⑯	通过电阻接地	㊳	操作信号输入
⑰	通过 R11 接 CN18	㊴	室外环境温度检测信号输入
⑱	通过 R10 接 CN17	㊵	除霜温度检测信号输入
⑲	复位信号输入	㊶	压缩机吸气温度检测信号输入
⑳	时钟振荡器输入	㊷	压缩机吐气（排气）温度检测信号输入
㉑	时钟振荡器输出		

（2）微处理器基本工作条件电路

CPU 正常工作需具备 5V 供电、复位、时钟振荡正常的 3 个基本条件。

5V 供电：当室外机的开关电源工作后，由其输出的 5V 电压经 C24 等电容滤波，加到微处理器 IC9 的供电端①脚，为 IC9 供电。

复位：该机的复位电路由复位芯片 IC8（T600D）、C36、C37 等元件构成。开机瞬间，由于 5V 电源在滤波电容的作用下逐渐升高，当该电压低于 4.1V 时，IC8 的③脚输出低电平电压，该电压加到微处理器 IC9 的⑱脚，使 IC9 内的存储器、寄存器等电路清零复位。随着电容的不断充电，当 5V 电源超过 4.1V 后，IC8 的①脚输出高电平电压，经 C26、C32 滤波后加到 IC9 的⑱脚，使 IC9 内部电路复位结束，开始工作。

时钟振荡：微处理器 IC9 得到供电后，它内部的振荡器与⑲、⑳脚外接的晶振 Y1 通过振荡产生 4MHz 的时钟信号。该信号经分频后协调各部位的工作，并作为 IC9 输出各种控制信号的基准脉冲源。

（3）存储器电路

由于变频空调不仅需要存储与温度相对应的电压数据，还要存储室外风扇转速、故障代码、压缩机 F/V 控制等信息，所以需要设置电可擦写存储器 IC11。下面以调整室外风扇电机转速为例进行介绍。

微处理器 IC9 通过 I^{2}C 总线从存储器 IC11 内读取数据后，输出控制信号，改变室外风扇电机的供电，实现室外风扇电机转速的调整。

5. 室外风扇电机电路

参见图 5-17，该机的室外风扇电机不仅采用了交流电机，而且采用了直流电机。下面分别进行介绍。

（1）交流电机

该机的交流电机采用的是双速电机，所以采用了两个继电器为它的两个供电端子供电。其中，RL2 决定电机是否运转，而 RL1 决定电机的转速。

需要该电机运行时，IC9 的㉙脚输出高电平控制信号，该信号经 R64 加到 Q5 的 b 极，经 Q5 倒相放大后，使 RL2 的触点闭合，为 RL1 的动触点供电，此时，即使 RL1 的线圈无供电，RL1 的常闭触点也会输出电压，使交流电机旋转。而需要改变该电机转速时，则需要

IC9 的㉚脚输出高电平控制信号,该电压经 Q4 放大后,使 RL1 内的动触点改接常开触点,为电机另一个供电端子供电,通过改变电机不同供电端子的供电,来实现电机转速的调整。

(2)直流电机

直流电机的供电由光电耦合器 IC4、IC5,放大管 Q2 等构成,该电路的工作原理与室内风扇电机相同,仅电路符号不同,读者自行分析。不过,它的调速受室外温度传感器所检测的温度高低控制。

6. 四通换向阀控制电路

由于该机是冷暖型空调,所以设置了四通换向阀对制冷剂的走向进行切换。该电路的控制过程是:当 IC9 的㉘脚输出的控制信号为低电平时,经 IC10 内的非门倒相放大后,不能为 RL3 的线圈供电,RL3 的触点不闭合,不为四通换向阀的线圈供电,四通阀的阀芯不动作,不改变制冷剂的流向;当 IC9 的㉘脚输出高电平后,RL3 的触点闭合,为四通换向阀供电,使四通换向阀的阀芯动作,改变制冷剂的流向。这样,通过控制四通换向阀线圈的供电,就可以实现制冷或制热状态的切换。

7. 电子膨胀阀电路

由于该机是变频空调,所以需要该机制冷剂的压力在不同的制冷温度期间是可变的,并且为了获得更好的制冷、制热效果,该机采用了电子膨胀阀作为节流器件。

需要改变制冷剂的压力时,IC9 的㉒~㉕脚输出的激励脉冲信号加到 IC10 的⑦~④脚,分别经它内部的 4 个非门倒相放大后,从 IC10 的⑩~⑬脚输出,再经连接器 CN16 输出给电子膨胀阀的步进电机,使步进电机旋转,带动阀塞上下运动,通过改变制冷剂的流量大小来改变制冷剂的压力,从而实现了制冷/制热期间得到最佳制冷/制热效果。

8. 电加热器电路

该机的电加热器电路由电加热器、继电器 RL4 及其驱动电路构成。制热期间,需要电加热器加热时,IC9 的㉗脚输出高电平控制信号,它经 IC10②、⑮脚内的非门倒相放大后,为 RL5 的线圈提供导通电流,使 RL5 内的触点闭合,电加热器得到供电后开始对冷空气加热,确保该机在温度较低的地区也能正常制热。当 IC9 的㉗脚输出低电平控制信号时,RL5 内的触点释放,切断电加热器的供电回路,它停止加热。

三、室内机、室外机通信电路

该机的通信电路由市电供电系统、室内微处理器 IC3、室外微处理器 IC9 和光耦合器 IC1、IC2、IC12、IC13 等元件构成。电路见图 5-15 和图 5-17。

1. 供电

市电电压通过 R1 限流,利用 D2 半波整流,再经 C6 滤波后,为光耦合器 IC13 内的光敏管供电。

2. 工作原理

(1)室外接收、室内发送

室外接收、室内发送期间,室外微处理器 IC9 的⑥脚输出高电平控制信号,室内微处理器 IC3 的①脚输出数据信号(脉冲信号)。IC9 的⑥脚输出的高电平电压经 R41 使 Q3 导通,致使 IC13 内的发光管发光,IC13 内的光敏管相继导通。而 IC3 的①脚输出的脉冲信号经 N1 倒相放大,再经 IC1 耦合放大,利用 R17、LED1、R8、D1 加到 IC13 的⑤脚,通过 IC13 的

④脚输出，再通过 IC12 耦合后，从它④脚输出的信号经 R44 限流、C24 滤波，加到 IC9 的⑦脚。这样，IC9 就会按照室内机微处理器的要求输出控制信号使机组运行，完成室内发送、室外接收的控制功能。

（2）室外发送、室内接收

室外发送、室内接收期间，室内微处理器 IC3 的①脚输出高电平控制信号，室外微处理器 IC9 的⑥脚输出脉冲信号。IC3 的①脚输出的高电平电压经 R6 使 N1 导通，致使 IC1 内的发光管开始发光，IC1 内的光敏管受光照后开始导通。而 IC9 的⑥脚输出的数据信号通过 Q3 倒相放大、IC13 耦合，再通过 R8、C49、R5～R7、D3、CN3/CN7、D1 加到 IC1 的⑤脚，由于 IC1 内的光敏管处于导通状态，所以信号从 IC1 的④脚输出，再经 IC2 耦合后从它的④脚输出，利用 R12 限流、C3 滤波，加到 IC3 的②脚。这样，IC3 确认室外机工作状态后，便可执行下一步的控制功能，实现了室外发送、室内接收的控制功能。

 提示　只有通信电路正常，室内微处理器和室外微处理器进行数据传输后，整机才能工作，否则会进入通信异常保护状态，同时显示屏显示故障代码 E7。

四、制冷/制热电路

该机的制冷、制热电路由温度传感器、微处理器、存储器、压缩机驱动电路、压缩机、四通换向阀、风扇电机及其供电电路等元件构成。电路见图 5-15 和图 5-17。

1. 制冷电路

当室内温度高于设置的温度时，CN1③脚外接的室温传感器阻值减小，5V 电压通过它与 R27 取样后产生的电压增大，再通过 R24 限流、C10 滤波后，加到室内微处理器 IC3 的㉙脚。IC3 将该电压数据与存储器 IC4 内部固化的不同温度的电压数据比较后，识别出室内温度，确定空调需要进入制冷状态。此时，它的㉚脚输出室内风扇电机驱动信号，使室内风扇电机运转，同时通过通信电路向室外微处理器 IC9 发出制冷指令。IC9 接到 IC3 发出的制冷指令后，第一路通过输出室外风扇电机供电信号，使室外风扇电机运转；第二路通过㉘脚输出低电平控制信号，该电压经驱动块 IC10（ULN2003）①脚内的非门倒相放大后，不能为继电器 RL3 的线圈提供电流，RL3 内的触点释放，四通阀的电磁阀无供电，它的阀芯不动作，系统处于制冷状态，此时室内热交换器用作蒸发器，而室外热交换器用作冷凝器；第三路通过总线系统输出驱动脉冲，通过模块板上的电路解码并放大后，驱动压缩机运转，开始制冷。随着压缩机和各个风扇电机的不断运行，室内的温度开始下降。室温传感器的阻值随室温下降而阻值增大，为 IC3 的㉙脚提供的电压逐渐减小，IC3 识别出室内温度逐渐下降，通过通信电路将该信息提供给 IC9，于是 IC9 通过总线使功率模块输出的驱动脉冲电压减小，压缩机降频运转。当温度达到要求后，室温传感器将检测结果送给 IC3 进行判断，IC3 确认室温达到制冷要求后，不仅使室内风扇电机停转，而且通过通信电路告诉 IC9，IC9 输出停机信号，切断室外风扇电机的供电回路，使它停止运转，而且使压缩机停转，制冷工作结束，进入保温状态。随着保温时间的延长，室内的温度逐渐升高，使室温传感器的阻值逐渐减小，为 IC3㉙脚提供的电压再次增大，重复以上过程，机组再次运行，该机进入下一轮的制冷工作状态。

2. 制热电路

制热电路与制冷电路工作原理基本相同，主要的不同点：①室内微处理器 IC3 通过检测㉙脚电压，识别出室内温度较低，通过通信电路告知室外微处理器 IC9 需要进入制热状态；②IC9 接收到制热的指令后，从㉘脚输出的高电平控制信号经驱动块 IC10①脚内的非门倒相放大后，为继电器 RL3 的线圈提供电流，RL3 内的触点闭合，使四通阀的阀芯动作，改变制冷剂流向，将系统切换到制热状态，即室内热交换器用作冷凝器，而室外热交换器用作蒸发器；③通过室内盘管温度传感器和室内微处理器的控制，使室内风扇电机只有在室内盘管温度升高到一定温度后才能旋转，以免为室内吹冷风。

 提示　如果四通阀不能正常切换或在制热过程中，室外热交换器的温度低于"THHOTLTH"（-4.5℃）并持续 90s，则微处理器输出控制信号使压缩机停转，进入 3min 待机的保护状态；当热交换器的温度升高并达到"THHOTLTH"的温度时复位，压缩机可再次运行。此控制不包括除霜状态。

五、故障自诊功能

为了便于生产和维修，该机的室内机、室外机电路板具有故障自诊功能。当该机控制电路中的某一器件发生故障时，被微处理器检测后，通过室内机显示屏显示故障代码，来提醒故障发生部位。

1. 室内机故障代码

室内机的故障代码与含义如表 5-6 所示。

表 5-6　　　　　　　　　　　　室内机故障代码

故障代码	含　义	故障代码	含　义
E1	室温传感器异常	E9	过载
E2	室内盘管传感器异常	E10	湿度传感器异常
E4	E2PROM 存储器异常	E14	室内风机故障
E7	室内机、室外机通信异常		

2. 室外机故障代码

室外机被保护电路异常，被室外机微处理器检测后通过通信电路传给室内机，通过室内机液晶屏显示故障代码，故障代码的含义如表 5-7 所示。

表 5-7　　　　　　　　　　　　室外机故障代码

故障代码	室外机指示灯闪烁次数	含　义	备　注
F12	1	E2PROM 存储器异常	立即报警，断电后才能开机
10min 内确认 3 次后显示 F1	2	IPM 异常保护	来自模块板
30min 内确认 3 次后显示 F22	3	AC 电流过流保护	室外板 AC 电流过流
F3	4	室外机电路板与模块板通信异常	
F20	5	压缩机过热/压力过高保护	来自模块板

故障代码	室外机指示灯闪烁次数	含　义	备　注
F19	6	电源过压/欠压保护	模块的 300V 供电
10min 内确认 3 次后显示 F27	7	压缩机堵转/瞬停保护	来自模块板
F4	8	压缩机排气温度异常保护	30min 内确认 3 次
30min 内确认 3 次后显示 F8	9	室外风机异常保护	
F21	10	室外除霜温度传感器异常	$249 \leqslant T_e$；$T_e \leqslant 05H$
F7	11	室外吸气温度传感器异常	$249 \leqslant T_s$；$T_s \leqslant 05H$
F6	12	室外环境温度传感器异常	$249 \leqslant T_{ao}$；$T_{ao} \leqslant 05H$
30min 内确认 3 次后显示 F25	13	压缩机排气温度传感器异常	$249 \leqslant T_d$；$T_d \leqslant 05H$　开机 4min 后检测，30min 内确认 3 次故障，则有断电后才能再次启动
F30	14	压缩机吸气过高	开机 10min 后检测 T_s 持续 5min 大于 40℃（压缩机停转，不检测）
E7	15	室内机、室外机通信异常	
F31	16	压缩机振动过大	瑞萨方案无
F11	17	压缩机启动异常	
F11	18	压缩机运行失步/脱离位置	来自模块板
10min 内确认 3 次后，显示 F28	19	位置检测回路故障	
F29	20	压缩机损坏	瑞萨方案无
E9	21	室内机过载停机	室外灯闪，向室内机传送
无	22	室内机防冰霜停机	室外灯闪，不向室内机传送
	23	室内 Tc1 异常	Tc1 为 FF，表明有故障。故障现象为不停机，制冷时默认为 5℃，制热时默认为 40℃
	24	压缩机电流过流	来自模块板
	25	相电流过流保护	室外板相电流过流保护

六、室内机单独运行的方法

先将遥控器设定为制热高风，温度设定为 30℃，通电后，在 7s 内连续按 6 次睡眠键，蜂鸣器鸣叫 6 声后，就可以使室内机单独运行。

室内机单独运转期间，不对室外机通信信号进行处理，但始终向室外机发送通信信号，通信信号是输出频率为 58Hz、室内热交换温度固定在 47℃等信息。

需要退出单独运行模式时的方法有 3 种：一是用遥控器关机；二是按应急键关机；三是拔掉电源线再插入即可。

七、主要零部件的检测

1. 风扇电机

下面以章丘产海尔空调为例风扇电机的检测方法。

① 室内风扇电机的阻值：主绕组的阻值为 285Ω（±10%），副绕组的阻值为 430Ω

（±10%）。

② 室外风扇电机的阻值：主绕组的阻值为269Ω（±10%），副绕组的阻值为336Ω（±10%）。

③ 步进电机的阻值：常州雷利型步进电机的红线与其他几根接线间阻值都为300Ω（±20%）。

测量这3个电机绕组阻值时，若阻值为无穷大，说明绕组或接线开路；若阻值过小，说明绕组短路。

2. 温度传感器

该机室内环境温度传感器、室内盘管温度传感器在5～35℃时的阻值如表5-8所示。若测量的阻值不能随温度升高而减小，则说明被测的传感器异常。

表5-8　　　　室内环境温度传感器、室内盘管温度传感器典型温度时的阻值

室内温度（℃）	5	10	15	20	25	30	35
室内环温传感器（kΩ）	61.51	47.58	37.08	29.1	23	18.3	14.65
室内盘管传感器（kΩ）	24.3	19.26	15.38	12.36	10	8.141	6.668
说明：不同温度下传感器阻值的误差为±3%							

八、常见故障检修

1. 整机不工作

整机不工作是插好电源线后室内机上的指示灯、显示屏不亮，并且用遥控器也不能开机。该故障主要是由于室内机电源电路、微处理器电路异常所致。故障原因根据有无5V电压又有所不同，没有5V电压，说明市电输入系统、室内电路板上的电源电路异常；若5V供电正常，说明微处理器电路异常。整机不工作，无5V电压的故障检修流程如图5-19所示；整机不工作，有5V电压的故障检修流程如图5-20所示。

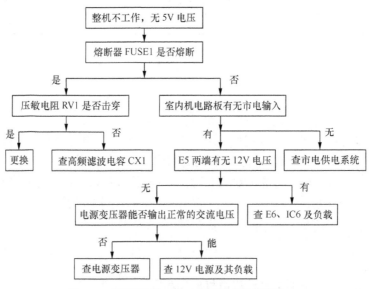

图5-19　整机不工作，无5V供电故障检修流程

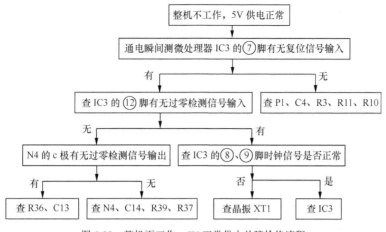

图 5-20　整机不工作，5V 正常供电故障检修流程

2. 显示故障代码 E1

通过故障现象分析，该机进入室内温度传感器异常保护状态。该故障的主要原因：①室内温度传感器阻值偏移；②连接器的插头接触不好；③阻抗信号-电压信号转换电路异常；④室内存储器 IC4 或微处理器 IC3 异常。该故障检修流程如图 5-21 所示。

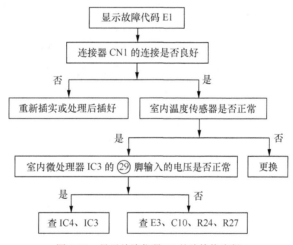

图 5-21　显示故障代码 E1 故障检修流程

　注意　室温传感器或 E3、C10、R24、R27 异常还产生制冷/制热温度偏离设置值的故障，也就是制冷/制热不正常的故障。

3. 显示故障代码 E2

通过故障现象分析，该机进入室内盘管传感器异常保护状态。该故障的主要原因：①室内盘管温度传感器异常；②连接器的插头接触异常；③阻抗信号/电压信号转换电路异常；④室内存储器 IC4 或微处理器 IC3 异常。该故障检修流程如图 5-22 所示。

4. 显示故障代码 E4

通过故障现象分析，该机进入室内存储器异常保护状态。该故障的主要原因：①室内存储器异常；②室内存储器 IC4 与微处理器 IC3 之间电路异常；③IC3 异常。该故障检修流程如图 5-23 所示。

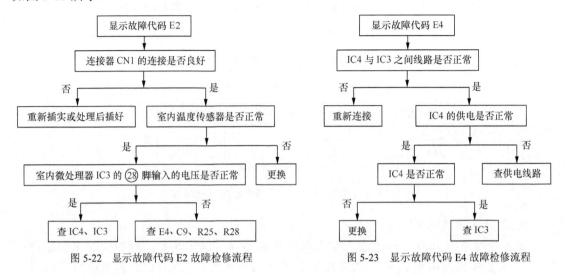

图 5-22 显示故障代码 E2 故障检修流程　　　　图 5-23 显示故障代码 E4 故障检修流程

5. 显示故障代码 E7

通过故障现象分析，说明该机进入室内机、室外机通信异常保护状态。引起该故障的主要原因：①附近有较强的电磁干扰；②室内机与室外机的连线异常；③室内电脑板的微处理器异常；④室外电路板的电源电路异常；⑤室外微处理器电路异常；⑥IPM 模块电路异常；⑦300V 供电异常；⑧通信电路异常。该故障检修流程如图 5-24、图 5-25 所示。

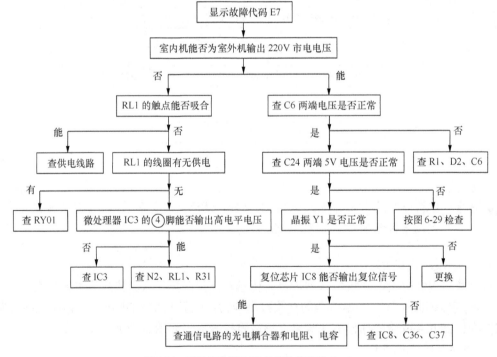

图 5-24 显示故障代码 E7 故障检修流程（一）

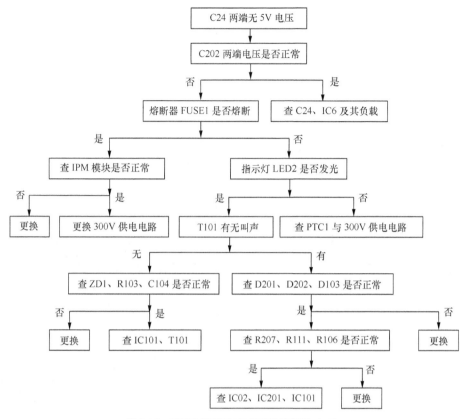

图 5-25 显示故障代码 E7 故障检修流程（二）

 提示 如果 300V 供电在开机初期正常，后期不正常，应检查 PTC1 是否温度过高，如果是，则要检查 RL4 及其驱动电路。

6. 显示故障代码 E14

通过故障现象分析，该机进入室内风扇电机异常保护状态。该故障的主要原因：①室内风扇电机异常；②室内风扇电机的供电电路异常；③室内风扇电机运行电容异常；④PG 信号检测电路异常；⑤市电过零检测电路异常；⑥室内存储器 IC4 或微处理器 IC3 异常。该故障检修流程如图 5-26 所示。

7. 显示故障代码 F1

通过故障现象分析，该机进入 IPM 模块异常保护状态。该故障的主要原因：①300V 供电异常；②15V 供电异常；③自举升压供电电路异常；④功率模块异常；⑤室外微处理器 IC9 或存储器 IC11 异常。该故障检修流程如图 5-27 所示。

8. 显示故障代码 F3

通过故障现象分析，说明该机进入室外机电路板与模块通信异常保护状态。该故障的主要原因：①室外机电路板与模块间线路异常；②模块板电路异常；③室外存储器 IC11 或室外微处理器 IC9 异常。该故障检修流程如图 5-28 所示。

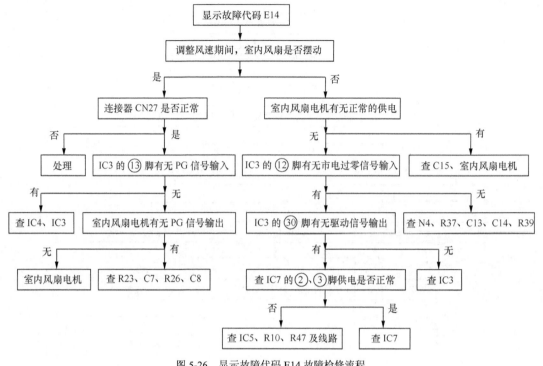

图 5-26　显示故障代码 E14 故障检修流程

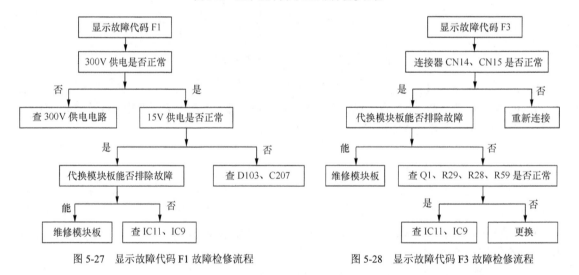

图 5-27　显示故障代码 F1 故障检修流程　　　　图 5-28　显示故障代码 F3 故障检修流程

9. 显示故障代码 F4

通过故障现象分析，说明该机进入压缩机排气温度过高保护状态。该故障的主要原因：①制冷系统异常；②压缩机排气管温度检测电路异常；③压缩机异常；④室外存储器 IC11 或室外微处理器 IC9 异常。该故障检修流程如图 5-29 所示。

10. 显示故障代码 F19

通过故障现象分析，说明该机进入供电异常保护状态。该故障的主要原因：①市电电压异常；②电源插座、电源线异常；③市电检测电路异常；④室外存储器 IC11、室外微处理器 IC9 异常。该故障检修流程如图 5-30 所示。

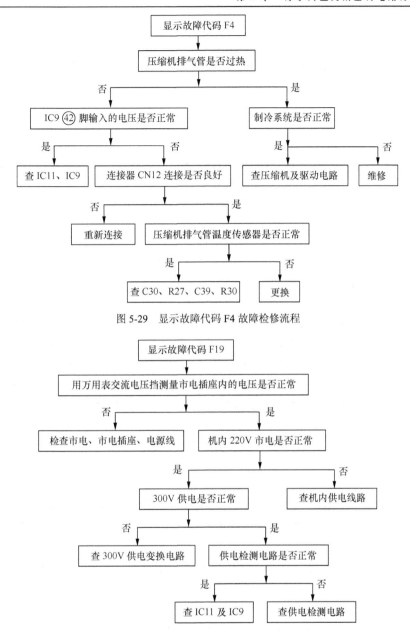

图 5-29　显示故障代码 F4 故障检修流程

图 5-30　显示故障代码 F19 故障检修流程

第6章　海信典型变频空调控制电路分析与故障检修

第1节　海信 KFR-2801GW/Bp、KFR-3601GW/Bp 型
壁挂式变频空调

海信 KFR-2801GW/Bp、KFR-3601GW/Bp 型变频空调的控制电路由室内机电路、室外机电路及其通信电路构成的。

提示　海信 KFR-2701GW/Bp、KFR-2826GW/Bp、KFR-2866GW/Bp、KFR-3001GW/Bp、KFR-3066GW/Bp、KFR-3201GW/Bp、KFR-3216GW/Bp、KFR-3266GW/Bp、KFR-35GW/Bp、KFR-3501GW/Bp、KFR-3502GW/Bp、KFR-3602GW/Bp、KFR-4001GW/Bp、KFR-4501GW/Bp 等变频空调与 KFR-2801GW/Bp、KFR-3601GW/Bp 变频空调的工作原理和故障检修方法基本相同，所以维修这些型号的变频空调时可参考本节内容。

一、室内机电路

室内机电路由电源电路、微处理器、室内风扇电机驱动电路、室外机供电电路等构成，方框图如图 6-1 所示，电路原理图如图 6-2 所示。

1. 电源电路

室内机的电源电路采用变压器降压式直流稳压电源电路，主要以变压器（图中未画出）、稳压器 IC03 为核心构成。

插好空调的电源线后，220V 市电电压通过熔丝管（熔断器）F01 输入，再经高频滤波电容 C07 滤除市电电网中的高频干扰脉冲，利用连接器 CN04 输入到电源电路。市电通过变压器降压后，从 1-2 绕组输出的 4.6V 交流电压为真空荧光屏 VFD 的灯丝供电；从 4-5 绕组输出的交流电压通过 D05、D06、D11、D12 整流，C02、C05 滤波，ZD02 和 R09 稳压，产生 −27V 电压，为 VFD 的阴极供电；从 6-7 绕组输出的 10V 左右（与市电电压高低成正比）交流电压不仅送到市电过零检测电路，而且通过整流管 D02、D07～D10 组成的桥式整流堆进行整流，滤波电容 C08 和 C11 滤波产生 12V 左右的直流电压。12V 电压不仅为电磁继电器、驱动块等电路供电，而且利用三端稳压器 IC03（LM7805）稳压输出 5V 电压，通过 C09、C12 滤波后，为微处理器和相关电路供电。

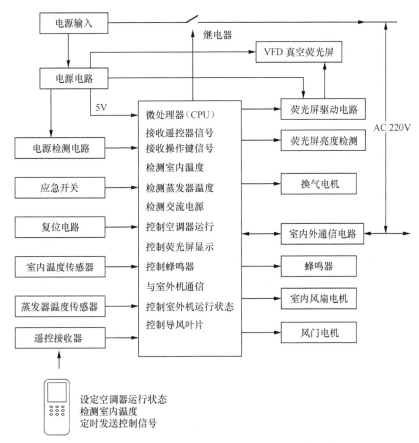

图 6-1　海信 KFR-2801GW/Bp、KFR-3601GW/Bp 型壁挂式变频

空调室内机控制电路构成方框图

市电输入回路并联的 Z01 是压敏电阻，市电电压正常时 Z01 相当于开路，当市电电压过高或有雷电窜入使 Z01 两端峰值电压达到 470V 时它击穿短路，导致 F01 过流熔断，切断市电输入回路，从而避免了负载的元器件过压损坏。

2. 市电过零检测电路

市电过零检测（同步控制）电路由整流管 D02、放大管 Q01 及电阻、电容组成。

变压器⑥、⑦脚输出的交流电压通过 D02、D08 全波整流产生脉动电压，再通过 R12 和 R16 分压限流，利用 C15 滤除高频干扰，经 Q01 倒相放大产生 100Hz 的交流检测信号。该信号作为基准信号通过 R18、C20 低通滤波后，加到微处理器 IC08（TMP87C46）的㉜脚。IC08 对㉜脚输入的信号检测后，确保室内风扇电机供电回路中的光耦合器 IC05 内的光控晶闸管在市电过零点处导通，从而避免了它在导通瞬间可能因过流而损坏，实现同步控制。

3. 室内微处理器电路

该机室内机电路板以东芝公司的微处理器 TMP87C846（IC08）为核心构成，如图 6-2 所示。

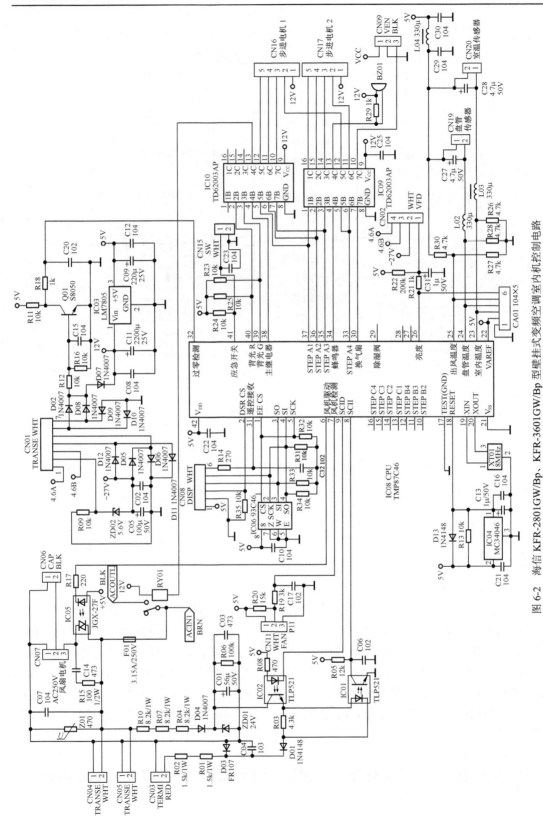

图 6-2　海信 KFR-2801GW/Bp、KFR-3601GW/Bp 型壁挂式变频空调室内机控制电路

（1）TMP87C846 的引脚功能

室内微处理器 TMP87C846 的引脚功能如表 6-1 所示。

表 6-1　　　　　　　　　**室内微处理器 TMP87C846 的引脚功能**

引脚号	名称	功 能	引脚号	名称	功 能
①	EE CS	存储器用片选信号输出	㉒	VAREF	基准电压输入（接 5V 供电）
②	DSPR CS	显示屏片选信号输出	㉓		室内环境温度检测信号输入
③	SO	存储器数据信号输出	㉔		室内盘管温度检测信号输入
④	SI	存储器数据信号输入	㉕		出风温度控制
⑤	SCK	存储器用时钟信号输出	㉖		显示屏亮度检测信号输入
⑥		室内风扇电机驱动信号输出	㉗		未用，悬空
⑦		风扇电机反馈信号输入	㉘		未用，悬空
⑧	SCII	室外通信信号输入	㉙		除湿控制信号输入
⑨	SCID	室内通信信号输出	㉚		换气扇电机驱动信号输出
⑩	STEP B2	未用，悬空	㉛		遥控信号输入
⑪	STEP B3	未用，悬空	㉜		市电过零检测信号输入
⑫	STEP B4	未用，悬空	㉝	STEP A4	导风电机驱动信号输出
⑬	STEP C1	未用，悬空	㉞		蜂鸣器驱动信号输出
⑭	STEP C2	未用，悬空	㉟	STEP A3	导风电机驱动信号输出
⑮	STEP C3	未用，悬空	㊱	STEP A2	导风电机驱动信号输出
⑯	STEP C4	未用，悬空	㊲	STEP A1	导风电机驱动信号输出
⑰	TEST（GND）	测试（接地）	㊳		室外机供电控制信号输出
⑱	RESET	复位信号输入	㊴	G	绿色背光信号输出
⑲	XIN	振荡器输入	㊵	R	红色背光信号输出
⑳	XOUT	振荡器输出	㊶		应急开关控制信号输入
㉑	V_{SS}	接地	㊷	V_{DD}	5V 供电

（2）微处理器基本工作条件

微处理器正常工作需具备 5V 供电、复位、时钟振荡正常这 3 个基本条件。

5V 供电：插好空调的电源线，待室内机电源电路工作后，由其输出的 5V 电压经 C22 等电容滤波后加到微处理器 IC08 的供电端㊷脚，为 IC08 供电。

复位：该机的复位电路以微处理器 IC08 和复位芯片 IC04（MC34046）为核心构成。开机瞬间，由于 5V 电源电压在滤波电容的作用下逐渐升高，当该电压低于 4.6V 时，IC04 的输出端①脚输出低电平电压，该电压经 C13、C16 滤波，加到 IC08 的⑱脚，使 IC08 内的存储器、寄存器等电路清零复位。随着 5V 电源电压的逐渐升高，当其超过 4.6V 后，IC04 的①脚输出高电平电压，加到 IC08 的⑱脚后，IC08 内部电路复位结束，开始工作。正常工作后，IC08 的⑱脚电位几乎与供电相同。

时钟振荡：微处理器 IC08 得到供电后，它内部的振荡器与⑲、⑳脚外接的晶振 XT01 通过振荡产生 8MHz 的时钟信号。该信号经分频后协调各部位的工作，并作为 IC08 输出各种控制信号的基准脉冲源。

（3）遥控操作

微处理器 IC08 的㉛脚是遥控信号输入端，连接器 CN08 的⑥脚外接遥控接收组件（接收头）。用遥控器对该机进行温度调节等操作时，遥控接收电路将红外信号进行解码、放大后，从 CN08 的⑥脚输入，通过 R14 限流、C32 滤波，加到 IC08 的㉛脚。IC08 对㉛脚输入的信号进行处理后，就会控制相关电路进入用户所需的工作状态。

（4）存储器电路

由于变频空调不仅需要存储与温度相对应的电压数据，还要存储室内风扇转速、故障代码、压缩机 F/V 控制、显示屏亮度等信息，所以需要设置电可擦可编程只读存储器（E2PROM）IC06（93C46）。下面以调整室内风扇电机转速为例进行介绍。

参见图 6-2，进行室内风扇电机转速调整时，微处理器 IC08 通过片选信号 EE CS、数据输出线（SO）、数据输入线（SI）和时钟线（SCK）从存储器 IC06 内读取数据后，改变其驱动信号的占空比，也就改变了室内电机供电电压的高低，从而实现电机转速的调整。

（5）显示屏及亮度自动控制电路

为了实现人机交互，该室内机面板上设置了 VFD 型显示屏。因此，室内机显示板上设置了配套的显示屏驱动电路。显示屏及其驱动电路在图中未画出。

显示屏驱动电路：显示屏驱动电路以专用芯片 U03（NW6372）为核心构成。U03 的⑨、⑥、⑧脚通过连接器 CN08 的③、④、⑤脚进入电路板，分别接在微处理器 IC08 的②、③、④脚上。同时将 5V、-27V、4.6A、4.6B 电压通过连接器 CN02 加到显示板，为显示屏及其驱动电路供电。当 IC08 输出的显示屏驱动信号通过 U03 进行解码、放大后，驱动显示屏显示空调的工作状态、温度等数值。

亮度自动控制电路：亮度自动控制电路由微处理器 IC08 和光敏电阻（图中未画出）构成。室内亮度增大时，安装在显示板上的光敏电阻的阻值减小，使连接器 CN02 的①脚输入的电压减小，通过 C31 滤波、R21 限流后加到 IC08 的㉖脚，被 IC08 处理后，通过控制激励信号使显示屏发光加强。反之，控制过程相反。

提示　㉖脚电压低于 4.5V 时显示屏最亮，㉖脚电压大于 4.7V 时显示屏最暗，而电压位于 4.5~4.7V 时显示屏为中等亮度。

（6）蜂鸣器电路

参见图 6-2，该机的蜂鸣器电路由微处理器 IC08、驱动块 IC09（TD62003AP）、蜂鸣器 BZ01 等构成。

进行遥控操作或报警时，IC08㉞脚输出的脉冲信号加到驱动块 IC09 的④脚，经 IC09 内部的非门倒相放大后，从它的⑬脚输出到蜂鸣器 BZ01 的两端，驱动 BZ01 鸣叫，表明操作信号已被 IC08 接收。

4. 室内风扇电机电路

参见图 6-2，室内风扇电机电路由室内微处理器 IC08、光耦合器 IC05、风扇电机等元器件构成。

（1）转速调整

室内风扇电机的速度调整有手动调节和自动调节两种方式。

① 手动调节

当用户通过遥控器降低风速时，遥控器发出的信号被微处理器 IC08 识别后，其⑥脚输出的控制信号的占空比减小，通过 R17 限流，为光耦合器 IC05 内的发光管提供的导通电流减小，发光管发光减弱，为双向晶闸管提供的触发电流减小，双向晶闸管导通程度减小，为室内风扇电机提供的电压减小，室内风扇电机转速下降。反之，控制过程相反。

② 自动调节

自动调节方式是微处理器根据传感器检测到的室内温度、室内热交换器盘管温度来实现控制的。该电路由微处理器 IC08、室温传感器和室内盘管温度传感器（图中未画出）等构成。

制冷期间，当室温比设置的温度高出 5℃时，室温传感器的阻值较小，5V 电压通过 CN20、室温传感器、L03 与 R26 取样产生的电压较大。该电压通过电容排 CA01 内的一个电容滤波后，加到微处理器 IC08 的㉓脚，IC08 将该电压与存储器 IC06 内存储的电压/温度数据比较后，判断出室内温度较高，于是 IC08 的⑥脚输出的驱动信号的占空比增大，使光耦合器 IC05 为室内风扇电机提供的电压较大，室内风扇的转速较高。室内温度随着制冷的不断进行而逐渐下降，当室温低于设置温度 3℃后，室温传感器的阻值增大，使 IC08 的㉓脚输入电压减小，被 IC08 识别后，控制⑥脚输出的驱动信号的占空比减小，室内风扇处于低速运转状态，当室温达到设定温度后，室内风扇停转。

由于制热初期室内盘管温度较低，该温度信号被室内盘管温度传感器检测后，它的阻值较大，使微处理器 IC08 的㉔脚输入的电压较小，所以 IC08 的⑥脚输出的驱动信号的占空比较小，致使室内风扇转速较低或不转，以免为室内吹冷风，待室内热交换器的温度达到一定高度时，IC08 再通过控制供电电路来提高室内风扇的转速。

 提示　C27 是延迟电容。开机瞬间由于 C27 需要充电，充电期间为 IC08 的㉔脚提供的电压由大逐渐下降到正常值，避免了制热初期室内风扇电机误工作在高速运转状态，为室内吹冷风。

（2）相位检测电路

该机的室内风扇电机还设置了相位检测电路。当室内风扇电机旋转后，电机内部的霍尔传感器输出相位检测信号，即 PG 脉冲信号。该脉冲信号通过连接器 CN11 的②脚输入到室内机电路板，通过 R19 限流、C17 滤波，加到微处理器 IC08 的⑦脚。该信号被 IC08 识别后，IC08 就会确认室内风扇电机运转正常，输出控制信号使该机正常工作；一旦 IC08 的⑦脚没有 PG 脉冲输入，IC08 会判断室内风扇电机异常，发出指令使该机停止工作，并通过显示屏显示故障代码。

5. 导风电机电路

参见图 6-2，由于该机导风电机采用了两个步进电机，所以不仅要求微处理器 IC08 利用 4 个引脚输出激励脉冲信号，而且还采用了 IC09、IC10 两块 7 非门芯片 TD62003AP 作驱动器。

在室内风机运转期间，若需要使用导风功能时，则按遥控器上的"风向"键，被微处理器 IC08 的㉝、㉟～㊲脚输出激励脉冲信号后，从 IC09 的①～③、⑤、⑥脚和 IC10 的⑤～⑦脚输入，利用它们内部的非门倒相放大后，从 IC09 的⑪、⑫、⑭～⑯脚和 IC10 的⑩～⑫脚输出，再经连接器 CN16、CN17 驱动两个步进电机旋转，带动室内机上的风叶摆动，实现大角度、多方向送风。

6. 换新风电路

如图 6-2 所示，换新风电路由室内微处理器 IC08、驱动块 IC09、换新风电机（图中未画出）等构成。

进行换气操作时，IC08㉚脚输出的高电平控制信号加到驱动块 IC09 的⑦脚，经 IC09 内部的非门倒相放大后，从它的⑩脚输出低电平信号，通过连接器 CN09 的③脚送到换新风电机的供电电路，使换新风电机得到供电后开始运转，将室内浑浊空气与室外的新鲜空气进行交换，从而提高了室内空气质量。当 IC08 的㉚脚电位为低电平，IC09 的⑩脚电位则为高电平，换新风电机因失去供电而停转，换新风功能结束。

7. 室外机供电控制电路

参见图 6-2，室外机供电控制电路由室内微处理器 IC08、继电器 RY01、驱动块 IC10 构成。

当 IC08 工作后，从其㊳脚输出的室外机供电的高电平控制信号。该控制信号经驱动块 IC10④、⑬脚内的非门倒相放大后，为继电器 RY01 的线圈提供导通电流，使 RY01 内的触点闭合，接通室外机的供电回路，为室外机供电。

二、室外机电路

室外机电路由电源电路、微处理器电路、室外风扇电机驱动电路、压缩机驱动电路等构成，方框图如图 6-3 所示，电路原理图如图 6-4 所示。

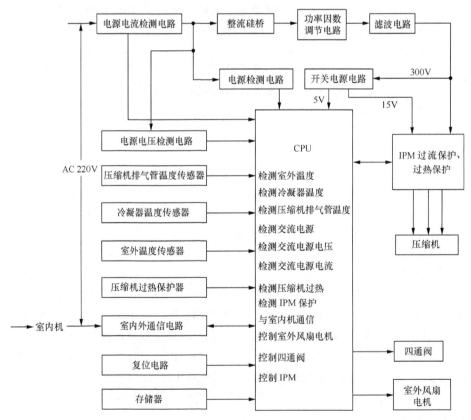

图 6-3 海信 KFR-2801GW/Bp、KFR-3601GW/Bp 型壁挂式变频空调室外机控制电路构成方框图

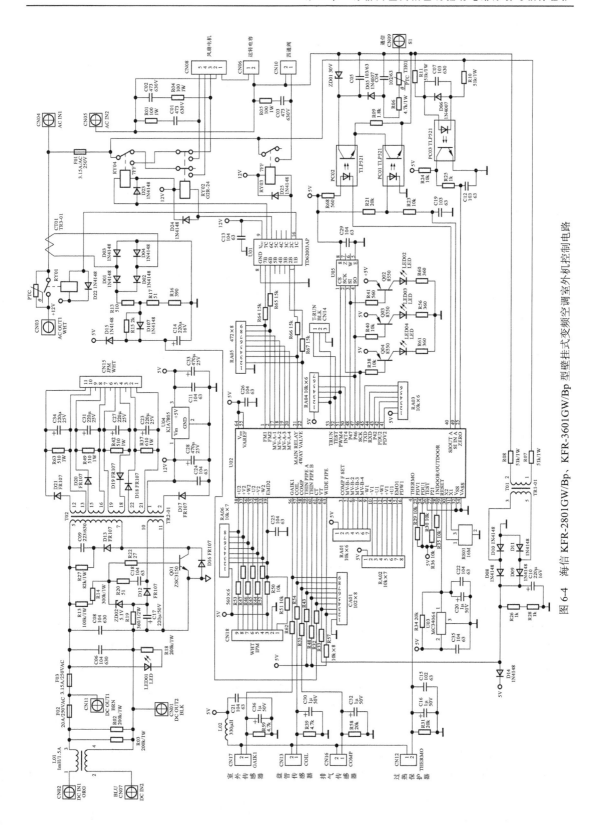

图 6-4　海信 KFR-2801GW/Bp、KFR-3601GW/Bp 型壁挂式变频空调室外机控制电路

1. 供电电路

参见图 6-4，300V 供电电路由限流电阻 PTC、桥式整流堆和滤波电容（图中未画出）构成。

市电电压通过 PTC 限流后，再经电流互感器 CT01 的初级绕组分两路输出：一路通过熔断器 FU1 为室外风扇电机、四通阀的继电器供电；另一路通过 CN04、CN05 送到 300V 供电电路，经整流堆、滤波电容整流滤波产生 300V 电压。300V 电压通过 CN02、CN07 和互感线圈 L01 返回到室外电路板，一路经熔断器 F02、F03 为开关电源供电，另一路通过熔断器 F02 和 CN01、CN11 为 IPM 供电（图中未画出）。

2. 限流电阻及其控制电路

该机的限流电阻及控制电路是由正温度系数热敏电阻 PTC 和室外微处理器 U02、继电器 RY01、驱动块 U01（TD62003AP）电路构成的 PTC 控制电路。

在 300V 供电电路的滤波电容充电初期，PTC 对其产生的冲击电流进行抑制，以免大冲击电流导致整流堆、熔断器等元器件过流损坏。当室外机电脑板电路工作后，U02 ㉑脚输出的高电平控制信号经 R66 限流，再经 U01①、⑯脚内的非门倒相放大后，为继电器 RY01 的线圈提供导通电流，使 RY01 内的触点闭合，将限流电阻 PTC 短接，不仅确保了 300V 供电电压的稳定，而且避免了 PTC 过热损坏。

3. 开关电源

参见图 6-4，室外机采用分立元器件构成的并联型自激式开关电源为室外微处理器、IPM 的驱动电路供电。

（1）功率变换

连接器 CN02、CN07 输入的 300V 左右直流电压经电感 L01 和熔断器 F02 输入后，一路通过连接器 CN11、CN01 输出，为 IPM 供电；另一路通过熔丝管（熔断器）F03 送到开关电源。该电压第一路经 LED01 和 R18 构成回路使 LED01 发光，表明开关电源已输入 300V 工作电压；第二路通过开关变压器 T02 的初级绕组（5-7 绕组）为开关管 Q01 供电；第三路通过启动电阻 R13、R14 限流，利用稳压管 ZD02 和 R19 稳压获得启动电压，经 R22 为 Q01 提供启动电流，使它启动导通。开关管 Q01 导通后，它的 c 极电流使 5-7 绕组产生⑤脚正、⑦脚负的电动势，正反馈绕组（10-11 绕组）感应出⑩脚正、⑪脚负的脉冲电压。该电压经 C18、R20、R22、Q01 的 be 结构成正反馈回路，使 Q01 因正反馈雪崩过程迅速进入饱和导通状态，它的 c 极电流不再增大，因电感中的电流不能突变，于是 5-7 绕组产生反相电动势，致使 10-11 绕组相应产生反相电动势。该电动势通过 C18、R20 使 Q01 迅速进入截止状态。Q01 截止后，T02 存储的能量通过次级绕组开始输出。随着 T02 存储的能量释放到一定的时候，T02 各个绕组产生反相电动势，于是 10-11 绕组产生的脉冲电压经 C18、R20 再次使 Q01 进入饱和导通状态，形成自激振荡。

开关电源工作后，开关变压器 T02 次级绕组输出的电压经整流、滤波后产生多种直流电压。其中，12-13 绕组输出的脉冲电压通过 D21 整流、C34 滤波产生 15V 电压，15-16 绕组输出的脉冲电压通过 D20 整流、C31 滤波产生 15V 电压，18-19 绕组输出的脉冲电压通过 D19 整流、C27 滤波产生−15V 电压，21-22 绕组输出的脉冲电压通过 D18 整流、C23 滤波产生 15V 电压，1-2 绕组输出的脉冲电压通过 D17 整流、C28 滤波产生 12V 电压。12V 电压不仅为继电器、驱动块等负载供电，而且通过 U04 稳压输出 5V 电压，为微处理器 U02 供电。

由于开关管 Q01 的负载开关变压器 T02 是感性元件，所以 Q01 截止瞬间，T02 的 5-7 绕组会在 Q01 的 c 极上产生较高的脉冲电压，该脉冲电压的尖峰值较大，容易导致 Q01 过压损坏。为了避免这种危害，在 5-7 绕组两端并联的 D13、R27、C09 组成尖峰脉冲吸收回路。该电路在 Q01 截止瞬间将尖峰脉冲有效地吸收，从而避免了 Q01 过压损坏。

（2）稳压控制

当市电电压升高或负载变轻，引起开关变压器 T02 各个绕组产生的脉冲电压升高时，10-11 绕组升高的脉冲电压经 D12 整流、滤波电容 C17 滤波获得的取样电压（负压）相应升高，使稳压管 ZD02 击穿导通加强，为开关管 Q01 的 b 极提供负电压，Q01 提前截止，致使 Q01 导通时间缩短，T02 存储的能量下降，开关电源输出电压下降到正常值，实现稳压控制。反之，稳压控制过程相反。

4. 室外微处理器电路

该机室外机电路板以微处理器 U02 为核心构成，如图 6- 4 所示。

（1）室外微处理器 U02 的引脚功能

室外微处理器 U02 的引脚功能如表 6-2 所示。

表 6-2　　室外微处理器 U02 的引脚功能

引脚号	名　称	功　能	引脚号	名　称	功　能
①	FM1	室外风扇电机转速控制信号输出 1	㉝	−W2	IPM 驱动下桥臂 W 信号输出
②	FM2	室外风扇电机转速控制信号输出 2	㉞	−V2	IPM 驱动下桥臂 V 信号输出
③	COMP F SET	未用，外接上拉电阻	㉟	−U2	IPM 驱动下桥臂 U 信号输出
④	THERMO	压缩机过热检测信号输入	㊱	+W2	IPM 驱动上桥臂 W 信号输出
⑤	MV-B-1	未用，外接上拉电阻	㊲	+V2	IPM 驱动上桥臂 V 信号输出
⑥	MV-B-2	未用，外接上拉电阻	㊳	+U2	IPM 驱动上桥臂 U 信号输出
⑦	MV-B-3	未用，外接上拉电阻	㊴	EMD2	IPM 异常保护信号输入
⑧	MV-B-4	未用，外接上拉电阻	㊵	SIOUT A	室外通信信号输出
⑨	−W1	未用，外接上拉电阻	㊶	PDV2	未用，外接上拉电阻
⑩	−V1	未用，外接上拉电阻	㊷	PDU2	未用，外接上拉电阻
⑪	−U1	未用，外接上拉电阻	㊸	P42	未用，外接上拉电阻
⑫	+W1	未用，外接上拉电阻	㊹	RXD	未用，外接上拉电阻
⑬	+V1	未用，外接上拉电阻	㊺	TXD	未用，外接上拉电阻
⑭	+U1	未用，外接上拉电阻	㊻	SCK	存储器用时钟信号输出
⑮	EMO1	未用，外接上拉电阻	㊼	P46	存储器数据信号输出
⑯	PDW1	未用，外接上拉电阻	㊽	P47	存储器数据信号输入
⑰	MV-A-1	未用，外接上拉电阻	㊾	SI IN A	室内通信信号输入
⑱	MV-A-2	未用，外接上拉电阻	㊿	INT4	未用，外接上拉电阻
⑲	MV-A-3	未用，外接上拉电阻	(51)	PWM4	存储器用片选信号输出
⑳	MV-A-4	未用，外接上拉电阻	(52)	TEST	测试
㉑	MAIN RELAY	限流电阻控制信号输出	(53)	TRUN	室外机单独启动控制信号输入
㉒	4WAY VALVE	四通阀控制信号输出	(54)	VASS	模拟电路接地
㉓	PDV1	未用，外接上拉电阻	(55)	VAREF	基准电压输出

引脚号	名　称	功　能	引脚号	名　称	功　能
㉔	PDU1	未用，外接上拉电阻	㊌	GAIK1	室外温度传感器检测信号输入
㉕	ZERO	市电有无检测信号输入	㊐	COIL	室外盘管温度检测信号输入
㉖	TEST	测试（接地）	㊙	COMP	排气管温度检测信号输入
㉗	P21	外接上拉电阻	㊜	THIN PIPE A	未用，外接上拉电阻
㉘	INDOOR/OUTDOOR	外接上拉电阻	⑥	THIN PIPE B	未用，外接上拉电阻
㉙	RESET	复位信号输入	㊱	CT	压缩机电流检测信号输入
㉚	X2	振荡器接晶振端子2	㊲	VT	市电电压检测信号输入
㉛	X1	振荡器接晶振端子1	㊳	WIDE PIPE	未用，外接上拉电阻
㉜	V_SS	接地	㊴	V_DD	5V供电

注：PDV1、PDU1、PDW1和PDV2、PDU2、PDW2是电机相位检测信号输入端，该机未使用，所以通过上拉电阻接5V供电。−V1、−U1、−W1和+V1、+U1、+W1是另一组电机驱动信号输出端，该机未使用，所以通过上拉电阻接5V供电。

（2）微处理器基本工作条件电路

微处理器正常工作需具备5V供电、复位、时钟振荡正常这3个基本条件。

5V供电：插好空调的电源线，待室外机电源电路工作后，由其输出的5V电压经C26滤波后加到微处理器U02的供电端㊴脚，为U02供电。

复位：该机的复位电路以微处理器U02和复位芯片U03（MC34064）为核心构成。开机瞬间，5V电源电压在滤波电容的作用下逐渐升高。当该电压低于4.6V时，U03的输出端①脚输出低电平电压，该电压经C20、C22滤波，加到U02的㉙脚，使U02内的存储器、寄存器等电路清零复位。随着5V电源电压的逐渐升高，当其超过4.6V后，U03的①脚输出高电平电压，加到U02的㉙脚后，U02内部电路复位结束，开始工作。正常工作后，U02的㉙脚电位几乎与供电相同。

时钟振荡：微处理器U02得到供电后，它内部的振荡器与㉚、㉛脚外接的晶振RS01通过振荡产生16MHz的时钟信号。该信号经分频后协调各部位的工作，并作为U02输出各种控制信号的基准脉冲源。

（3）存储器电路

由于变频空调不仅需要存储与温度相对应的电压数据，还要存储室外风扇转速、故障代码、压缩机F/V控制等信息，所以需要设置电可擦可编程只读存储器（E2PROM）U05。下面以调整室外风扇电机转速为例进行介绍。

微处理器U02通过片选信号CS、数据线SI/SO和时钟线SCK从存储器U05内读取数据后，改变其风扇电机端子输出的控制信号，为电机不同端子供电，就可以实现电机转速的调整。

5. 室外风扇电机电路

参见图6-4，室外风扇电机电路由微处理器U02、驱动块U01（TD62003AP）、风扇电机及其供电继电器RY02、RY04，以及室外温度传感器、室外盘管温度传感器等元器件构成。

（1）制热期间

当室外温度高于 24℃时，室外温度传感器的阻值较小，5V 电压通过 L02、室外温度传感器、R59 分压后产生较大的电压。该电压通过 C36 滤波，再通过 R62 限流和 CA01 内的一个电容滤波后，为微处理器 U02 的㊱脚提供的电压较大，U02 将该电压数据与存储器 U05 内存储的电压/温度数据进行比较后，识别出室外温度高于 24℃，发出室外风扇电机低速运转的指令。此时，U02 的①、②脚输出的控制信号为高电平。①脚输出的高电平信号通过 U01 内的非门倒相放大后，为继电器 RY04 的线圈提供导通电流，RY04 内的动触点与常开触点接通，为继电器 RY02 内的右侧动触点供电；U02 的②脚输出的高电平信号通过 U01 内的非门倒相放大后为 RY02 的线圈提供导通电流，RY02 的动触点接通常开触点，于是 220V 市电电压通过 RY04、RY02、CN08 的⑤脚加到室外风扇电机的低速绕组 L 上，使它工作在低速运转状态。

当室外温度高于 10℃，但低于 15℃时，室外温度传感器的阻值增大，使 U02 的㊱脚输入的电压减小，U02 将该电压数据与 U05 内存储的电压/温度数据进行比较后，识别出室外温度高于 10℃，但低于 15℃，发出室外风扇电机中速运转的指令。此时，U02 的①脚输出低电平控制信号，②脚输出高电平控制信号。如上所述，②脚输出高电平控制信号时 RY02 内的动触点与常开触点接通，而 U02 的①脚输出的低电平信号通过 U01 内的非门倒相放大后，切断继电器 RY04 的线圈供电回路，它的动触点与常闭触点接通，于是 220V 市电电压通过 RY04、RY02 和 CN08 的④脚加到室外风扇电机的中速绕组 M 上，使它工作在中速运转状态。

当室外温度低于 10℃时，室外温度传感器的阻值继续增大，为 U02 的㊱脚提供的电压进一步减小，U02 将该电压数据与 U05 内存储的电压/温度数据进行比较后，识别出室外温度低于 10℃，发出室外风扇电机高速运转的指令。此时，U02 的①脚输出的控制信号为高电平，②脚输出的控制信号为低电平。如上所述，①脚输出高电平控制信号时 RY04 的动触点与常开触点接通，②脚输出低电平控制信号时 RY02 内的动触点与常闭触点接通，于是 220V 市电电压通过 RY04、RY02、CN08 的③脚加到室外风扇电机的高速绕组 H 上，使它工作在高速运转状态。

（2）制冷期间

制冷期间，室外风扇电机的转速不仅受室外温度传感器的控制，而且受室外盘管温度传感器的控制。该机在室外温度高于 28℃时，室外风扇电机的转速受室外温度传感器的控制；当室外温度低于 28℃时，室外风扇电机的转速受室外盘管温度传感器的控制。

①室外温度高于 28℃

当室外温度高于 28℃时，室外温度传感器的阻值较小，5V 电压通过 L02、室外温度传感器、R59 分压后产生的电压较大。该电压通过 C36 滤波，再通过 R62 限流，CA01 内的一个电容滤波后，为 U02 的㊱脚提供的电压较大，U02 将该电压数据与存储器 U05 内存储的电压/温度数据进行比较后，识别出室外温度高于 28℃，发出室外风扇电机高速运转的指令，如上所述，为电机的 H 端子供电，从而使室外风扇电机工作在高速运转状态。

②室外温度低于 28℃

室外温度低于 28℃时，室外风扇电机的转速受室外盘管温度的控制。若室外盘管的温度低于 35℃时为低速；若温度高于 35℃，但低于 40℃时为中速；若温度高于 40℃时为高速。

下面以室外盘管温度低于35℃为例进行介绍。

当室外盘管温度低于35℃时，室外盘管温度传感器的阻值相对较大，5V电压通过L02、室外盘管温度传感器、R39分压后产生的电压较小。该电压通过C30滤波，再通过R54限流，CA01内的一个电容滤波后，为U02的㊼脚提供的电压较小，U02将该电压数据与存储器U05内存储的电压/温度数据进行比较后，识别出室外盘管温度低于35℃，发出室外风扇电机低速运转的指令，如上所述，为电机的L端子供电，从而使室外风扇电机工作在低速运转状态。

6. 市电电压检测电路

该机为了防止市电电压过高给电源电路、功率模块、压缩机等器件带来危害，设置了由室外微处理器U02、电压互感器T01、整流管D08～D11、电阻R26和R28等构成的市电电压检测电路，如图6-4所示。

市电电压通过T01检测后，输出与市电电压成正比的交流电压。该电压作为取样电压通过D08～D11桥式整流、C10滤波产生直流电压，再通过电阻R26、R28限压，利用R33限流，经CA01内的一个电容滤波后，加到微处理器U02的㊽脚。当㊽脚输入的电压过高或过低，U02就会判断出市电过压或欠压，输出控制信号使该机停止工作，进入市电异常保护状态，并通过指示灯显示故障代码。

D14是钳位二极管，它的作用是防止微处理器U02的㊽脚输入的电压超过5.4V，以免市电电压升高等原因导致U02过压损坏。

7. 市电有无检测电路

参见图6-4，该机的市电有无检测电路（市电瞬间断电检测电路）由光耦合器PC03、二极管D06以及电阻R24、R10、R11构成。

市电电压通过R10、R11限流，再通过C07滤波后，为光耦合器PC03内的发光管供电。当市电电压为正半周时，PC03内的发光管有导通电流流过而发光，使它内部的光敏管受光照后导通，致使U02的㉕脚输入低电平控制信号；当市电电压为负半周时，PC03内的发光管没有导通电流而熄灭，使它内部的光敏管截止，致使U02的㉕脚输入高电平控制信号。这样，U02的㉕脚就会输入交流检测信号，也就是市电过零检测信号。U02通过对㉕脚输入的信号进行检测，就可以识别出室外机有无市电输入。

8. 压缩机电流检测电路

参见图6-4，为了防止压缩机过流损坏，该机设置了以电流互感器CT01、整流管D01～D04为核心构成的电流检测电路。

一根电源线穿过CT01的磁芯，这样CT01就可以对压缩机的运行电流进行检测。CT01的次级绕组感应出与电流成正比的交流电压，该电压经D01～D04桥式整流产生脉动直流电压，再通过R13、R17、R16取样获得与回路电流成正比的取样电压。取样电压通过R15、D107降压，再通过C14滤波产生直流取样电压，利用R32限流，CA01内的一个电容滤波后，加到微处理器U02的㊶脚。当压缩机电流正常时，CT01次级绕组输出的电流在正常范围，经整流、滤波后使U02的㊶脚输入的电压正常，U02将该电压与存储器U05内存储的数据比较后，判断压缩机运行电流正常，输出控制信号使压缩机正常工作。当压缩机运行电流超过设定值后，CT01次级绕组输出的电流增大，经整流、滤波后使U02的㊶脚输入的电压升高，U02将该电压与存储器U05内存储的压缩机过流数据比较后，判断压缩机过流，则输出控制信号使压缩机停止工作，以免压缩机过流损坏，实现压缩机过流保护。

 提示 该机的室外机通电初期，微处理器 U02 ⑥ 脚电压为 1.12V 左右；当电路工作稳定后，⑥ 脚电压几乎为 0。

若 U02 的 ⑥ 脚无电压输入，被 U02 检测后，它会控制该机停止工作，并通过指示灯显示无负载故障代码；若 ⑥ 脚输入的电压过大，被 U02 检测后，它会控制该机停止工作，并通过指示灯显示负载过流故障代码。

三、通信电路

该机的通信电路由市电供电系统、室内微处理器 IC08、室外微处理器 U02 和光耦合器 IC01、IC02、PC01、PC02 等元器件构成，如图 6-5 所示。

1. 供电

市电电压通过 R10、R07、R04 限流，再通过 D04 半波整流，利用 24V 稳压管 ZD01 稳压产生 24V 电压。该电压通过 C01、C03 滤波后，为光耦合器 IC02 内的光敏管供电。

2. 工作原理

（1）室内发送、室外接收

室内发送、室外接收期间，室外微处理器 U02 的 ⑩ 脚输出低电平控制信号，室内微处理器 IC08 的 ⑨ 脚输出数据信号（脉冲信号）。U02 的 ⑩ 脚的电位为低电平，使光耦合器 PC02 内的发光管开始发光，PC02 内的光敏管受光照后开始导通。同时，IC08 的 ⑨ 脚输出的脉冲信号加到光耦合器 IC02 的 ② 脚，通过 IC02 进行光电耦合后，从它的 e 极输出脉冲电压。该电压通过 R03、D01、R01、R02、TH01、R06、D05 加到 PC02 的 ④ 脚。由于 PC02 导通，所以它的 ④ 脚输入的数据信号从它的 ③ 脚输出，再通过 PC01 的耦合，数据信号从 PC01 的 ④ 脚输出后，通过 R23 加到 U02 的 ⑩ 脚，U02 接收到 IC08 发来的指令后，就会控制室外机进入需要的工作状态，从而完成室内发送、室外接收控制。

（2）室外发送、室内接收

室外发送、室内接收期间，室内微处理器 IC08 的 ⑨ 脚输出低电平控制信号，室外微处理器 U02 的 ⑩ 脚输出脉冲信号。IC08 的 ⑨ 脚电位为低电平时，光耦合器 IC02 内的发光管开始发光，IC02 内的光敏管受光照后开始导通，从它 ③ 脚输出的电压加到 IC01 的 ① 脚，为 IC01 内的发光管供电。同时，U02 的 ⑩ 脚输出的数据信号通过光耦合器 PC02 的耦合，从 PC02 的 ④ 脚输出，再通过 D05、R06、TH01、R02、R01、D01 加到 IC01 的 ② 脚，经 IC01 耦合后，从它 ④ 脚输出的脉冲信号加到 IC08 的 ⑧ 脚，IC08 接收到 U02 发来的指令后，就会得知室外机组的工作状态，以便做进一步的控制，也就完成了室外发送、室内接收控制。

 提示 只有通信电路正常，室内微处理器和室外微处理器进行数据传输后，整机才能工作，否则会进入通信异常保护状态，同时显示屏显示通信异常的故障代码。

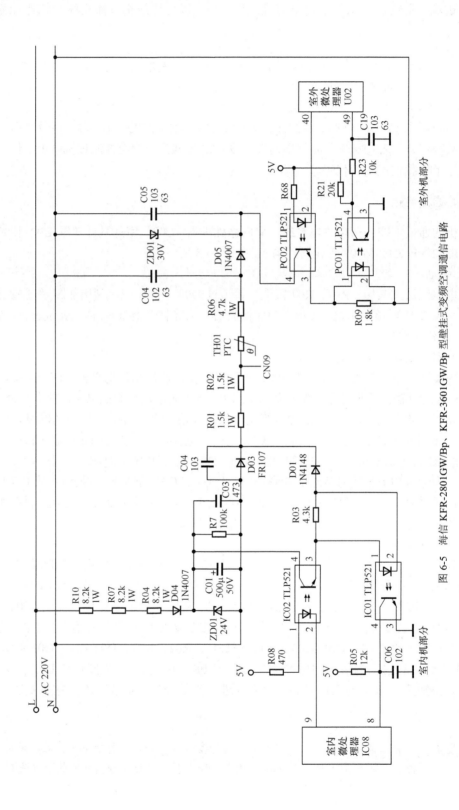

图 6-5 海信 KFR-2801GW/Bp、KFR-3601GW/Bp 型壁挂式变频空调通信电路

四、压缩机电机驱动电路

该机的压缩机电机驱动电路由室外微处理器 U02、IPM、压缩机等构成，如图 6-6 所示。

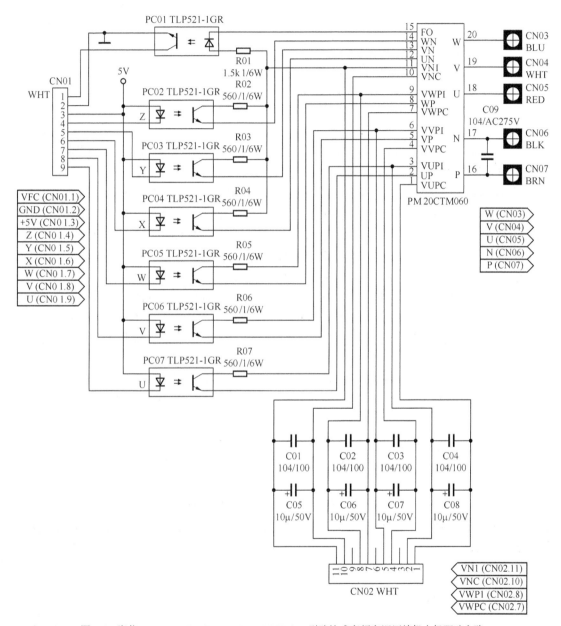

图 6-6　海信 KFR-2801GW/Bp、KFR-3601GW/Bp 型壁挂式变频空调压缩机电机驱动电路

1. IPM 的构成与引脚功能

功率模块 PM20CTM060 内部由 6 只 IGBT 型功率管及其驱动电路、保护电路、自举电源等构成，它的引脚功能如表 6-3 所示。

表 6-3   功率模块 PM20CTM060 的引脚功能

引 脚 号	名 称	功 能	引 脚 号	名 称	功 能
①	VUPC	U 相驱动电路电源负极	⑪	VN1	驱动电路供电
②	UP	U 相上桥驱动信号输入	⑫	UN	U 相下桥驱动信号输入
③	VUPI	U 相驱动电路电源正极	⑬	VN	V 相下桥驱动信号输入
④	VVPC	V 相驱动电路电源负极	⑭	WN	W 相下桥驱动信号输入
⑤	VP	V 相上桥驱动信号输入	⑮	FO	IPM 异常保护信号输出
⑥	VVPI	V 相驱动电路电源正极	⑯	P	300V 供电
⑦	VWPC	W 相驱动电路电源负极	⑰	N	接地
⑧	WP	W 相上桥驱动信号输入	⑱	U	U 相信号输出
⑨	VWPI	W 相驱动电路电源正极	⑲	V	V 相信号输出
⑩	VNC	驱动电路接地	⑳	W	W 相信号输出

2. IPM 的工作原理

连接器 CN02 的①、②、④、⑤、⑦、⑧、⑩、⑪脚输入 4 路 15V 电压。这些电压不仅加到功率模块 PM20CTM060 的供电端上，为它内部的驱动电路供电，而且通过电阻 R01～R07 为光耦合器 PC01～PC07 内的光敏管供电。同时由连接器 CN07、CN06 输入的 300V 电压加到 PM20CTM060 的⑯、⑰脚上，为它内部的功率管供电。

连接器 CN01 的④～⑥脚输入 3 路上桥臂驱动信号，⑦～⑨脚输入 3 路下桥臂驱动信号。其中，上桥臂驱动信号经光耦合器 PC02～PC04 耦合后，致使光敏管的 e 极输出被隔离的驱动信号，这 3 路信号加到模块 PM20CTM060 的 WN、VN、UN 端子上，通过模块内的 W、V、U 三相上桥臂驱动电路放大后，就可以驱动 3 个 IGBT 构成的上桥臂功率管工作在脉冲状态。同样，下桥臂驱动信号通过 PC05～PC07 隔离放大，加到模块的 WP、VP、UP 端子上，通过模块内的 W、V、U 三相下桥臂驱动电路放大后，就可以驱动 3 个 IGBT 构成的下桥臂功率管工作在脉冲状态。这样，通过对驱动信号的控制，就可以使功率模块 PM20CTM060 输出 3 路分别相差 120°的脉冲电压，驱动电机运转。

3. 保护电路

功率模块 PM20CTM060 内设置了过流、欠压、过热、短路保护电路。一旦发生欠压、过流、过热等故障，模块内部的保护电路动作，不仅切断模块输入的驱动信号，使模块停止工作，而且从⑮脚输出保护信号。该信号通过光耦合器 PC01 耦合传输，再通过连接器 CN01/CN18 的①脚输出到室外电路板，利用 R51 限流、C25 滤波后，加到微处理器 U02 的㊴脚。被 U02 识别后，控制该机停止工作，并通过指示灯显示故障代码，表明该机进入 IPM 异常的保护状态。

五、制冷、制热电路

该机的制冷、制热电路由温度传感器、室内微处理器 IC08、室外微处理器 U02、存储器、功率模块 PM20CTM060、压缩机、四通阀及其供电继电器 RY03、风扇电机及其供电电路等元器件构成。电路见图 6-2、图 6-4。风扇电机电路在前面已作介绍，这里不再介绍。

1. 制冷电路

当室内温度高于设置的温度时，CN20 外接的室温传感器（热敏电阻）的阻值减小，5V

电压通过该电阻与 R26 取样后产生的电压增大，再通过 CA01 内的一个电容滤波，为微处理器 IC08 的㉓脚提供的电压升高。IC08 将该电压数据与存储器 IC06 内部固化的不同温度的电压数据比较后，识别出室内温度，确定空调需要进入制冷状态。此时，它的㊲脚输出室内风扇电机驱动信号，使室内风扇电机运转，同时通过通信电路向室外微处理器 U02 发出制冷指令。U02 接到制冷指令后，第一路通过①、②脚输出室外风扇电机的供电信号，使室外风扇电机运转；第二路通过㉒脚输出低电平控制电压，该电压经驱动块 U01（TD62003AP）②脚内的非门倒相放大后，使它的⑮脚电位为高电平，不能为继电器 RY03 的线圈提供电流，RY03 内的触点释放，不能为四通阀的线圈供电，四通阀的阀芯不动作，使系统工作在制冷状态，即室内热交换器用作蒸发器，而室外热交换器用作冷凝器；第三路通过㉝～㊳脚输出驱动脉冲，该脉冲通过 IPM 放大后，驱动压缩机运转，开始制冷。随着压缩机和各个风扇电机的不断运行，室内的温度开始下降。室温传感器的阻值随室温下降而阻值增大，为 IC08 的㉓脚提供的电压逐渐减小，IC08 识别出室内温度逐渐下降，通过通信电路将该信息提供给室外微处理器 U02，于是 U02 的㉝～㊳脚输出的驱动信号的占空比减小，使 IPM 输出的驱动脉冲的占空比减小，压缩机降频运转。当温度达到要求后，室温传感器将检测的结果送给 IC08，IC08 判断出室温达到制冷要求，不仅使室内风扇电机停转，而且通过通信电路告诉 U02，U02 输出停机信号，切断室外风扇电机的供电回路，使它停止运转，而且使压缩机停转，制冷工作结束，进入保温状态。随着保温时间的延长，室内的温度逐渐升高，使室温传感器的阻值逐渐减小，为 IC08㉓脚提供的电压再次增大，重复以上过程，空调再次工作，进入下一轮的制冷工作状态。

2. 制热电路

制热控制与制冷控制基本相同，主要的不同点：①室内微处理器 IC08 通过检测㉓脚电压，识别出室内温度，于是 IC08 通过通信电路告知室外微处理器 U02 需要进入制热状态，并延时一段时间后，输出控制信号使室内风扇电机旋转，以免吹冷风，延时时间受室内盘管温度传感器的控制；②U02 接收到制热的指令后，通过㉒脚输出高电平控制电压，该电压通过驱动块 U01②脚内的非门倒相放大后，使它的⑮脚电位为低电平，为继电器 RY03 的线圈提供导通电流，使 RY03 内的触点闭合，为四通阀的线圈供电，四通阀的阀芯动作，改变制冷剂的流向，使系统工作在制热状态，即室内热交换器用作冷凝器，而室外热交换器用作蒸发器。

六、故障自诊功能

为了便于生产和维修，该机的室外机电路板具有故障自诊功能。当该机控制电路中的某一器件发生故障时，被微处理器检测后，通过电脑板上的指示灯显示故障代码，来提醒故障发生部位。指示灯显示的故障代码与故障原因如表 6-4 所示。

表 6-4　海信 KFR-2801GW/Bp、KFR-3601GW/Bp 型变频空调故障代码与含义

故障代码	含义	备注
LED02 长亮	室外温度传感器异常	检查室外温度传感器或其阻抗信号/电压信号变换电路
LED03 长亮	室外盘管温度传感器异常	检查室外盘管温度传感器或其阻抗信号/电压信号变换电路
LED02、LED03 长亮	压缩机过热	检查压缩机供电电路、制冷系统
LED03、LED04 长亮	无负载	检查负载供电电路、300V 供电电路、IPM 电路、压缩机、室外风扇电机、四通阀、负载电流检测电路

续表

故障代码	含义	备注
LED02 闪烁	供电电压异常	检查市电、市电传输系统异常或市电检测电路
LED03 闪烁	室外机瞬间停电	检查市电供电系统、供电检测电路
LED02、LED03 闪烁	室外机过载	检查压缩机、IPM、300V 供电、制冷系统
LED04 闪烁	正在除霜	
LED02、LED04 闪烁	IPM 故障	检查 IPM 及其供电电路、信号激励传输电路
LED03、LED04 闪烁	室外机存储器故障	检查室外机存储器、室外微处理器

七、常见故障检修

1. 整机不工作

整机不工作是插好电源线后室内机上的指示灯、显示屏不亮，并且用遥控器也不能开机。该故障主要是由于室内机电源电路、微处理器电路异常所致。故障原因根据有无 5V 供电又有所不同，没有 5V 供电，说明市电输入系统、室内电路板上的电源电路异常；若 5V 供电正常，说明微处理器电路异常。整机不工作，无 5V 供电的故障检修流程如图 6-7 所示；整机不工作，有 5V 供电的故障检修流程如图 6-8 所示。

提示　如果电源变压器的初级绕组开路，必须要检查整流管 D02、D05 ~ D12、C11、C05 是否击穿或漏电，以免更换后的变压器再次损坏。

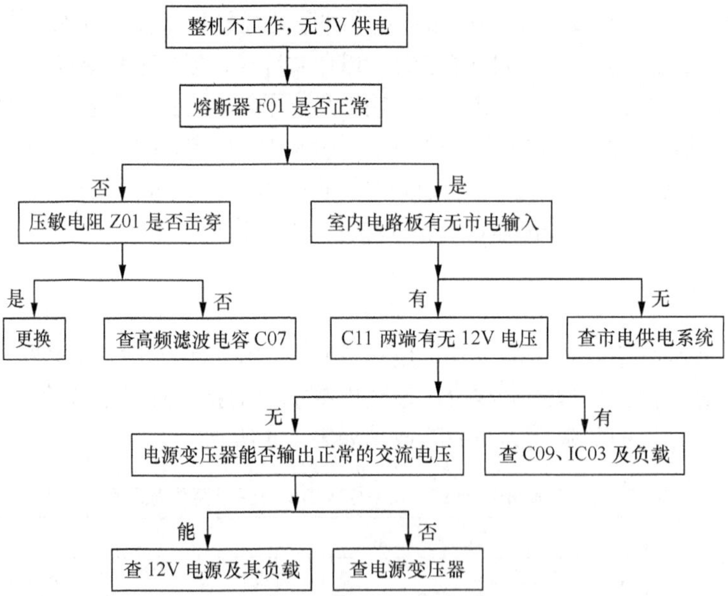

图 6-7　整机不工作，无 5V 供电故障检修流程

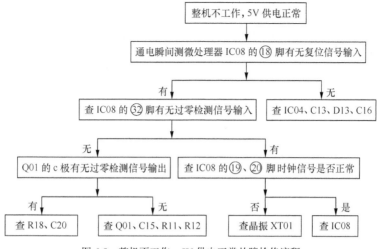

图 6-8　整机不工作，5V 供电正常故障检修流程

提 示　市电过零检测电路异常通常会产生室内风扇电机不能运转的故障。

---

2. 显示供电异常故障代码

该故障的主要原因：①市电电压异常；②电源插座、电源线异常；③市电检测电路异常；④微处理器异常。该故障检修流程如图 6-9 所示。

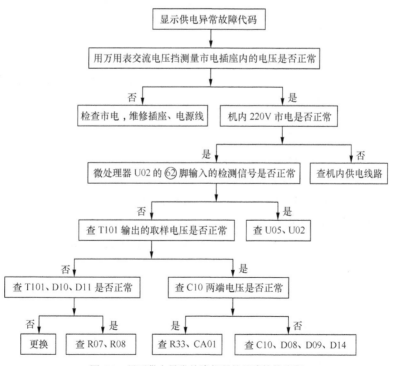

图 6-9　显示供电异常故障代码的故障检修流程

3. 显示室温传感器异常故障代码

该故障的主要原因：①室温传感器阻值异常；②连接器的插头接触不好；③阻抗信号/电压信号转换电路的电阻变值、电容漏电；④室内存储器 IC06 或室内微处理器 IC08 异常。该故障检修流程如图 6-10 所示。

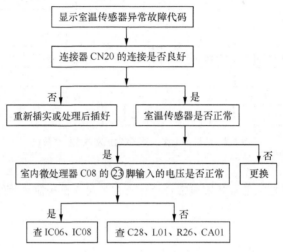

图 6-10　显示室温传感器异常故障代码的故障检修流程

提示　显示其他温度传感器异常故障代码的故障和该故障的检修流程一样，维修时，可参考该流程。

注意　室温传感器或 C28、R26、CA01 异常还会产生制冷/制热温度偏离设置值的故障，也就是制冷/制热不正常的故障。

4. 显示室内蒸发器冻结故障代码

该故障的主要原因：①室内机通风系统异常；②制冷剂不足或过量；③室内盘管温度检测电路异常；④室内盘管温度检测传感器的阻抗信号/电压信号变换电路异常；⑤制冷系统异常；⑥室内微处理器异常。该故障检修流程如图 6-11 所示。

5. 显示室内风扇电机异常故障代码

该故障的主要原因：①室内风扇电机运转电容异常；②室内风扇电机供电电路异常；③室内风扇电机反馈电路异常；④市电过零检测电路异常；⑤室内风扇电机异常；⑥室内微处理器 IC08 或存储器 IC06 异常。该故障检修流程如图 6-12 所示。

提示　怀疑市电过零检测电路异常时，可参考图 6-8 的检修流程进行检查。

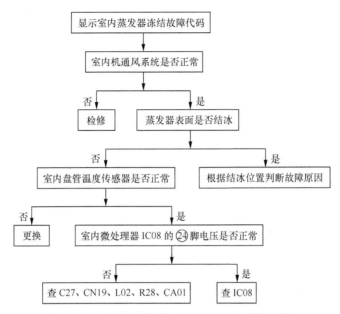

图 6-11　显示室内蒸发器冻结故障代码的故障检修流程

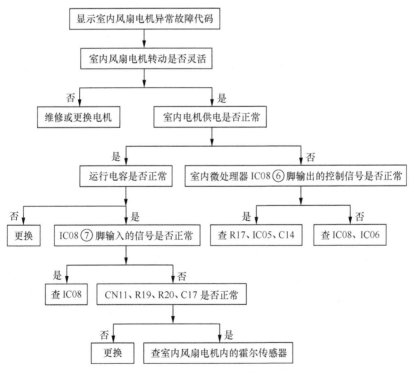

图 6-12　显示室内风扇电机异常故障代码的故障检修流程

6. 显示通信异常故障代码

该故障的主要原因：①附近有较强的电磁干扰；②室内机与室外机的连线异常；③室外机供电电路异常；④室内电脑板的微处理器异常；⑤室外电路板的电源电路异常；⑥室外微

处理器电路异常；⑦300V供电电路异常；⑧IPM电路异常；⑨通信电路异常。该故障检修流程如图6-13、图6-14所示。

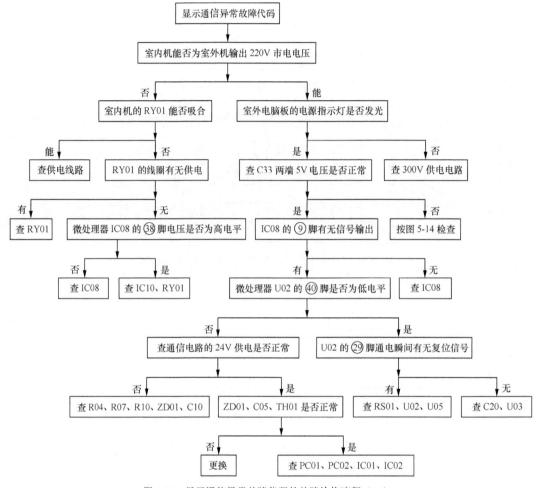

图6-13 显示通信异常故障代码的故障检修流程（一）

方法
与
技巧

用导线短接室外机电脑板上CN14的②、③脚，若室外机的机组可以工作，则说明室外机正常，在确认室内机也可以单独运行后，则说明通信电路异常。若室内机或室外机不能单独运行，则说明相应的电源电路或微处理器异常。

方法
与
技巧

维修室外电路板时也可以用12V直流稳压电源为5V稳压器IC04供电，这样在室外机不输入市电电压的情况下，IC04也可以为微处理器电路提供5V工作电压，从而方便了检修工作。二极管D13、D17～D21是否正常通常在路测量就可以确认。若性能差时，最好采用相同参数的快速整流管代换检查，以免误判。

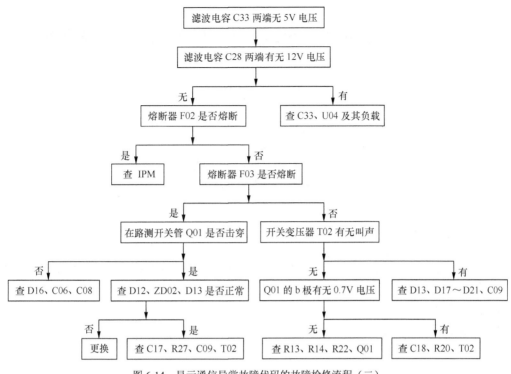

图 6-14　显示通信异常故障代码的故障检修流程（二）

7. 显示压缩机过流故障代码

该故障的主要原因：①制冷系统异常；②压缩机运转电流检测电路异常；③压缩机异常；④IPM 模块异常；⑤室外微处理器或存储器异常。该故障检修流程如图 6-15 所示。

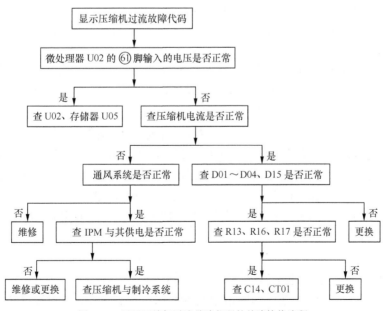

图 6-15　显示压缩机过流故障代码的故障检修流程

第 2 节　海信 KFR-28GW/Bp×2 型一拖二变频空调

海信 KFR-28GW/Bp×2 型变频空调电路由室内机电路、室外机电路及其通信电路构成。

 提示　海信 KFR-2601GW/Bp×2、KFR-2801GW/Bp×2 等一拖二变频空调与 KFR-28GW/Bp×2 型变频空调的工作原理基本相同，所以维修这些型号的变频空调时可参考本节内容。

一、室内机电路

室内机电路由电源电路、微处理器电路、室内风扇电机驱动电路、室外机供电电路等构成。

1. 30V 电源

30V 电源采用以开关管 Q1、电源控制芯片 GH003（IC1）、开关变压器 T1 为核心构成的他激式开关电源，如图 6-16 所示。

（1）功率变换

连接器 CN1 输入的 220V 市电电压通过熔丝管（熔断器）F1 输入，不仅加到通信电路，而且通过高频滤波电容 C1 和互感线圈 L1 滤除市电电网中的高频干扰，再经整流堆 DB1 桥式整流，通过 D1 加到滤波电容 C4 两端，经 C4 滤波产生 310V 直流电压。该电压一路经开关变压器 T1 的初级绕组（7-9 绕组）加到开关管 Q1 的 D 极，为它供电；另一路通过启动电阻 R2 限流、C16 滤波产生启动电压。该电压加到电源控制芯片 IC1（GH003）的⑭、⑰脚后，IC1 获得启动电压，内部的基准电压发生器开始启动，使振荡器产生振荡脉冲，该脉冲控制 PWM 调制器输出开关管驱动脉冲。该脉冲从 IC1 的⑯脚输出后，驱动 Q1 工作在开关状态。开关管 Q1 导通时，它的 c 极电流使 T1 的 9-7 绕组产生⑨脚正、⑦脚负的电动势，由于次级绕组所接的二极管截止，所以 T1 储存能量。当 Q1 截止后，T1 储存的能量通过次级绕组开始输出。其中，11-12 绕组输出的脉冲电压通过 D5 整流、C15 滤波产生的电压经 R8、D7 取代启动电路为 IC1 提供启动后的工作电压。4-6 绕组输出的脉冲电压通过 D3 整流，C7、C8 滤波产生 30V 电压，该电压第 1 路通过 L4、C11、C12 滤波后，再通过连接器 CN2 的⑦脚输出，为室内风扇电机供电；第 2 路加到 IC1 的③脚，为 IC1 内的误差放大器提供误差取样信号；第 3 路通过 R9 限流，L2、C22 滤波后，为 5V 电源供电。

开关变压器 T1 的 9-7 绕组两端并联的 D2、R5、C5 组成尖峰脉冲吸收回路。该电路在 Q1 截止瞬间对尖峰脉冲进行有效地吸收，以免 Q1 过压损坏。

市电输入回路并联的 VA1 是压敏电阻。市电正常且没有雷电窜入时 VA1 相当于开路，电源等电路正常工作；当市电电压过高或有雷电窜入，使 VA1 两端的峰值电压达到 680V 时它击穿短路，使 F1 过流熔断，切断市电输入回路，避免了 C1 或电源电路的元器件过压损坏。

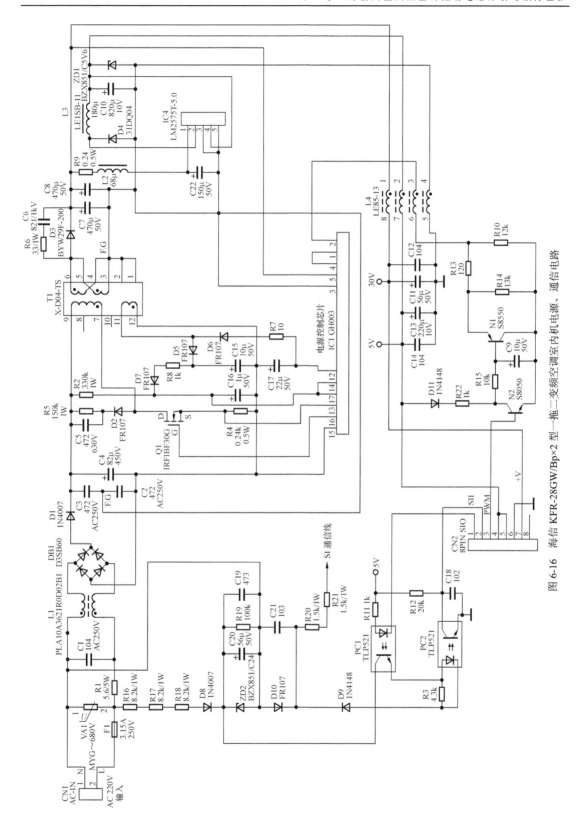

图 6-16　海信 KFR-28GW/Bp×2 型一拖二变频空调室内机电源、通信电路

（2）稳压控制

当市电电压升高或负载变轻,引起开关电源输出电压升高时,C7两端升高的电压加到IC1的③脚后,通过IC1内的误差放大器等电路处理,使IC1的⑬脚输出驱动脉冲的占空比减小,开关管Q1导通时间缩短,开关变压器T1存储的能量下降,开关电源输出电压下降到正常值,实现稳压控制。反之,稳压控制过程相反。

（3）保护电路

欠压保护:若R2阻值增大、C16漏电,为电源控制芯片IC1的⑭脚提供的启动电压低于启动阈值时,IC1不能启动;若D5～D7、R8、C16组成的自馈电电路异常,在IC1启动后不能为它提供足够的工作电压,IC1会重复工作在启动、停止状态,实现欠压保护。

过流保护:负载短路等原因引起开关管Q1过流,在R4两端产生的压降达到设置值时,IC1⑬脚内的过流保护(OCP)电路动作,使振荡器停止工作,开关电源停止工作,避免了负载过流给开关电源带来的危害。

过压保护:若稳压控制电路异常,使IC1⑭脚输入的电压达到保护阈值后,IC1内的过压保护(OVP)电路动作,使开关管停止工作,以免开关管过压损坏,实现过压保护。

过热保护:当开关电源工作异常或负载异常,使电源芯片IC1基板的工作温度达到150℃左右时,IC1内的过热保护(TSD)电路动作,经或门使锁存器输出保护信号,开关电源停止工作,以免过热损坏,实现过热保护。

2. 5V电源

该机的5V电源采用了电源厚膜电路LM2575T-5.0(IC4)、储能电感L3、续流二极管D4等元器件构成的串联型开关电源,如图6-16所示。

（1）功率变换

电源厚膜电路IC4的供电端①脚得到30V供电,它内部的控制电路开始工作,由该电路产生的激励脉冲使它内部的开关管工作在开关状态。开关管导通期间,IC4的②脚输出的电压经储能电感L3、滤波电容C10构成回路,回路中的电流除了为C10提供能量,还使L3产生左端正、右端负的电动势。开关管截止期间,流过L3的导通电流消失,所以L3通过自感产生右正、左负的脉冲电压。该脉冲电压经C10和续流二极管D4构成的回路继续为C10提供能量,使C10两端获得5V电压。5V电压通过C10、L4内的一个电感和C11、C14滤波后,不仅为通信电路的光耦合器PC1、PC2内的光敏管供电,而且通过连接器CN2的④、⑤脚输出到室内机电路板,为微处理器等电路供电。

（2）稳压控制

负载变轻引起C10两端电压升高时,C10两端升高的电压经IC4④脚内部的取样电路取样后,产生的取样电压升高,再经IC4内部电路处理后使开关管导通时间缩短,L3储能下降,开关电源输出的电压下降到规定电压值,实现稳压控制。反之,稳压控制过程相反。

3. 室内微处理器电路

该机室内机电路板以东芝公司生产的微处理器TMP88CK49为核心构成,如图6-17所示。

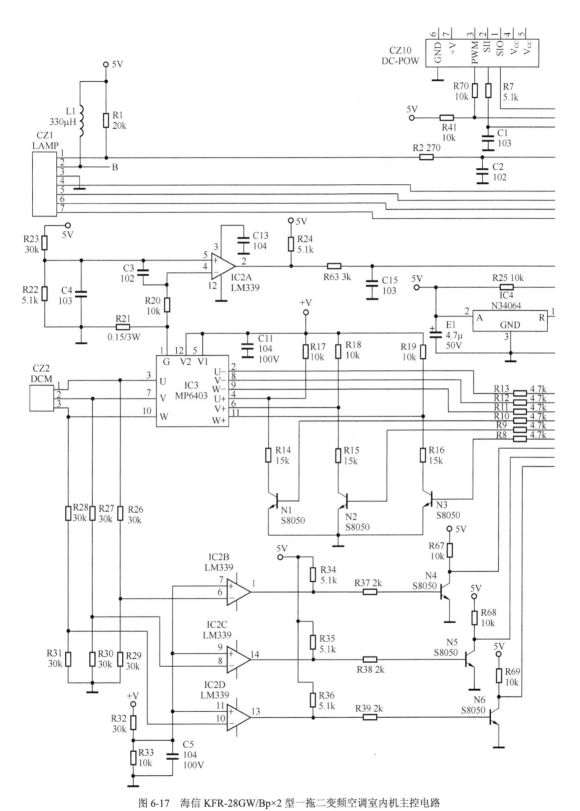

图 6-17　海信 KFR-28GW/Bp×2 型一拖二变频空调室内机主控电路

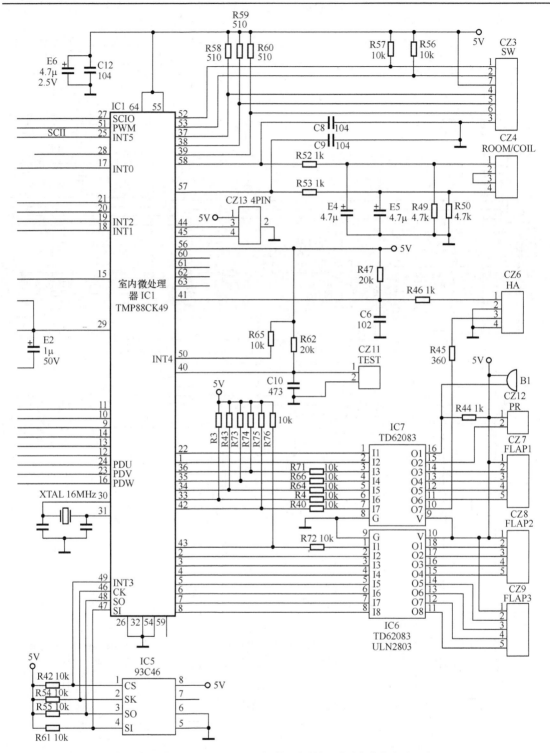

图 6-17　海信 KFR-28GW/Bp×2 型一拖二变频空调室内机主控电路（续）

（1）TMP88CK49 的引脚功能

TMP88CK49 的引脚功能如表 6-5 所示。

表 6-5 微处理器 TMP88CK49 的引脚功能

引 脚 号	功　　能	引 脚 号	功　　能
①	PR 控制信号输出	㉘	应急开关控制信号输入
②～④	右风门电机驱动信号输出	㉙	复位信号输入
⑤～⑧	上下风门电机驱动信号输出	㉚、㉛	外接晶振
⑨～⑪	室内风扇电机下桥臂驱动信号输出	㉝～㊱	左风门电机驱动信号输出
⑫～⑭	室内风扇电机上桥臂驱动信号输出	㊵	测试信号输入
⑮	室内风扇电机异常保护信号输入	㊸	右风门电机驱动信号输出
⑯	室内风扇电机相位检测信号输入	㊻	存储器用时钟信号输出
⑰	遥控信号输入	㊼	数据信号输入
⑱～㉑	指示灯控制信号输出	㊽	数据信号输出
㉒	蜂鸣器驱动信号输出	㊾	片选信号输出
㉓、㉔	室内电机相位检测信号输入	㊺、㉔	5V 供电
㉕	室外通信信号输入	㊼	室内温度检测信号输入
㉗	室内通信信号输出	㊽	室内盘管温度检测信号输入

（2）微处理器基本工作条件电路

微处理器正常工作需具备 5V 供电、复位、时钟振荡正常这 3 个基本条件。

5V 供电

插好空调的电源线，待室内机电源电路工作后，由其输出的 5V 电压经 E6 等电容滤波后加到微处理器 IC1（TMP88CK49）的供电端㊻脚，为 IC1 供电。

复位：该机的复位电路以微处理器 IC1 和复位芯片 IC4（N34064）为核心构成。开机瞬间，由于 5V 电源电压在滤波电容的作用下逐渐升高，当该电压低于 4.6V 时，IC4 的输出端①脚输出低电平电压，该电压加到 IC1 的㉙脚，使 IC1 内的存储器、寄存器等电路清零复位。随着 5V 电源电压的逐渐升高，当其超过 4.6V 后，IC4 的①脚输出高电平电压，经 E2 滤波后加到 IC1 的㉙脚，使 IC1 内部电路复位结束，开始工作。正常工作后，IC1 的㉙脚电位几乎与供电相同。

时钟振荡：微处理器 IC1 得到供电后，它内部的振荡器与㉚、㉛脚外接的晶振 XTAL 通过振荡产生 16MHz 的时钟信号。该信号经分频后协调各部位的工作，并作为 IC1 输出各种控制信号的基准脉冲源。

（3）遥控操作

微处理器 IC1 的⑰脚是遥控信号输入端，连接器 CZ1 的①脚外接遥控接收组件（接收头）。用遥控器对该机进行温度调节等操作时，遥控接收电路将红外信号进行解码、放大后，从 CZ1 的①脚输入，通过 R2 限流、C2 滤波后，加到 IC1 的⑰脚。IC1 对⑰脚输入的信号进行处理后，控制相关电路进入用户所需要的工作状态。

（4）应急操作

连接器 CZ1 的①脚外接的开关是应急开关（图中未画出）。当按下应急开关后，CZ1 通过 R2 为 IC1 的㉘脚提供低电平的控制信号后，IC1 控制该机进入应急控制状态。进入应急状态后，当室内温度高于 26℃时，该机自动进入制冷状态，设定的温度为 26℃；当室内温度低于 23℃时，该机自动进入制热状态，设定的温度为 23℃。

提示　应急开关还具有强制该机工作在制冷状态的功能，以便于该机在室温较低时回收制冷剂。

 方法与技巧　采用应急开关强制该机进入制冷状态的方法是：在停机状态下按应急开关 5s，该机就会进入制冷状态。

（5）指示灯电路

参见图 6-17，指示灯控制电路由微处理器 IC1、连接器 CZ1 和待机、运行、高效、定时 4 个指示灯（图中未画出）构成。其中，待机指示灯发光为红色，运行指示灯发光为绿色，高效指示灯发光为橙色，定时指示灯发光为绿色。它们是否发光受微处理器 IC1 的⑱～㉑脚输出的指示灯控制信号的控制。

（6）存储器电路

由于变频空调不仅需要存储与温度相对应的电压数据，还要存储室内风扇转速、故障代码、压缩机 F/V 控制、显示屏亮度等信息，所以需要设置电可擦可编程只读存储器（E²PROM）IC5（93C46）。

进行室内风扇电机转速调整时，微处理器 IC1 通过㊾脚输出片选信号 CS 对 IC5 进行控制，由 SO 端子㊽脚输出数据信号，由 SI 端子㊼脚输入数据信号，从 CK 端子㊻脚输出时钟信号，这些信号加到 IC5 的相应引脚后，就可以从存储器 IC5 内读取数据或为其存储数据。

（7）蜂鸣器电路

参见图 6-17，蜂鸣器控制电路由微处理器 IC1、驱动块 IC7、蜂鸣器 B1 等构成。

进行遥控操作时，IC1㉒脚输出的脉冲信号加到驱动块 IC7 的①脚，经 IC7①、⑯脚内部的非门倒相放大后，从它的⑯脚输出，加到蜂鸣器 B1 的两端，驱动蜂鸣器鸣叫，表明操作信号已被 IC1 接收。

4. 室内风扇电机电路

（1）室内风扇电机驱动

参见图 6-17，由于该机的室内风扇电机（图中未画出）采用的是直流无刷电机，所以它的驱动电路以微处理器 IC1、直流无刷电机驱动器 IC3（MP6403）、电压比较器 IC2（LM339）为核心构成。

微处理器 IC1 的⑨～⑪脚输出下桥臂驱动信号，⑫～⑭脚输出上桥臂驱动信号。其中，下桥臂驱动信号通过 R11～R13 限流后，加到 IC3 的⑨、⑧、②脚；上桥臂驱动信号通过 R8～R10 限流后，再通过 N3、N2、N1 倒相放大，利用 R16、R15、R14 加到 IC3 的⑪、⑥、④脚。输入 IC3 的上、下桥臂驱动信号通过 IC3 内的 W、V、U 三相驱动电路放大，驱动 IC3 内的 6 个功率管工作在脉冲状态，于是 IC3 的③、⑦、⑩脚输出 3 路分别相差 120°的脉冲电压，通过连接器 CZ2 输出到室内风扇电机的 3 个绕组上，驱动室内风扇电机运转。

室内风扇电机旋转后产生的相位检测信号通过 CZ2 的①、②、③脚输入到室内电路板上，再通过 R28、R27、R26 与 R29～R31 分压限流后，加到 IC2 的 3 个反相输入端⑥、⑧、⑩脚，IC2 内的 3 个比较器 IC2B、IC2C、IC2D 将这 3 个信号与同相输入端的参考电压比较放大后，通过①、⑭、⑬脚输出，再通过 R37～R39 加到倒相放大器 N4～N6 的 b 极，从它们的 c 极输出的放大信号加到 IC1 的㉔、㉓、⑯脚。若微处理器 IC1 未输入室内风扇电机相位检测信号，IC1 会判断室内风扇电机异常，发出指令使该机停止工作，3min 后重新启动，若故障没有消失，微处理器会输出控制信号使室内机彻底停止工作，并通过指示灯显示故障代码，提醒该机进入风扇电机异常保护状态。

IC2 的 3 个同相输入端⑦、⑨、⑪脚输入的参考电压由+V 电压通过 R32、R33 分压获得。

（2）电机转速调整

参见图 6-16、图 6-17，室内风扇电机供电控制电路比较特殊，它的室内风扇电机转速的调整是通过改变室内机开关电源输出电压的高低来实现的。

需要调整室内风扇电机转速时，微处理器 IC1 的(51)脚输出的 PWM 脉冲的占空比发生变化，该脉冲通过 R70 限流，再通过连接器 CZ10/CN2 的③脚进入开关电源板。PWM 脉冲进入开关电源后，通过 N2 倒相放大，再通过 N1 射随放大，从 N1 的 e 极输出的电压通过 R13、R10 分压限流，再通过 L4 内的一个电感加到电源控制芯片 IC1 的②脚，经 IC1 内部处理后，改变了 IC1⑬脚输出的驱动脉冲的占空比。当驱动脉冲的占空比增大后，开关管 Q1 导通时间延长，开关电源输出电压升高，使驱动块 IC3 输入的供电电压升高，致使室内风扇电机转速加快。反之，当驱动脉冲的占空比减小时，Q1 导通时间缩短，开关电源输出电压减小，室内电机转速变慢。

提示　微处理器 IC1 的(51)脚输出的 PWM 驱动信号的占空比大小，除了受遥控器发出的手动风速调整信号控制外，还受室内温度传感器、室内盘管温度传感器检测的温度信号自动控制。

（3）保护电路

直流无刷电机驱动器 IC3（MP6403）内设置了过流、欠压、过热、短路保护电路。一旦发生欠压、过流、过热等故障，IC3 内部的保护电路动作，不仅切断 IC3 输入的驱动信号，使 IC3 停止工作，而且从①脚输出保护信号。该信号通过 R20 限流，再通过比较器 IC2A 比较放大后从②脚输出，然后通过 R63、C15 限流滤波，为 IC1 的⑮脚提供室内风扇电机异常的保护信号，被 IC1 识别后，IC1 控制该机停止工作，并控制指示灯显示故障代码，提醒该机的室内风扇电机异常。

5. 导风电机电路

参见图 6-17，由于该机的左右、上下导风电机采用的都是步进电机，所以不仅要求微处理器 IC1 利用 12 个引脚输出激励脉冲信号，而且还采用了 IC6、IC7 两块 8 非门芯片 TD62083 作驱动器。IC1 的②～④、㊸脚是右风门电机驱动信号输出端，IC1 的⑤～⑧脚是上下风门电机驱动信号输出端，IC1 的㉝～㊱脚是左风门电机驱动信号输出端，下面以上下风门电机为例进行介绍。

在上下风门电机停止状态下，需要使上下风门电机工作时，微处理器 IC1 的⑤～⑧脚输出风门电机驱动信号。该驱动信号从驱动块 IC6 的⑤～⑧脚输入，利用它内部的非门倒相放大后，从 IC6 的⑭～⑪脚输出，再经连接器 CZ9 的②～⑤脚输出到上下风门电机的绕组端子上，驱动上下风门电机旋转，实现上下导风控制。

二、室外机电路

室外机电路由微处理器电路、微处理器电路、室外风扇电机驱动电路、压缩机驱动电路等构成，如图 6-18 所示。

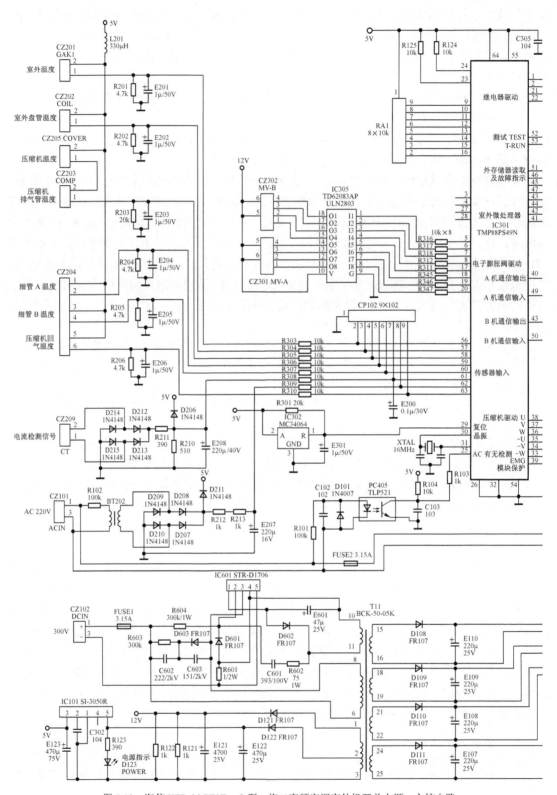

图 6-18　海信 KFR-28GW/Bp×2 型一拖二变频空调室外机开关电源、主控电路

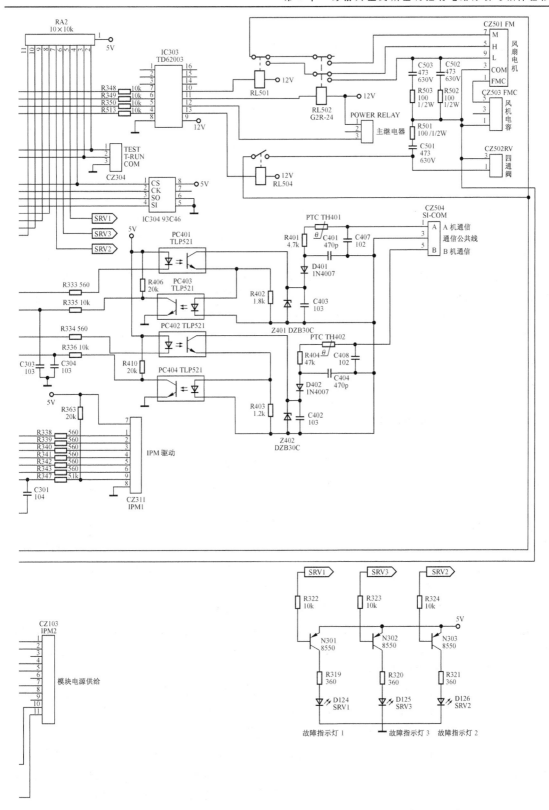

图 6-18   海信 KFR-28GW/Bp×2 型一拖二变频空调室外机开关电源、主控电路（续）

1. 300V 供电电路

参见图 6-18，300V 供电电路由限流电阻 PTC、电流互感器、桥式整流堆和滤波电容（图中未画出）构成。

市电电压一路通过连接器 CZ101 进入室外机电路板，不仅送到压缩机电流检测电路，而且经熔断器 FUSE2 为室外风扇电机、四通阀的继电器供电；另一路通过 PTC 限流后，再经电流互感器的初级绕组送到 300V 供电电路，通过整流堆、滤波电容整流、滤波产生 300V 电压。300V 电压不仅为功率模块供电（图中未画出），而且通过 CZ102 的①、③脚为室外机开关电源供电。

2. 限流电阻及其控制电路

为了防止 300V 供电的滤波电容在充电初期产生的大电流污染电网或导致熔断器过流熔断，该机通过正温度系数热敏电阻 PTC 来抑制该冲击大电流，待滤波电容充电结束，限流电阻控制电路的继电器将 PTC 短接，以保证功率模块和开关电源正常工作。为此，该机设置了由室外微处理器 IC301（TMP88PS49N）、主继电器（图中未画出）、驱动块 IC303（TD62003）等构成的 PTC 控制电路。当室外机微处理器电路工作后，IC301㉑脚输出的高电平控制信号经 R350 限流，再经 IC303⑤、⑫脚内的非门倒相放大后，为主继电器的线圈提供导通电流，使主继电器内的触点闭合，将限流电阻 PTC 短接，确保 IPM 等电路工作后300V 供电的稳定。

3. 开关电源

参见图 6-18，室外机采用电源厚膜块 IC601（STR-D1706）为核心构成的并联型自激式开关电源为室外微处理器、IPM 的驱动电路供电。

（1）功率变换

连接器 CZ102 输入的 300V 左右直流电压经熔丝管（熔断器）FUSE1 分两路输出：一路通过开关变压器 T11 的初级绕组（6-8 绕组）加到 IC601 的③脚，为开关管的 c 极供电；另一路通过启动电阻 R604 限流后，加到 IC601 的②脚，为开关管的 b 极提供导通电压，使开关管启动导通。开关管导通后，它的 c 极电流使 6-8 绕组产生⑥脚正、⑧脚负的电动势，正反馈绕组（10-11 绕组）感应出⑪脚正、⑩脚负的脉冲电压。该电压经 R602、C601 加到 IC601的②脚，使开关管因正反馈雪崩过程迅速进入饱和导通状态，T11 开始存储能量。开关管饱和后，由于它的 c 极电流不再增大，所以 6-8 绕组通过自感产生反相的电动势，致使 10-11绕组相应产生反相的电动势。该电动势通过 R602、C601 使开关管迅速进入截止状态。开关管截止后，T11 存储的能量通过次级绕组输出。随着 T11 存储的能量释放到一定的程度，T11各个绕组产生反相电动势，于是 10-11 绕组产生的脉冲电压经 R602、C601 再次使开关管进入饱和导通状态，形成自激振荡。

开关电源工作后，开关变压器 T11 次级绕组输出的电压经整流、滤波后产生多种直流电压。其中，15-16 绕组、18-19 绕组、21-22 绕组、24-25 绕组产生的脉冲电压通过各自的整流、滤波电路产生的直流电压，再通过连接器 CZ103 为功率模块的驱动电路供电。同时，1-2 绕组输出的脉冲电压通过 D121 整流、E121 滤波产生 12V 电压，为继电器、驱动块等负载供电；2-3 绕组输出的脉冲电压通过 D122 整流、E122 滤波产生的电压不仅通过 R123 限流，使指示灯 D123 发光，表明室外开关电源已工作，而且通过 5 端稳压器 IC101（SI-3050R）稳压输出5V 电压，为微处理器 IC301 等电路供电。

开关变压器 T11 的初级绕组上并联的 R603、D603、C602、C603 组成尖峰脉冲吸收回路，对开关管截止瞬间产生的尖峰脉冲进行有效地吸收，以免开关管过压损坏。

（2）稳压控制

当市电电压升高或负载变小，引起开关变压器 T11 各个绕组产生的脉冲电压升高时，10-11 绕组升高的脉冲电压经 D602 整流、滤波电容 E601 滤波获得的取样电压（负压）相应升高。该电压加到 IC601 的④脚，经 IC601 内的误差放大器、调宽电路处理后，使开关管提前截止，致使开关管导通时间缩短，T11 存储的能量下降，开关电源输出电压下降到正常值，实现稳压控制。反之，稳压控制过程相反。

4. 室外微处理器电路

该机室外机电路板以微处理器 TMP88PS49N（IC301）为核心构成，如图 5-18 所示。

（1）TMP88PS49N 的引脚功能

TMP88PS49N 的引脚功能如表 6-6 所示。

表 6-6　　微处理器 TMP88PS49N 的引脚功能

引脚号	功　能	引脚号	功　能
①	室外风扇电机转速控制信号输出 1	㊻	存储器用时钟信号输出
②	室外风扇电机转速控制信号输出 2	㊼	存储器数据信号输出
③、④	未用，悬空	㊽	存储器数据信号输入
⑤～⑧	电子膨胀阀 B 驱动信号输出	㊾	通信信号输入（来自室内机 A）
⑨～⑯	未用，外接上拉电阻	㊿	通信信号输入（来自室内机 B）
⑰～⑳	电子膨胀阀 A 驱动信号输出	(51)	存储器用片选信号输出
㉑	300V 供电限流电阻控制信号输出	(52)	测试信号输入
㉒	四通阀控制信号输出	(53)	自启动控制信号输入
㉓、㉔	未用，外接上拉电阻	(54)	模拟电路接地
㉕	市电有无检测信号输入	(55)、(64)	基准电压输出
㉙	复位信号输入	(56)	室外温度传感器检测信号输入
㉚	振荡器	(57)	室外盘管温度检测信号输入
㉛	振荡器	(58)	排气管温度检测信号输入
㉜	接地	(59)	高压管 A 温度检测
㉝～㉟	IPM 驱动下桥臂 W 信号输出	(60)	高压管 B 温度检测
㊱～㊳	IPM 驱动上桥臂 W 信号输出	(61)	压缩机电流检测信号输入
㊴	IPM 异常保护信号输入	(62)	市电电压检测信号输入
㊵	通信信号输出（去室内机 A）	(63)	压缩机回气管温度检测信号输入
㊸	通信信号输出（去室内机 B）		

（2）微处理器基本工作条件电路

微处理器正常工作需具备 5V 供电、复位、时钟振荡正常这 3 个基本条件。

5V 供电：插好空调的电源线，待室外机电源电路工作后，由其输出的 5V 电压经 C305 滤波后，加到微处理器 IC301 的供电端(55)、(64)脚，为它供电。

复位：该机的复位电路以微处理器 IC301 和复位芯片 IC302（MC34064）为核心构成。开机瞬间，由于 5V 电源电压在滤波电容的作用下逐渐升高，当该电压低于 4.6V 时，IC302 的输出端①脚输出低电平电压，该电压加到 IC301 的㉙脚，使 IC301 内的存储器、寄存器等电路清零复位。随着 5V 电源电压的逐渐升高，当其超过 4.6V 后，IC302 的①脚输出高电平电压，经 E301 滤波后加到 IC301 的㉙脚后，IC301 内部电路复位结束，开始工作。正常工作后，IC301 的㉙脚电位几乎与供电相同。

时钟振荡：微处理器 IC301 得到供电后，它内部的振荡器与㉚、㉛脚外接的晶振 XTAL 通过振荡产生 16MHz 的时钟信号。该信号经分频后协调各部位的工作，并作为 IC301 输出各种控制信号的基准脉冲源。

（3）存储器电路

由于变频空调不仅需要存储与温度相对应的电压数据，还要存储室外风扇转速、故障代码、压缩机 F/V 控制等信息，所以需要设置电可擦可编程只读存储器（E²PROM）IC304（93C46）。下面以调整室外风扇电机转速为例进行介绍。

微处理器 IC301 通过片选信号 CS、数据线 SI/SO 和时钟线 SCK 从存储器 IC304 内读取数据后，改变其风扇电机端子输出的控制信号，为电机的不同端子供电，就可以实现电机转速的调整。

5. 室外风扇电机电路

参见图 6-18，室外风扇电机电路由室外微处理器 IC301、驱动块 IC303（TD62003）、风扇电机及其供电继电器 RL501、RL502，以及室外温度传感器、室外盘管温度传感器等元器件构成。它的工作原理和海信 KFR-2801GW/Bp、KFR-3601GW/Bp 型变频空调的室外风扇电机电路是一样的，这里不再介绍。

6. 市电电压检测电路

该机为了防止市电电压过高给电源电路、功率模块、压缩机等器件带来危害，设置了由室外微处理器 IC301、电压互感器 BT202、整流管 D207～D210、电阻 R212 和 R213 等构成的市电电压检测电路，如图 6-18 所示。

市电电压通过电压互感器 BT202 检测后，BT202 输出与市电电压成正比的交流电压。该电压作为取样电压通过 D207～D210 桥式整流，再通过电阻 R212、R213 限压，利用 E207 滤波产生直流取样电压。该电压通过 R309 限流，经电容排 CP102 内的一只 1000pF 电容滤波后，加到微处理器 IC301 的㉒脚。当㉒脚输入的电压过高或过低，IC301 判断市电超过 260V 或低于 145V 时，输出控制信号使该机停止工作，进入市电异常保护状态，并通过指示灯显示故障代码，提醒用户该机进入市电过压或欠压保护状态。

D211 是钳位二极管，它的作用是防止微处理器 IC301 输入电压过压而损坏。

7. 市电有无检测电路

参见图 6-18，该机的市电有无检测电路（市电瞬间断电检测电路）由光耦合器 PC405，二极管 D101，电阻 R101、R103、R104 构成。

连接器 CZ101 输入的市电电压通过 R101 限流，再通过 C102 滤波后，加到光耦合器 PC405 的发光管两端，为发光管提供工作电压。当市电电压为正半周时，PC405 内的发光管有导通电流流过而发光，使它内部的光敏管受光照后导通，致使 IC301 的㉕脚输入低电平信号；当市电电压为负半周时，PC405 内的发光管因没有导通电流而熄灭，使它内部的光敏管截止，致使 IC301 的㉕脚输入高电平。这样，IC301 的㉕脚就会输入交流检测信号，也就是市电过零检测信号。IC301 通过对㉕脚输入的信号进行检测，就可以识别出室外机有无市电输入。若无市电检测信号输入，IC301 输出控制信号使机组停止工作，进入断电保护状态。

8. 压缩机电流检测电路

参见图 6-18，为了防止压缩机过流损坏，该机设置了以微处理器 IC301、电流互感器 CT1（图中未画出）、整流管 D212～D215 为核心构成的电流检测电路。

一根电源线穿过 CT1 的磁芯，这样 CT1 就可以对压缩机运行电流进行检测，CT1 的次级绕组感应出与电流成正比的交流电压。该电压经连接器 CZ209 输入后，利用 D212～D215 桥式整流产生脉动直流电压，随后通过 R211、R210 取样，再通过 E208 滤波获得与回路电流成正比的直流取样电压。该电压通过 R308 限流，再通过电容排 CP102 内的一个 1000pF 电容和 E200 滤波后，加到微处理器 IC301 的㉑脚。当压缩机运行电流超过设定值后，CT1 次级绕组输出的电流增大，经整流、滤波后使 IC301 的㉑脚输入的电压升高，IC301 将该电压与存储器 IC304 内存储的压缩机过流数据比较后，判断压缩机过流，则输出控制信号，使压缩机停止工作，以免压缩机过流损坏，从而实现压缩机过流保护。

9. 电子膨胀阀电路

参见图 6-18，由于该机属于一拖二变频空调，所以采用了两个电子膨胀阀，确保两个室内机可以同时或单独进行制冷或制热工作。该机的电子膨胀阀控制电路由室内微处理器 IC1、室外微处理器 IC301、室内外的 10 个温度传感器，以及 8 非门 IC305（TD62083AP）构成驱动器。

空调初次通电时，IC301 的⑤～⑧、⑰～⑳脚输出的控制信号通过 IC305 内的 8 个非门倒相放大，使两个电子膨胀阀通过复位，关闭阀门，再将阀门打开到设定状态，阀门未达到设定位置时，压缩机和室外风扇电机不工作。而压缩机、室外风扇电机旋转后，电子膨胀阀的阀门开启度受设定温度、10 个温度传感器检测的温度值控制。

三、通信电路

由于该机属于一拖二变频空调，所以采用了两套通信电路，确保室外机能够与两个室内机进行通信。该机的通信电路以市电供电系统，室内微处理器 IC1，室外微处理器 IC301 和光耦合器 PC401～PC404、PC1、PC2 为核心构成，电路如图 6-16～图 6-18 所示。PC1、PC2 是室内机侧光耦合器，PC401～PC404 是室外机侧光耦合器，其中 PC401、PC402 负责与 A 机通信，PC403、PC404 负责与 B 机通信。下面以室外机与 A 机的通信为例进行介绍。

1. 供电

参见图 6-16，市电电压通过 R16～R18 限流，再通过 D8 半波整流，利用 24V 稳压管 ZD2 稳压产生 24V 电压。该电压通过 C19、C20 滤波后，为光耦合器 PC1 内的光敏管供电。

2. 工作原理

（1）室内发送、室外接收

参见图 6-17、图 6-18，室内 A 机发送、室外接收期间，室外微处理器 IC301 的㊵脚输出低电平控制信号，室内微处理器 IC1 的㉗脚输出数据信号（脉冲信号）。IC1 的㉗脚输出的脉冲信号通过连接器 CZ10/CN2 的①脚输出到室内机开关电源板，通过光耦合器 PC1 的耦合，数据信号从它的 e 极输出，再通过 R3、D9、R20、R21、CZ504、TH401、R401、D401 加到 PC401 内光敏管的 c 极。同时，由于 IC301 的⑩脚的电位为低电平，光耦合器 PC401 内的发光管开始发光，PC401 内的光敏管受光照后开始导通。PC401 导通后，从它 c 极输入的数据信号从它的 e 极输出，再利用光耦合器 PC403 耦合，从 PC403 的 c 极输出，再通过 R335 加到 IC301 的⑩脚，IC301 接收到 IC1 发来的指令后，就会控制室外机机组进入需要的工作状态，从而完成室内发送、室外接收控制。

（2）室外发送、室内接收

室外发送、室内接收期间，室内微处理器 IC1 的㉗脚输出低电平控制信号，室外微处理器 IC301 的⑩脚输出脉冲信号。IC1 的㉗脚电位为低电平时，通过连接器 CZ10/CN2 使 PC1 内的发光管开始发光，PC1 内的光敏管受光照后开始导通，从它 e 极输出的电压加到 PC2 的发光管正极。同时，IC301⑩脚输出的数据信号通过 PC401 的耦合，从光敏管的 c 极输出后，利用 D05、R401、TH401、CZ504、R21、R20、D9 加到 PC2 的发光管负极，再利用 PC2 的耦合，它 c 极输出的脉冲信号通过连接器 CZ10/CN2 的②脚加到微处理器 IC1 的㉕脚，IC1 接收到 IC301 发来的指令后，就会得知室外机组的工作状态，以便做进一步的控制，从而完成室外发送、室内接收任务。

 提示 只有通信电路正常，室内微处理器和室外微处理器进行数据传输后，整机才能工作，否则会进入通信异常保护状态，同时显示屏显示通信异常的故障代码。

四、压缩机电机驱动电路

该机的压缩机电机驱动电路由室外微处理器 IC301、功率模块、压缩机等构成。功率模块和压缩机在图 6-18 中未画出，驱动信号由 IC301 的㉝～㊳脚输出，通过 R338～R343 限流，再通过连接器 CZ311 的①～⑥脚输出，为功率模块提供驱动电压，经它放大后就可以驱动压缩机电机旋转。

功率模块发生欠压、过流、过热等故障时，它输出的保护信号通过连接器 CZ311 的⑨脚输入后，再通过 R347 加到 IC301 的㊴脚。被 IC301 识别后，控制该机停止工作，并通过指示灯显示故障代码，表明该机进入功率模块异常的保护状态。

五、制冷、制热控制电路

该机的制冷、制热控制电路由温度传感器、室内微处理器 IC1、室外微处理器 IC301、存储器、功率模块、压缩机、四通阀及其供电继电器 RL504、风扇电机及其供电电路等元器件构成。风扇电机电路在前面已作介绍，这里不再介绍。

1. 制冷控制

当室内温度高于设置的温度时，CZ4④脚外接的室温传感器（负温度系数热敏电阻）的阻值减小，5V 电压通过该电阻与 R50 取样后产生的电压增大，利用 E5 滤波后，再通过 R53 加到微处理器 IC1 的㊲脚。IC1 将该电压数据与存储器 IC5 内部固化的不同温度的电压数据比较后，识别出室内温度，确定空调需要进入制冷状态。此时，它的⑨～⑭脚输出室内风扇电机驱动信号，使室内风扇电机运转，同时通过通信电路向室外微处理器 IC301 发出制冷指令。IC301 接到制冷指令后，第一路通过①、②脚输出室外风扇电机供电信号，使室外风扇电机运转；第二路通过㉒脚输出低电平控制电压，该电压通过 R513 限流，再通过驱动块 IC303 ④脚内的非门倒相放大后，使它的⑬脚电位为高电平，不能为继电器 RL504 的线圈提供电流，使 RL504 内的触点释放，不能为四通阀的线圈供电，四通阀的阀芯不动作，使系统工作在制冷状态，即室内热交换器用作蒸发器，而室外热交换器用作冷凝器；第三路通过㉝～㊳脚输出驱动脉冲，该脉冲经功率模块放大后，驱动压缩机运转，开始制冷；第四路通过⑤～⑧、⑰～⑳脚输出膨胀阀驱动信号，使室内机 A、室内机 B 的膨胀阀进入节流状态。随着压缩机和各个风扇电机的不断运行，室内的温度开始下降。室温传感器的阻值随室温下降而阻值增大，为 IC1 的㊼脚提供的电压逐渐减小，IC1 识别出室内温度逐渐下降，通过通信电路将该信息提供给室外微处理器 IC301，于是 IC301 的㉝～㊳脚输出的驱动信号的占空比减小，使功率模块输出的驱动脉冲的占空比减小，压缩机降频运转，同时 IC301 的⑤～⑧、⑰～⑳脚输出的控制信号的占空比减小，通过 IC305 内的 8 个非门倒相放大后，使两个电子膨胀阀开度减小，减少流入室内机的制冷剂流量。当其中的一个房间（如房间 A）的温度达到要求后，室温传感器将检测的结果送给 IC1，IC1 判断出室温达到制冷要求，IC1 不仅使相对的室内风扇电机停转，而且通过通信电路告诉 IC301，IC301 的⑰～⑳脚不再输出驱动信号，使电子膨胀阀 A 停止工作，室内机 A 停止制热，而室内机 B 继续工作。随着制冷的不断进行，当室内机 B 的温度达到要求并被它的室内微处理器检测后，不仅使它的室内风扇电机停转，而且通过通信电路告知室外微处理器 IC301，被 IC301 识别后，输出停机信号，切断室外风扇电机的供电回路，使它停止运转，而且使压缩机停转，制冷工作结束，进入保温状态。随着保温时间的延长，室内的温度逐渐升高，使室温传感器的阻值逐渐减小，为 IC1㊼脚提供的电压再次增大，重复以上过程，空调再次工作，进入下一轮的制冷工作状态。

2．制热控制

制热控制与制冷控制过程基本相同，区别主要有两点：一是室内微处理器 IC1 通过通信电路告知室外微处理器 IC301 需要制热的指令后，需要延迟一段时间，才能输出控制信号使室内风扇电机旋转，以免吹冷风，延时时间受室内盘管温度传感器的控制；二是 IC301 接收到制热的指令后，通过㉒脚输出高电平控制电压，该电压通过驱动块 IC303④脚内的非门倒相放大后，使它的⑬脚电位为低电平，为继电器 RL504 的线圈提供电流，使 RL504 内的触点闭合，能为四通阀的线圈供电，四通阀的阀芯动作，改变制冷剂的流向，使系统工作在制热状态，即室内热交换器用作冷凝器，而室外热交换器用作蒸发器。

六、保护电路

前面介绍了市电异常保护电路、功率模块异常保护电路，下面介绍温度传感器、蒸发器冻结等保护电路的工作原理。

1．温度传感器异常保护电路

当温度传感器出现短路、断路或其阻抗信号/电压信号变换电路异常，被微处理器识别后，输出控制信号使整机停止工作，并通过指示灯显示故障代码，提醒用户该机进入温度传感器异常保护状态。

提示　若温度传感器或其阻抗信号/电压信号变换电路异常，有时还会产生其他故障，如室内温度传感器或它的阻抗信号/电压信号变换电路异常还会产生制冷温度低等故障；再比如，室外温度传感器异常还会产生室外风扇电机转速异常等故障。

2. 室内热交换器冻结保护电路

制冷期间，若室内热交换器表面的温度低于 2℃但高于−1℃时，或室内盘管传感器及其阻抗信号/电压信号变换电路异常，被微处理器识别后，输出控制信号使压缩机降频运转；若室内热交换器表面温度低于−1℃或室内盘管传感器及其阻抗信号/电压信号变换电路异常，被微处理器识别后，输出控制信号使整机停止工作，并通过指示灯显示故障代码，提醒用户该机进入室内热交换器冻结保护状态。

3. 室内热交换器过热保护电路

制热期间，若室内热交换器表面的温度低于 56℃但高于 53℃时，或室内盘管传感器及其阻抗信号/电压信号变换电路异常，被微处理器识别后，输出控制信号禁止压缩机的频率升高；若室内热交换器表面的温度超过 56℃，或室内盘管传感器及其阻抗信号/电压信号变换电路异常，被微处理器识别后，输出控制信号使压缩机降频运转，并使室内风扇电机低速运转；若室内热交换器表面温度超过 65℃或室内盘管传感器及其阻抗信号/电压信号变换电路异常，被微处理器识别后，输出控制信号使整机停止工作，并通过指示灯显示故障代码，提醒用户该机进入室内热交换器过热保护状态。

七、故障自诊功能

该机发生故障后，维修人员可通过按两次遥控器"传感器切换"键，将遥控器设为传感器测温状态，此时，空调的显示屏显示温度的部位会显示故障代码，同时背光闪亮。当屏幕上显示"室内"，则说明室内机发生故障；若显示"室外"，则说明室外机发生故障。

八、常见故障检修

1. 整机不工作

整机不工作指插好电源线后室内机上的指示灯不亮，并且用遥控器也不能开机。该故障主要是由于室内机电源电路、微处理器电路异常所致。故障原因根据开关电源有无电压输出有所不同，没有电压输出，说明室内机开关电源、通信电路板上的电源电路异常；若输出电压正常，说明 5V 供电电路、微处理器电路异常。整机不工作，开关电源无电压输出故障的检修流程如图 6-19 所示；整机不工作，开关电源有电压输出的故障检修流程如图 6-20 所示。

注意　限流电阻 R1 开路后，必须检查整流、滤波电路和开关管是否击穿，以免更换后再次损坏。

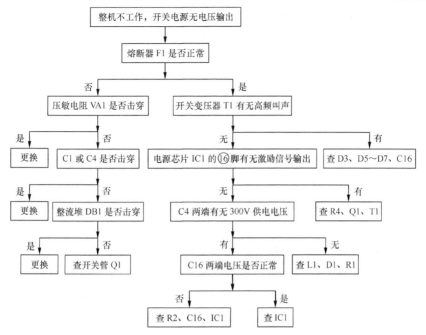

图 6-19 整机不工作，室内机开关电源无电压输出故障检修流程

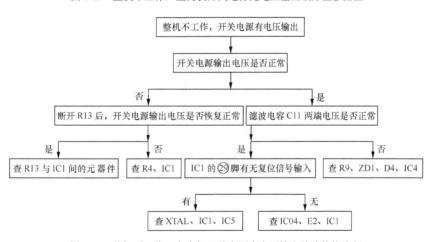

图 6-20 整机不工作，室内机开关电源有电压输出故障检修流程

 注意 为了防止更换后的开关管 Q1（场效应管）再次击穿，必须要检查：一是滤波电容 C4 是否容量不足，二是 D2、R5、C5 构成的尖峰脉冲吸收回路是否有元器件损坏，三是电源控制芯片 IC1（GH003）是否正常。

2. 显示供电异常故障代码

该故障的主要原因：①市电电压异常；②电源插座、电源线异常；③市电检测电路异常；④微处理器异常。该故障检修流程如图 6-21 所示。

3. 显示室内蒸发器冻结故障代码

该故障的主要原因：①室内机通风系统异常；②制冷剂不足或过量；③室内盘管温度

传感器电路异常；④室内盘管温度传感器的阻抗信号/电压信号变换电路异常；⑤制冷系统异常；⑥室内微处理器或存储器异常。该故障检修流程如图 6-22 所示。

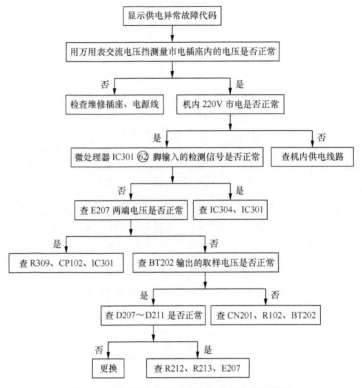

图 6-21　显示供电异常故障代码的故障检修流程

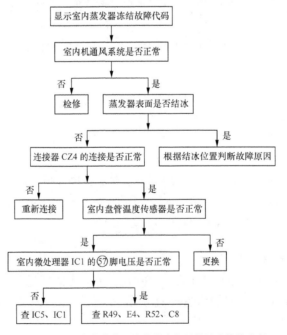

图 6-22　显示室内蒸发器冻结故障代码的故障检修流程

注意 室内盘管温度传感器或 R49、E4、R52、C8 异常还会产生室内风扇转速异常的故障。

4. 显示细管 A 温度传感器异常故障代码

该故障的主要原因：①细管 A 温度传感器阻值偏移；②连接器的插头接触不良；③阻抗信号/电压信号变换电路的电阻变值、电容漏电；④室外存储器 IC304 或室外微处理器 IC301 异常。该故障检修流程如图 6-23 所示。

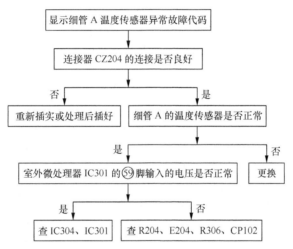

图 6-23　显示细管 A 温度传感器异常故障代码的故障检修流程

提示 显示其他温度传感器异常故障代码的故障和细管 A 温度传感器异常故障的检修流程一样，维修时，可参考该流程。

注意 室温传感器或 R204、E204、CP102、R306 异常还会产生制冷/制热温度偏离设置值的故障，也就是制冷/制热不正常的故障。

5. 显示室内风扇电机异常故障代码

该故障的主要原因：①室内风扇电机异常；②室内风扇电机驱动电路 IC3 或其供电电路异常；③室内风扇电机位置检测电路异常；④室内微处理器 IC1 或存储器 IC5 异常。该故障检修流程如图 6-24 所示。

6. 显示通信异常故障代码

该故障的主要原因：①附近有较强的电磁干扰；②室内机与室外机的连线异常；③室外机的 300V 供电电路异常；④室外电路板的电源电路异常；⑤通信电路异常；⑥功率模块电路异常；⑦室内微处理器 IC1 异常；⑧室外微处理器 IC301 电路异常。该故障检修流程如图 6-25 和图 6-26 所示。

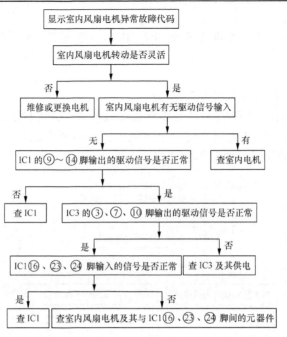

图 6-24　显示室内风扇电机异常故障代码的故障检修流程

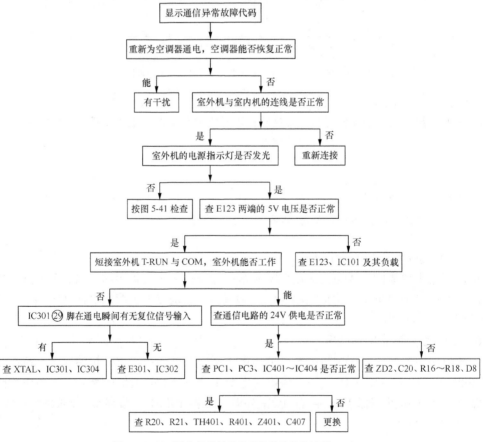

图 6-25　显示通信异常故障代码的故障检修流程（一）

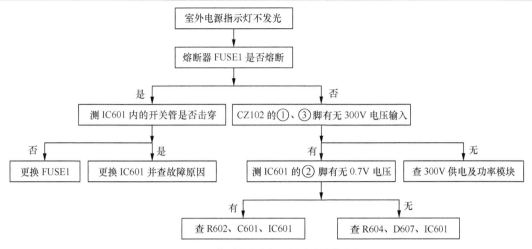

图 6-26　显示通信异常故障代码的故障检修流程（二）

 方法与技巧　该机判断通信电路是否正常的方法是：短接室外机的 T-RUN、COM 端子后，接通主电源，使空调处于制热状态，室内风扇电机处于中等风速。随后，再断开 T-RUN、COM 上的短接线，压缩机延迟 50s 后启动，空调进入制冷状态，风速电机进入高速运转状态，则说明通信电路正常，否则，说明通信电路异常。

另外，维修室外电路板时也可以用 12V 稳压电源为 5V 稳压器 IC101 供电，这样 IC101 就可以在室外机不输入市电电压时为微处理器电路提供 5V 工作电压，从而方便了检修工作。

 提示　若电源指示灯 D123 闪烁发光，说明 12V 的负载或开关电源异常。脱开开关电源的负载后，若 D123 发光正常且开关电源输出电压正常，则说明负载异常，检查负载电路；若断开负载后，故障依旧，则说明开关电源异常。断电后，在路测开关变压器 T11 各个绕组所接的整流管是否击穿，若击穿，更换后，就可以排除故障；若正常，则检查滤波电容。

 注意　开关电源的负载供电要在次级绕组所接的整流管和滤波电容后面断开，也就是不能断开整流管和滤波电容，否则容易导致电源厚膜电路 IC601 内的开关管损坏。

 注意　电源厚膜电路 IC601 内的开关管击穿后，必须要检查 R601 是否开路，同时还要检查 E601、D602、C602、C603、D603、R603 是否正常，以免更换后的 IC601 再次损坏。

7. 显示压缩机过流故障代码

该故障的主要原因：①制冷系统异常；②压缩机运转电流检测电路异常；③压缩机异

常；④压缩机驱动模块异常；⑤室外微处理器 IC301 或存储器 IC304 异常。该故障检修流程如图 6-27 所示。

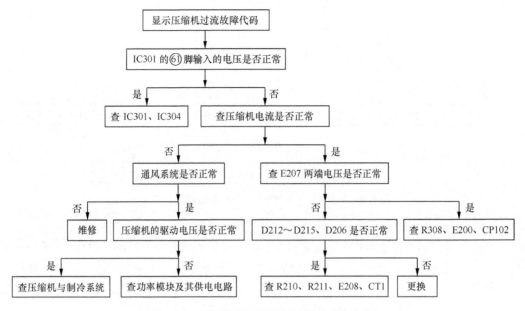

图 6-27　显示压缩机过流故障代码的故障检修流程

第7章 美的典型变频空调电路分析与故障检修

第1节 美的 KFR-26（33）GW/CBpY 型壁挂式变频空调

美的 KFR-26（33）GW/CBpY 型变频空调电路由室内机电路、室外机电路及其通信电路构成，如图 7-1 所示。

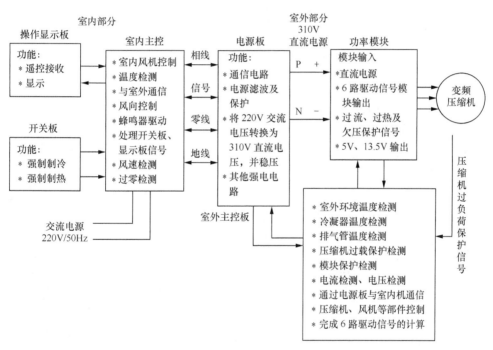

图 7-1 美的 KFR-26（33）GW/CBpY 型壁挂式变频空调电路构成方框图

提示 由于该机标注的部分元器件编号重复，为了便于电路分析，笔者对这些元器件的编号进行了重新标注，维修时请注意核对。

一、室内机电路

室内机电路由电源电路、微处理器电路、室内风扇电机电路、换新风电路等构成，如图 7-2 所示。

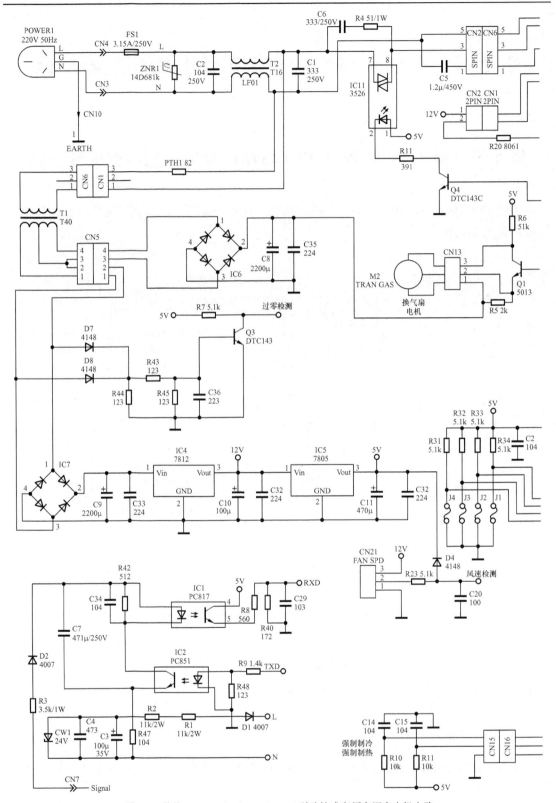

图 7-2　美的 KFR-26（33）GW/CBpY 型壁挂式变频空调室内机电路

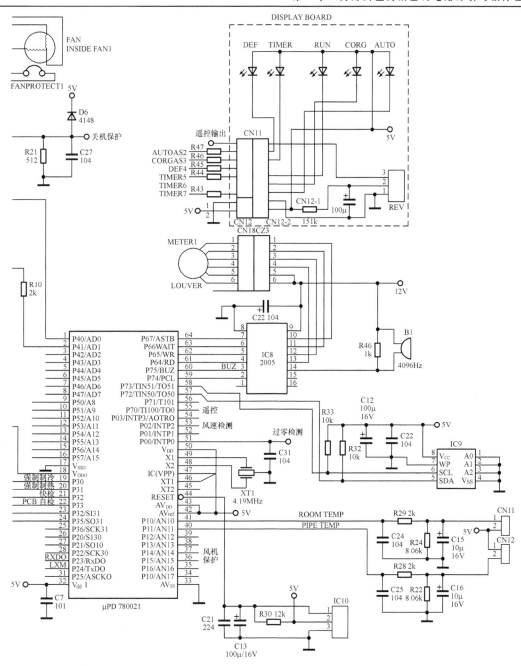

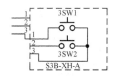

图 7-2　美的 KFR-26（33）GW/CBpY 型壁挂式变频空调室内机电路（续）

1. 电源电路

室内机的电源电路采用变压器降压式直流稳压电路。该电路主要以变压器T1、整流堆IC6和IC7，以及稳压器IC4、IC5为核心构成。

插好空调的电源线后，220V市电电压通过熔丝管（熔断器）FS1输入，再经高频滤波电容C2、C1和互感线圈LF01组成的高频滤波器滤除市电电网中的高频干扰脉冲，利用PTH1限流，通过连接器CN1/CN6输入到电源电路。首先，利用变压器T1降压得到两路交流电压，一路通过整流堆IC6整流，C8、C35滤波产生直流电压，为换新风电机供电；另一路交流电压不仅送到市电过零检测电路，而且通过整流堆IC7整流，C9、C33滤波，产生18V左右的直流电压。该电压通过三端稳压器IC4（7812）稳压输出12V电压。12V电压不仅为电磁继电器、驱动块等电路供电，而且利用三端稳压器IC5（7805）稳压输出5V电压，通过C11、C32滤波后，为微处理器、存储器、指示灯等电路供电。

市电输入回路并联的ZNR1是压敏电阻，市电电压正常时ZNR1相当于开路；当市电电压过高时ZNR1击穿短路，使FS1过流熔断，切断市电输入回路，从而避免了电源电路的元器件过压损坏。

2. 市电过零检测电路

市电过零检测（同步控制）电路由整流管D7、D8，放大管Q3及电阻、电容组成。

变压器T1输出的交流电压通过D7、D8全波整流产生脉动电压，再通过R43～R45分压限流，利用C36滤除高频干扰，经Q3倒相放大产生100Hz交流检测信号，即同步控制信号。该信号作为基准信号通过C31低通滤波后加到室内微处理器μPD780021的(51)脚。μPD780021对(51)脚输入的信号检测后，确保室内风扇电机供电回路中的光耦合器IC11内的光控晶闸管在市电过零点处导通，从而避免了它在导通瞬间可能因功耗大而损坏，实现了同步控制。

3. 室内微处理器电路

该机室内微处理器电路由日电的微处理器μPD780021、存储器IC9、遥控接收头、蜂鸣器等构成，如图7-2所示。

（1）微处理器μPD780021的引脚功能

室内微处理器μPD780021的引脚功能如表7-1所示。

表7-1　室内微处理器μPD780021的引脚功能

引　脚　号	功　　能	引　脚　号	功　　能
①	室内风扇电机驱动信号输出	㊲	室内风扇电机保护信号输入
②	换气扇电机驱动信号输出	㊶	室内环境温度检测信号输入
⑨～⑪、⑭、⑮	指示灯控制信号输出	㊷	基准电压输入
⑰	接地	㊹	复位信号输入
⑱、㉜、㊸、㊿	供电	㊽、㊾	振荡器外接晶振
⑲	强制制冷控制信号输入	(51)	市电过零检测信号输入
⑳	强制制热控制信号输入	(53)	室内风扇电机反馈信号输入
㉑	快速检测信号输入	(56)	遥控信号输入
㉒	电路板自检信号输入	(57)	I^2C总线数据信号输入/输出
㉙	室外通信信号输入	(58)	I^2C总线时钟信号输出

引　脚　号	功　　能	引　脚　号	功　　能
㉚	室内通信信号输出	㉖⓪	蜂鸣器驱动信号输出
㉝	模拟电路接地	㉖①	导风电机驱动信号输出
㊵	室内盘管温度检测信号输入		

（2）微处理器基本工作条件

室内微处理器μPD780021 正常工作需具备 5V 供电、复位、时钟振荡正常这 3 个基本条件。

5V 供电：插好空调的电源线，待室内机电源电路工作后，由其输出的 5V 电压经 C7 等电容滤波后加到微处理器μPD780021 的供电端⑱、㉜、㊸、㊿脚，分别为它内部的数字电路、模拟电路供电。

复位：该机的复位电路以微处理器μPD780021 和复位芯片 IC10 为核心构成。开机瞬间，由于 5V 电源电压在滤波电容的作用下逐渐升高，当该电压低于 4.6V 时，IC10 的输出端①脚输出低电平电压，该电压加到μPD780021 的㊹脚，使μPD780021 内的存储器、寄存器等电路清零复位。随着 5V 电源电压的逐渐升高，当其超过 4.6V 后，IC10 的①脚输出高电平电压，该电压经 C13、C21 滤波，加到μPD780021 的㊹脚后，μPD780021 内部电路复位结束，开始工作。

时钟振荡：微处理器μPD780021 得到供电后，它内部的振荡器与㊽、㊾脚外接的晶振 XT1 通过振荡产生 4.19MHz 的时钟信号。该信号经分频后协调各部位的工作，并作为μPD780021 输出各种控制信号的基准脉冲源。

（3）遥控操作

微处理器μPD780021 的㊻脚是遥控信号输入端，连接器 CN11 外接遥控接收组件 REV。用遥控器对该机进行温度调节等操作时，REV 将红外信号进行解码、放大后，通过 CN11 进入室内机电路板。该信号加到μPD780021 的㊻脚。μPD780021 对㊻脚输入的信号进行处理后，控制相关电路进入用户所需要的工作状态。

（4）存储器电路

由于变频空调不仅需要存储与温度相对应的电压数据，还要存储室内风扇转速、故障代码、压缩机 F/V 控制、显示屏亮度等信息，所以需要设置电可擦可编程只读存储器（E2PROM）IC9。下面以调整室内风扇电机转速为例进行介绍。

参见图 7-2，进行室内风扇电机转速调整时，微处理器μPD780021 通过 I^2C 总线从存储器 IC9 内读取数据后，改变其驱动信号的占空比，也就改变了室内电机供电电压的高低，从而实现电机转速的调整。

（5）蜂鸣器电路

参见图 7-2，蜂鸣器控制电路由微处理器μPD780021、驱动块 IC8、蜂鸣器 B1 等构成。

进行遥控操作时，μPD780021⑥⓪脚输出的脉冲信号加到驱动块 IC8 的③脚，经 IC8 内部的非门倒相放大后，从它的⑭脚输出，加到蜂鸣器 B1 的两端，驱动蜂鸣器鸣叫，表明操作信号已被μPD780021 接收。

4. 室内风扇电机电路

参见图 7-2，室内风扇电机电路由室内微处理器μPD780021、光耦合器 IC11、风扇电机、运行电容 C5 等构成。

（1）转速调整

室内风扇电机的速度调整有手动调节和自动调节两种方式。

① 手动调节

当用户通过遥控器降低风速时，遥控器发出的信号被微处理器μPD780021 识别后，其①脚输出的控制信号的占空比减小，通过带阻三极管 Q4 倒相放大，为光耦合器 IC11 内的发光管提供的导通电流减小，发光管发光减弱，为光控晶闸管提供的触发电流减小，光控晶闸管导通程度减小，为室内风扇电机提供的电压减小，室内风扇电机转速下降。反之，控制过程相反。

② 自动调节

自动调节方式是该机室内温度、室内盘管温度来实现控制的。该电路由微处理器μPD780021、室温传感器、室内盘管温度传感器、连接器 CN11 等构成。室温传感器、室内盘管温度传感器是负温度系数热敏电阻，它们在图 7-2 中未画出。

制冷期间，当室温比设置的温度高出一定值时，室温传感器的阻值较小，5V 电压通过 CN11、室温传感器与 R24 取样产生的电压较大。该电压通过 R29 限流，再通过 C24 滤波后，加到微处理器μPD780021 的④1脚，μPD780021 将该电压与存储器 IC9 内存储的电压/温度数据比较后，判断出室内温度较高，于是μPD780021 的①脚输出的驱动信号的占空比较大，使固态继电器 IC11 为室内风扇电机提供的电压达到最大，室内风扇的转速最高。室内温度随着制冷的不断进行而逐渐下降，当室温低于设置值后，室温传感器的阻值增大，使μPD780021 的④1脚输入电压减小，被μPD780021 识别后，控制①脚输出的驱动信号的占空比减小，室内风扇处于低速运转状态，当室温达到设定温度后，室内风扇停转。

由于制热初期室内盘管温度较低，该温度信号被室内盘管温度传感器检测后，它的阻值较大，使微处理器μPD780021 的④0脚输入的电压较小，致使μPD780021 的①脚输出的驱动信号的占空比较小，室内风扇转速较低，以免室内吹冷风，待室内热交换器表面的温度达到一定高度时，μPD780021 再通过控制供电电路来提高室内风扇的转速。

（2）位置检测电路

当室内风扇电机旋转后，它内部的霍尔传感器就可以输出测速信号，即 PG 脉冲信号。该脉冲信号通过连接器 CN21 的②脚输入到室内电路板，通过 R23 限流、C20 滤波后加到微处理器μPD780021 的○53脚。当μPD780021 的○53脚有 PG 脉冲输入后，μPD780021 会判断室内风扇电机正常，继续输出驱动信号，使其旋转；若μPD780021 没有正常的 PG 信号输入，它会判断室内风扇电机异常，发出指令使该机停止工作，并通过显示屏显示故障代码。

（3）过热保护

室内风扇电机正常时，过热保护器接通，12V 电压通过该保护器、R26 与 R21 取样后，为微处理器μPD780021 的○37脚提供高电平控制信号，被μPD780021 识别后输出控制信号使该机正常工作；一旦室内风扇电机过热，使过热保护器断开，则μPD780021 的○37脚没有电压输入，被它检测后确认室内风扇电机异常，输出控制信号使空调停止工作，并通过指示灯显示故障代码。

5. 导风电机电路

参见图 7-2，该机的导风电机电路以微处理器μPD780021、步进电机、7 非门芯片 IC8（2005）为核心构成。

需要使用导风功能时，微处理器μPD780021 的㉑～㉔脚输出激励脉冲信号，从 IC8 的④～⑦脚输入，利用它内部的非门倒相放大后，从 IC8 的⑬～⑩脚输出，再经连接器 CN18 驱动步进电机旋转，带动室内机上的风叶摆动，实现大角度、多方向送风。

提示　导风电机旋转只有在室内风扇电机运行时有效。

6. 换新风电路

参见图 7-2，换新风电路由微处理器μPD780021、驱动管 Q1、换气扇电机 M2 等构成。

进行换新风操作时，μPD780021②脚输出的高电平控制信号经 R10 限流，再经 Q1 倒相放大，使换新风电机开始运转，将室内浑浊空气与室外的新鲜空气进行交换，从而提高了室内空气质量。若μPD780021 的②脚电位为低电平时，换新风电机停转，换新风功能结束。

二、室外机电路

室外机电路由电源电路、微处理器电路、室外风扇电机驱动电路、压缩机驱动电路等构成，如图 7-3 所示。

1. 供电电路

室外机供电电路主要产生 300V 电压和 12V 电压。300V 供电电路由限流电阻 PTC1、桥式整流堆、滤波电容构成，而 12V 电源由功率模块电路板上的开关电源产生。电路如图 7-3 所示。

市电电压通过 20A 熔丝管（熔断器）FS1 输入，利用 C1 滤除高频干扰脉冲，一路送到市电检测电路；另一路通过互感线圈 T1 和 C2、C4、C5 滤波后，进入 300V 供电电路。市电电压首先通过正温度系数热敏电阻 PTC1 限流，再经 L1 送到整流堆 DB1 进行整流，通过 DB1 整流后，利用互感线圈 T2 和电容 C81、C85、C16 滤波产生 300V 电压，为功率模块供电。功率模块得到供电工作后，它内部的开关电源产生 12V 和 5V 电压。这两种电压通过连接器 CZ4/CZ3 输出到室外机电路板，为驱动电路和微处理器电路供电。

2. 限流电阻及其控制电路

因为 300V 供电的滤波电容的容量较大（容量值超过 2800μF），所以它的初始充电电流较大，为了防止它充电初期产生的大充电电流导致整流堆、熔丝管等元器件过流损坏，该机通过正温度系数热敏电阻 PTC1 来抑制该冲击大电流。当室外微处理器电路工作后，室外微处理器 IC1 的㊴脚输出的高电平控制信号经驱动块 IC3③、⑭脚内的非门倒相放大后，为继电器 RL3 的线圈提供导通电流，使 RL3 内的触点闭合，将限流电阻 PTC1 短接，取代 PTC1 为 IPM 等电路供电，确保 IPM 等电路工作后，300V 供电电压基本不变，实现了限流电阻控制。

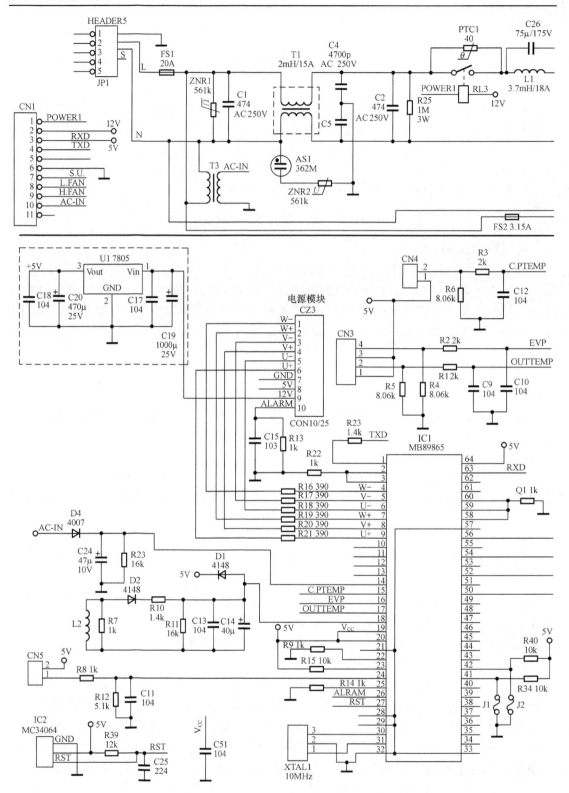

图 7-3　美的 KFR-26（33）GW/CBpY 型壁挂式变频空调室外机电路

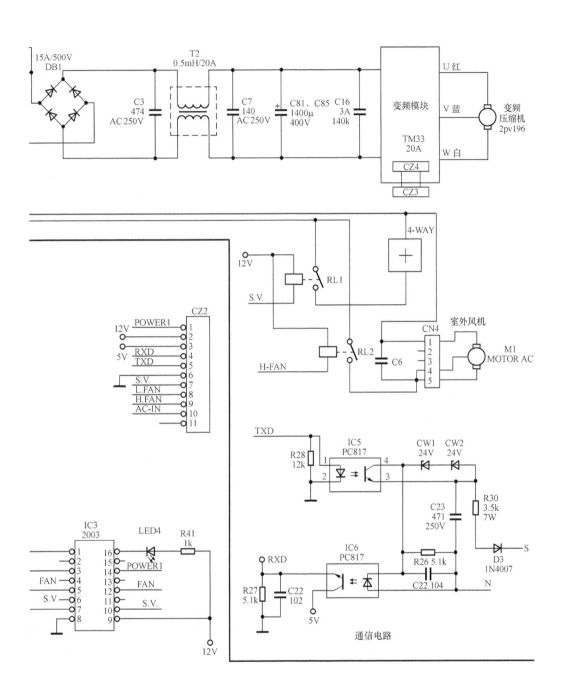

图 7-3　美的 KFR-26（33）GW/CBpY 型壁挂式变频空调室外机电路（续）

3. 室外微处理器电路

该机室外机微处理器电路以微处理器 MB89865（IC1）为核心构成，如图 7-3 所示。

（1）微处理器 MB89865 的主要引脚功能

室外微处理器 MB89865 的主要引脚功能如表 7-2 所示。

表 7-2　　　　　　　　　　　室外微处理器 MB89865 的主要引脚功能

引 脚 号	功　　能	引 脚 号	功　　能
①	室外通信信号输出	⑭	市电电压检测信号输入
④～⑨	功率模块驱动信号输出	⑮～⑰	温度检测信号输入
⑪～⑬	指示灯驱动信号输出	⑱	压缩机电流检测信号输入
⑲	5V 供电	⑭	限流电阻控制信号输出
㉗	复位信号输入	㊱	指示灯控制信号输出
㉚、㉛	振荡器外接晶振	㊷	室内通信信号输入
㊵	四通阀控制信号输出	㊽	5V 供电
㊲	室外风扇电机控制信号输出		

（2）微处理器基本工作条件电路

微处理器正常工作需具备 5V 供电、复位、时钟振荡正常这 3 个基本条件。电路如图 7-3 所示。

5V 供电：插好空调的电源线，待室外机电源电路工作后，由其输出的 5V 电压经电容滤波后，加到微处理器 IC1 的供电端⑲、㊽脚，为 IC1 供电。

复位：该机的复位电路以微处理器 IC1 和复位芯片 IC2（MC34064）为核心构成。开机瞬间，由于 5V 电源电压在滤波电容的作用下逐渐升高，当该电压低于 4.6V 时，IC2 输出低电平电压，该电压加到 IC1 的㉗脚，使 IC1 内的存储器、寄存器等电路清零复位。随着 5V 电源电压的逐渐升高，当其超过 4.6V 后，IC2 输出高电平电压，经 C25 滤波后加到 IC1 的㉗脚，使 IC1 内部电路复位结束，开始工作。

时钟振荡：微处理器 IC1 得到供电后，它内部的振荡器与㉚、㉛脚外接的晶振 XTAL1 通过振荡产生 10MHz 的时钟信号。该信号经分频后协调各部位的工作，并作为 IC1 输出各种控制信号的基准脉冲源。

4. 室外风扇电机电路

参见图 7-3，室外风扇电机电路由微处理器 IC1、驱动块 IC3（2003）、风扇电机及其供电继电器 RL2，以及室外温度传感器、室外盘管温度传感器等构成。由于仅采用了一个继电器，所以该机的室外风扇电机仅工作在不运转和高速运转两种状态。

5. 市电电压检测电路

该机的市电电压检测电路由室外微处理器 IC1、电压互感器 T3、整流管 D4 等构成，如图 7-3 所示。

市电电压通过电压互感器 T3 检测后，T3 输出与市电电压成正比的交流电压。该电压作为取样电压通过 D4 半波整流、C24 滤波产生直流电压，再通过电阻 R23 限压后，加到微处理器 IC1 的⑭脚。当⑭脚输入的电压过高或过低时，IC1 判断市电过压或欠压，输出控制信号使该机停止工作，进入市电异常保护状态，并通过指示灯显示故障代码。

6. 压缩机驱动电路

该机的压缩机驱动电路由室外微处理器 IC1、功率模块、压缩机等构成。

300 V 电压加到变频模块后，不仅为它内部的功率管供电，而且变频模块电路板上的电源电路开始工作，为变频模块的驱动电路供电。

室外微处理器 IC1 的④～⑨脚输出功率模块驱动信号，通过 R16～R21 限流，再通过连接器 CZ3/CZ4 的①～⑥脚输出到功率模块，通过模块内的 W、V、U 三相驱动电路放大后，就可以驱动 6 个 IGBT 功率管工作在脉冲状态。这样，通过对驱动信号的控制，就可以使功率模块输出 3 路分别相差 120°的脉冲电压，驱动压缩机电机运转。

7. 压缩机电流检测电路

参见图 7-3，该机的压缩机电流检测电路由电流互感器 L2、整流管 D2 和电阻 R10 等构成。

一根电源线穿过 L2 的磁芯，这样就可以对压缩机运行电流进行检测，L2 的次级绕组感应出与电流成正比的交流电压。该电压经 D2 半波整流产生脉动直流电压，再通过 R10、R11 取样获得与回路电流成正比的取样电压。该电压通过 C13、C14 滤波后，加到微处理器 IC1 的⑱脚。当压缩机电流正常时 IC1 的⑱脚输入的电压正常，IC1 将该电压与它内部存储器存储的压缩机运行电流数据比较后，判断压缩机运行电流正常，输出控制信号使压缩机正常工作。当压缩机运行电流超过设定值后，IC1 的⑱脚输入的电压升高，它将该电压与内部存储器内存储的压缩机过流数据比较后，判断压缩机过流，则输出控制信号使压缩机停止工作，以防压缩机过流损坏，实现压缩机过流保护。

三、通信电路

参见图 7-2、图 7-3，该机的通信电路由市电供电系统、室内微处理器μPD780021、室外微处理器 IC1（MB89865）和光电耦合器 IC1、IC2、IC5、IC6 等构成。

1. 供电

市电电压通过限流电阻 R1、R2 限流，再通过整流管 D1 整流，利用 24V 稳压管 CW1 稳压产生–24V 电压。该电压通过 C3、C4 滤波后，为光电耦合器 IC 内的光敏管供电。

2. 工作原理

（1）室外接收、室内发送

室外接收、室内发送期间，室内微处理器μPD780021 的㉚脚输出数据信号（脉冲信号），室外微处理器 IC1 的㊳脚输出高电平控制信号。微处理器 IC1①脚输出的高电平控制电压通过 R23 使 IC5 内的发光管发光，致使它内部的光敏管导通，为 IC6 内的发光管提供导通回路。同时，μPD780021 的㉚脚输出的脉冲信号通过 R9 限流，再通过光电耦合器 IC2 耦合，从它 e 极输出的脉冲电压通过 R47 限流，再通过 IC6 的耦合，从它光敏管 e 极输出的数据信号加到 IC1 的㊳脚。此时，IC1 开始控制室外机机组按室内机微处理器的要求工作，从而完成室外接收、室内发送的控制功能。

（2）室内接收、室外发送

室内接收、室外发送期间，室内微处理器μPD780021 的㉚脚输出高电平控制信号，室外微处理器 IC1 的①脚输出数据信号。μPD780021 的㉚脚输出的脉冲信号通过 R9 使光耦合器 IC2 内的发光管发光，为 IC1 内的发光管提供导通回路。同时，微处理器 IC1①脚输出的脉冲电压通过 R23 限流，再通过 IC5 的耦合，从光敏管 e 极输出的脉冲电压经 R30、D3、R3、D2 限流隔离，再通过光耦合器 IC1 的耦合，数据信号从它的 e 极输出后经 R8 加到μPD780021 的㉚脚，这样，μPD780021 就可以随时掌握室外机的工作情况，以便做进一步处理，完成了室内接收、室外发送的控制功能。

提示 只有通信电路正常，室内微处理器和室外微处理器进行数据传输后，整机才能工作，否则会进入通信异常保护状态，同时显示屏显示通信异常的故障代码。

四、制冷、制热电路

该机的制冷、制热控制电路由温度传感器、室内微处理器μPD780021、室外微处理器 IC1、存储器、功率模块、压缩机、室温传感器、室内盘管传感器、四通阀及其供电继电器 RL1、风扇电机及其供电电路等构成，如图 7-2 和图 7-3 所示。风扇电机电路在前面已作介绍，这里不再介绍。室温传感器、室内盘管传感器都是负温度系数热敏电阻，它们在图 7-2 中未画出。

1. 制冷电路

当室内温度高于设置的温度时，CN11 外接的室温传感器的阻值减小，5V 电压通过该电阻与 R24 取样后产生的电压增大，利用 C15 滤波后，再通过 R29 为室内微处理器μPD780021 的㊶脚提供的电压升高。μPD780021 将该电压数据与它内部的存储器固化的不同温度的电压数据比较后，识别出室内温度较高，确定空调需要进入制冷状态。此时，它的①脚输出室内风扇电机驱动信号，使室内风扇电机运转，同时通过通信电路向室外微处理器 IC1 发出制冷指令。IC1 接到制冷指令后，第一路通过(52)脚输出室外风扇电机供电信号，使室外风扇电机运转；第二路通过㊿脚输出低电平控制电压，该电压经驱动块 IC3（2003）⑦脚内的非门倒相放大后，使它的⑩脚电位为高电平，不能为继电器 RL1 的线圈提供电流，RL1 内的触点释放，不能为四通阀的线圈供电，四通阀的阀芯不动作，使系统工作在制冷状态，即室内热交换器用作蒸发器，而室外热交换器用作冷凝器；第三路通过④～⑨脚输出驱动脉冲，经功率模块放大后，驱动压缩机运转，开始制冷。随着压缩机和各个风扇电机的不断运行，室内的温度开始下降。室温传感器的阻值随室温下降而增大，为μPD780021 的㊶脚提供的电压逐渐减小，μPD780021 识别出室内温度逐渐下降，通过通信电路将该信息提供给室外微处理器 IC1，于是 IC1 的④～⑨脚输出的驱动信号的占空比减小，使功率模块输出的驱动脉冲的占空比减小，压缩机降频运转。当温度达到要求后，室温传感器将检测的结果送给μPD780021，它判断出室温达到制冷要求，不仅使室内风扇电机停转，而且通过通信电路告诉 IC1，IC1 输出停机信号，切断室外风扇电机的供电回路，使室外风扇电机停止运转，同时使压缩机停转，制冷工作结束，进入保温状态。随着保温时间的延长，室内的温度逐渐升高，使室温传感器的阻值逐渐减小，为μPD780021㊶脚提供的电压再次增大，重复以上过程，空调再次工作，进入下一轮的制冷工作状态。

2. 制热电路

制热控制与制冷控制基本相同，主要不同点：①室内微处理器μPD780021 通过检测㊶脚输入的电压，确定空调需要进入制热状态后，通过通信电路向室外微处理器 IC1 发出制热指令，并延迟一定时间控制①脚输出室内风扇电机驱动信号，使室内风扇电机运转，以免向室内吹冷风，延时时间受室内盘管温度传感器的控制；②通过㊿脚输出高电平控制电压，该电压经驱动块 IC3（2003）⑦脚内的非门倒相放大后，使它的⑩脚电位为低电平，为继电器 RL1 的线圈提供电流，RL1 内的触点闭合，为四通阀的电磁阀线圈供电，四通阀的阀芯动作，改变制冷剂的流向，使系统工作在制热状态，即室内热交换器用作冷凝器，而室外热交换器用作蒸发器。

五、故障自诊功能

为了便于生产和维修，该机电路板具有故障自诊功能。该机控制电路发生的故障被微处理器检测后，微处理器会控制指示灯显示故障代码，来提醒故障发生部位。指示灯显示的故障代码与含义如表 7-3 所示。

表 7-3　　　　　　美的 KFR-26（33）GW/CBpY 型壁挂式变频空调故障代码

故 障 代 码				含　　义
化霜灯	定时灯	换气灯	运行灯	
熄灭	熄灭	长亮	闪烁	功率模块异常
长亮	熄灭	熄灭	闪烁	压缩机顶部过热
熄灭	长亮	熄灭	闪烁	室外温度传感器开路或短路
熄灭	长亮	长亮	闪烁	市电电压异常
长亮	长亮	长亮	闪烁	室内环境温度、室内盘管温度传感器开路或短路
长亮	长亮	闪烁	闪烁	室内风扇电机速度失控
闪烁	熄灭	长亮	闪烁	市电过零检测异常
闪烁	长亮	熄灭	闪烁	室内风扇电机过热
熄灭	熄灭	闪烁	闪烁	存储器数据错误
闪烁	长亮	闪烁	闪烁	机型不匹配
闪烁	闪烁	闪烁	闪烁	室内机和室外机通信异常

六、常见故障检修

1．整机不工作

整机不工作指插好电源线后室内机上的指示灯不亮，并且用遥控器也不能开机。该故障主要是由于室内机电源电路、微处理器电路异常所致。故障原因根据有无 5V 供电又有所不同，没有 5V 供电，说明市电输入系统、室内电路板上的电源电路异常；若 5V 供电正常，说明微处理器电路异常。整机不工作，无 5V 供电的故障检修流程如图 7-4 所示；整机不工作，有 5V 供电的故障检修流程如图 7-5 所示。

 提示　如果电源变压器 T1 的初级绕组开路，必须要检查整流堆 IC6、IC7 和滤波电容 C8、C9、C33、C35 以及稳压器 IC4 是否击穿或漏电，以免更换后的变压器再次损坏。

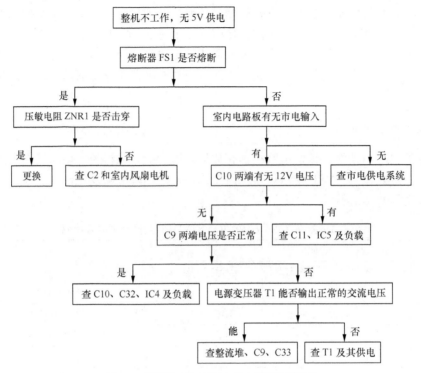

图 7-4　整机不工作，无 5V 供电故障检修流程

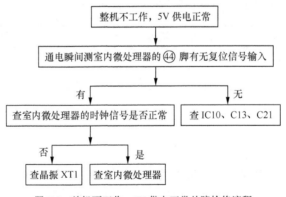

图 7-5　整机不工作，5V 供电正常故障检修流程

2. 显示市电过零检测异常故障代码

该故障的主要原因：①市电过零检测电路异常；②微处理器异常。该故障检修流程如图 7-6 所示。

3. 显示供电异常故障代码

该故障的主要原因：①市电电压异常；②电源插座、电源线异常；③市电检测电路异常；④微处理器异常。该故障检修流程如图 7-7 所示。

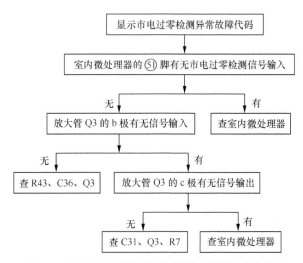

图 7-6　显示市电过零检测异常故障代码的故障检修流程

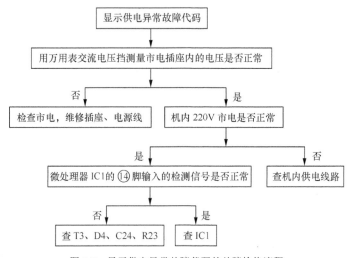

图 7-7　显示供电异常故障代码的故障检修流程

4. 显示室温、室内盘管温度传感器异常故障代码

　　该故障的主要原因：①传感器阻值偏移；②连接器的插头接触不好；③传感器阻抗信号/电压信号变换电路的电阻变值、电容漏电；④室内微处理器异常。该故障检修流程如图 7-8 所示。

 提示　显示其他温度传感器异常故障代码的故障和该故障的检修流程一样，维修时，可参考该流程。
----

5. 显示室内风扇电机过热故障代码

　　该故障代码的主要原因：①室内风扇电机异常；②室内风扇电机过热保护电路异常；③室内微处理器异常。该故障检修流程如图 7-9 所示。

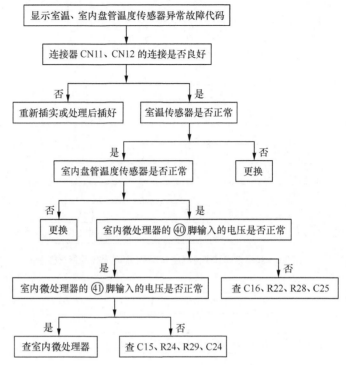

图 7-8　显示室温、室内盘管温度传感器异常故障代码的故障检修流程

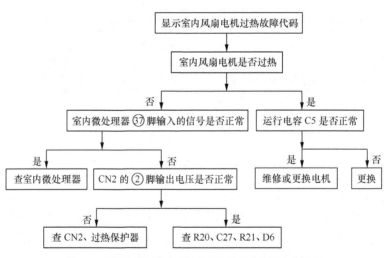

图 7-9　显示室内风扇电机过热故障代码的故障检修流程

6. 显示室内风扇电机转速异常故障代码

该故障代码的主要原因：①室内风扇电机异常；②室内风扇电机供电电路异常；③室内风扇电机反馈电路异常；④室内微处理器异常。该故障检修流程如图 7-10 所示。

7. 显示功率模块异常故障代码

该故障的主要原因：①300V 供电异常；②功率模块异常；③室外微处理器异常。该故障检修流程如图 7-11 所示。

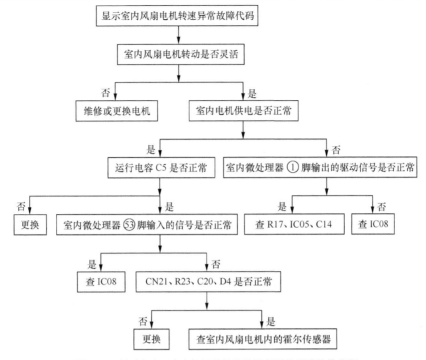

图 7-10　显示室内风扇电机转速异常故障代码的故障检修流程

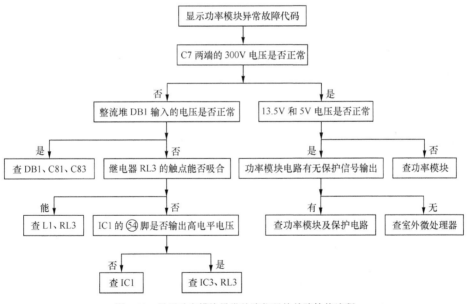

图 7-11　显示功率模块异常故障代码的故障检修流程

8. 显示通信异常故障代码

该故障的主要原因：①附近有较强的电磁干扰；②室内机与室外机的连线异常；③室内微处理器 IC1 异常；④室外机电路板的电源电路异常；⑤室外微处理器 IC301 电路异常；⑥功率模块电路异常；⑦300V 供电电路异常；⑧通信电路异常。该故障检修流程如图 7-12、图 7-13 所示。

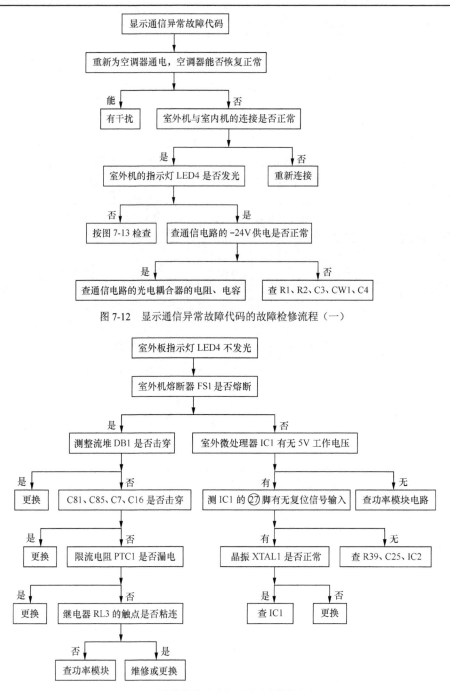

图 7-12　显示通信异常故障代码的故障检修流程（一）

图 7-13　显示通信异常故障代码的故障检修流程（二）

第 2 节　美的 KFR-50LW/F₂BpY 型柜式变频空调

　　美的 KFR-50LW/F₂BpY 型柜式变频空调的控制电路由室内机控制电路、室外机控制电路构成，如图 7-14 所示。

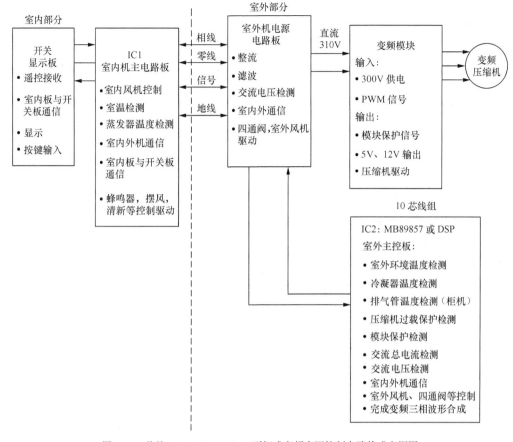

图 7-14　美的 KFR-50LW/F$_2$BpY 型柜式变频空调控制电路构成方框图

一、室外机电路

室外机电路由电源电路、微处理器电路、室外风扇电机驱动电路、压缩机驱动电路等构成，如图 7-15 所示。

美的 KFR-50LW/F$_2$BpY 型柜式变频空调室外机电路和美的 KFR-26（33）GW/CBpY 型变频空调室外机电路基本相同，也是以微处理器 MB89865（IC1）为核心构成，工作原理请读者自行分析，这里不再介绍。

二、室内机电路

室内机电路由电源电路、微处理器电路、显示电路、室内风扇电机驱动电路等构成，如图 7-16 所示。

美的 KFR-50LW/F$_2$BpY 型柜式变频空调的室内机电路与美的 KFR-26（33）GW/CBpY 型变频空调室内机电路基本相同，也是以日电公司生产的微处理器μPD780021 为核心构成，主要的不同点是它的室内风扇电机未采用光耦合器供电，而是采用了继电器供电，所以还取消了市电过零检测电路。

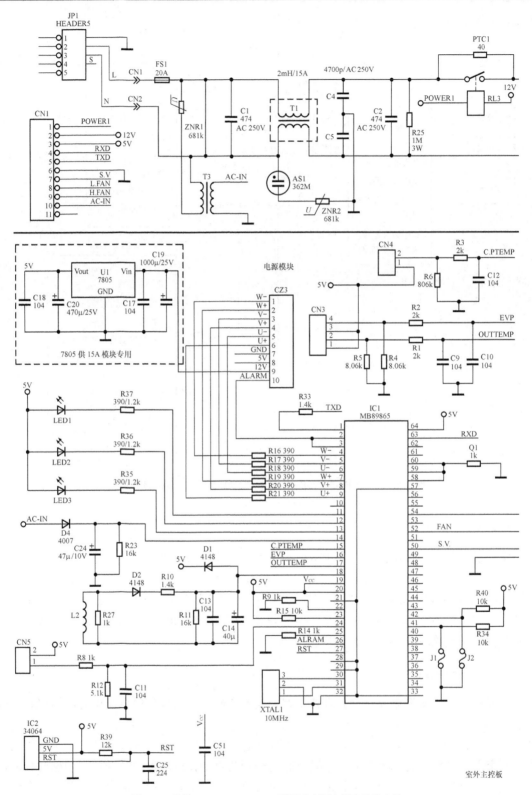

图 7-15 美的 KFR-50LW/F₂BpY 型柜式变频空调室外机电路

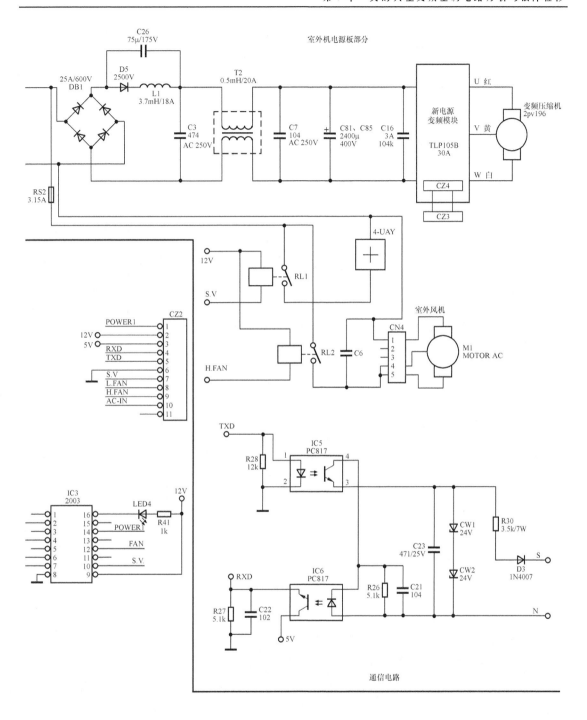

图 7-15　美的 KFR-50LW/F$_2$BpY 型柜式变频空调室外机电路（续）

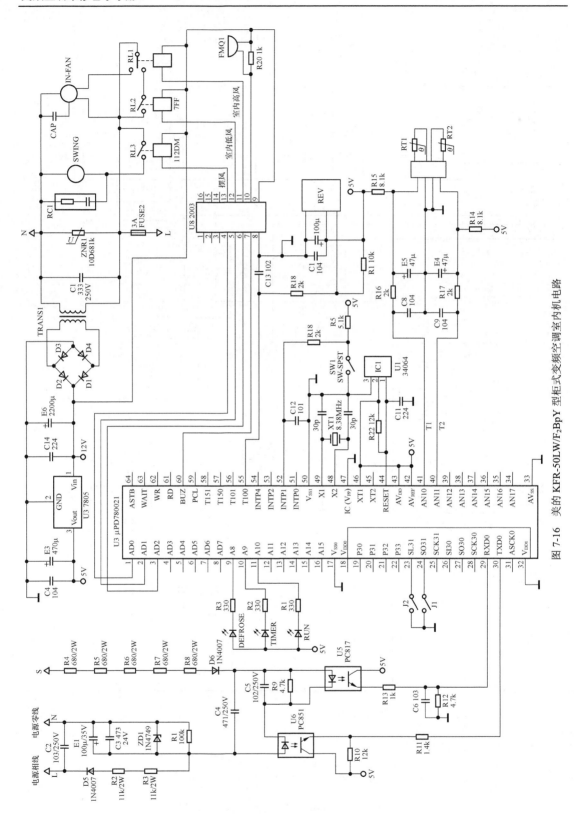

图 7-16　美的 KFR-50LW/F₂BpY 型柜式变频空调室内机电路

第8章 其他品牌典型变频空调电路分析与故障检修

第1节 长虹"大清快"系列变频空调

长虹"大清快"系列变频空调包括 KFR-22GW/BQ、KFR-25GW/BQ、KFR-40GW/BQ、KFR-25GW/Bp、KFR-28GW/Bp 等型号变频空调及一拖二变频空调。下面以 KFR-28GW/Bp 型变频空调为例进行介绍。

一、室内机电路

室内机电路由电源电路、微处理器电路、室内风扇电机驱动电路、通信电路、室外机供电电路等构成,方框图如图 8-1 所示,电气接线图如图 8-2 所示,电路原理图如图 8-3 所示。

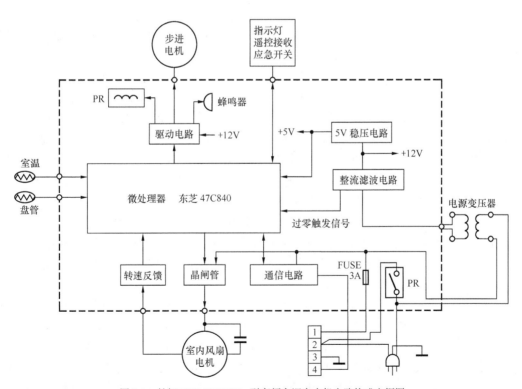

图 8-1 长虹 KFR-28GW/Bp 型变频空调室内机电路构成方框图

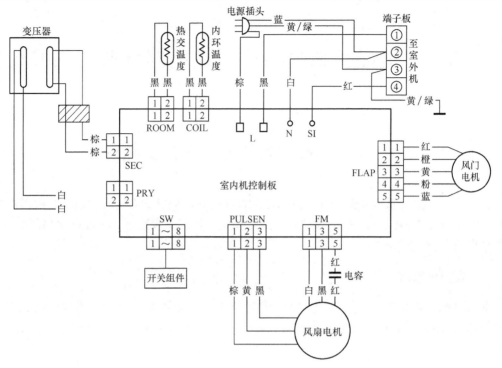

图 8-2 长虹 KFR-28GW/Bp 型变频空调室内机电路电气接线图

1. 电源电路

该机的室内机电源电路采用以变压器 T1、稳压器 IC101（7805）为核心构成的变压器降压式直流稳压电源电路。电路见图 8-3。

插好空调的电源线后，220V 市电电压通过熔丝管（熔断器）F401 输入，再经高频滤波电容 C502 滤除市电电网中的高频干扰脉冲，利用连接器 CZ501/CZ101 输入到电源电路。首先，经变压器 T1 降压，从它的次级绕组输出的 12V 左右（与市电电压高低成正比）电压，经 D101～D104 桥式整流，产生的脉动直流电压不仅送到市电过零检测电路，而且通过 D105 加到滤波电容 E101、C102，通过它们滤波产生 12V 左右的直流电压。该电压不仅为电磁继电器、驱动块等电路供电，而且利用三端稳压器 7805 稳压输出 5V 电压，再通过 E102、C103 滤波后，为室内微处理器和相关电路供电。

市电输入回路并联的 ZE503 是压敏电阻，市电电压正常且没有雷电窜入时 ZE503 相当于开路，对电路没有影响。当市电电压过高或有雷电窜入，导致 ZE503 雷电的峰值电压达到 470V 时它击穿短路，使 F401 过流熔断，切断市电输入回路，从而避免了电源电路的元器件过压损坏。

2. 市电过零检测电路

参见图 8-3，变压器 T1 次级绕组输出的交流电压通过 D101～D104 桥式整流产生 100Hz 脉动电压，再通过 R203 和 R204 分压限流，利用 C201 滤除高频干扰后，加到 DQ201 的 b 极，经它放大，从它的 c 极输出 100Hz 市电交流检测信号，即同步控制信号。该信号作为基准信号通过 R204、C202 低通滤波加到微处理器 IC101（47C840）的㉟脚。IC101 对㉟脚输入的信号检测后，确保室内风扇电机供电回路中的光耦合器 IC203 内的光控晶闸管在市电过零点处导通，从而避免了它在导通瞬间可能因过流损坏，实现同步控制。

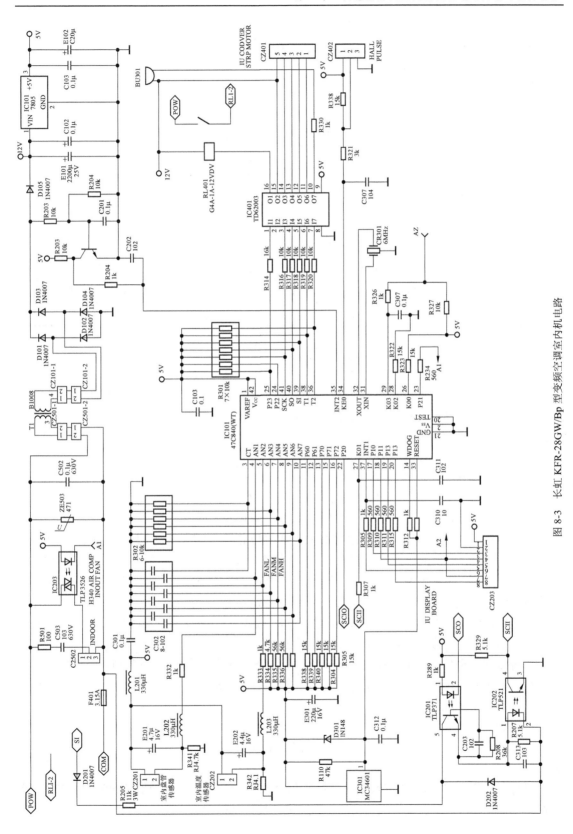

图 8-3　长虹 KFR-28GW/Bp 型变频空调室内机电路

3. 室内微处理器电路

该机室内机微处理器电路由东芝的微处理器 47C840（IC101）、复位芯片 IC301、显示屏、蜂鸣器等构成，如图 8-3 所示。

（1）47C840 的引脚功能

微处理器 47C840 的引脚功能如表 8-1 所示。

表 8-1　　　　　　　　　　　　室内微处理器 47C840 的主要引脚功能

引　脚　号	功　　　能	引　脚　号	功　　　能
①	基准电压输入（接 5V 供电）	㉗	室外通信信号输入
③	接上拉电阻	㉛、㉜	振荡器外接晶振
④	室内盘管温度检测信号输入	㉝	复位信号输入
⑤	室内环境温度检测信号输入	㉞	室内风扇电机反馈信号输入
⑥～⑬	接上拉电阻	㉟	市电过零检测信号输入
⑰～⑳、㊲	接操作显示板	㊱	蜂鸣器驱动信号输出
㉒	室内通信信号输出	㊳～㊶	导风电机驱动信号输出
㉓	室内风扇电机驱动信号输出	㊷	5V 供电
㉕	室外机供电控制信号输出		

说明：该芯片的⑥～⑧脚输出的信号可以控制电磁继电器内的触点是否闭合，实现室内风扇电机低速、中速和高速转速的控制。不过，由于该机的室内风扇电机采用了光耦合器供电方式，所以这 3 个脚并未使用。

（2）微处理器基本工作条件

微处理器正常工作需具备 5V 供电、复位、时钟振荡正常这 3 个基本条件。

5V 供电：插好空调的电源线，待室内机电源电路工作后，由其输出的 5V 电压经 C103 等电容滤波后加到微处理器 IC101 的供电端㊷脚，为 IC101 供电。

复位：该机的复位电路以微处理器 IC101 和复位芯片 IC301（MC34601）为核心构成。开机瞬间，由于 5V 电源电压在滤波电容 E301 的作用下逐渐升高，当该电压低于 4.2V 时，IC301 的输出端①脚输出低电平电压，该电压加到 IC101 的㉝脚，使 IC101 内的存储器、寄存器等电路清零复位。随着 5V 电源电压的逐渐升高，当其超过 4.2V 后，IC301 的①脚输出高电平电压，经 C312 滤波后加到 IC101 的㉝脚，使 IC101 内部电路复位结束，开始工作。正常工作后，IC101 的㉝脚电位几乎与供电相同。

时钟振荡：微处理器 IC101 得到供电后，它内部的振荡器与㉛、㉜脚外接的晶振 CR301 通过振荡产生 6MHz 的时钟信号。该信号经分频后协调各部位的工作，并作为 IC101 输出各种控制信号的基准脉冲源。

（3）蜂鸣器控制

参见图 8-3，蜂鸣器控制电路由微处理器 IC101、驱动块 IC401、蜂鸣器 BU301 等构成。

进行遥控操作时，IC101㊱脚输出的脉冲信号通过 R320 加到驱动块 IC401 的⑦脚，经 IC401 内部的非门倒相放大后，从它的⑩脚输出，加到蜂鸣器 BU301 的两端，驱动蜂鸣器鸣叫, 表明操作信号已被 IC101 接收。

4. 室内风扇电机电路

参见图 8-3, 室内风扇电机电路由室内微处理器 IC101、光耦合器 IC203、风扇电机等元器件构成。

（1）转速调整

室内风扇电机的速度调整有手动调节和自动调节两种方式。

① 手动调节

当用户通过遥控器降低风速时, 遥控器发出的信号被微处理器 IC101 识别后, 其㉓脚输出的控制信号的占空比减小, 通过 R234 限流, 为光耦合器 IC203 内的发光管提供的导通电流减小, 发光管发光减弱, 为光控晶闸管提供的触发电流减小, 光控晶闸管导通程度减小, 为室内风扇电机提供的电压减小, 室内风扇电机转速下降。反之, 控制过程相反。

② 自动调节

自动调节方式是根据室内、室内盘管温度来实现的。该电路由微处理器 IC101、室温传感器、室内盘管温度传感器等元器件实现, 和其他空调控制原理相同, 这里不再介绍。

（2）相位检测电路

室内风扇电机旋转后, 它内部的霍尔传感器输出相位检测信号, 即 PG 脉冲信号。该脉冲信号通过连接器 CZ402 的②脚输入到室内电路板, 通过 R321 限流、C307 滤波后加到微处理器 IC101 的㉞脚。当 IC101 的㉞脚有正常的 PG 脉冲输入, IC101 会判断室内风扇电机正常, 继续输出驱动信号使室内风扇电机运转。当 IC101 不能输入正常的 PG 信号, 它会判断室内风扇电机异常, 发出指令使该机停止工作, 并通过显示屏显示故障代码。

5. 导风电机电路

参见图 8-3, 该机的导风电机电路由微处理器 IC101、驱动块 IC401（TD62003）、步进电机等构成。

在室内风扇运转期间, 需要使用导风功能时, 按遥控器上的"风向"键, 被微处理器 IC101 识别后从它的㊳～㊶脚输出激励脉冲信号, 通过 R319～R316 限流, 再通过 IC401 内部的非门倒相放大后, 从 IC401 的⑪～⑭脚输出, 再经连接器 CZ401 驱动步进电机旋转, 带动室内机上的风叶摆动, 实现大角度、多方向送风。

6. 室外机供电控制电路

参见图 8-3, 室外机供电控制电路由室内微处理器 IC101、继电器 RL401、驱动块 IC401 构成。

当室内微处理器 IC101 工作后, 其㉕脚发出室外机供电的高电平控制信号。该控制信号经 R314 加到驱动块 IC401①脚, 通过它内部的非门倒相放大后, 为继电器 RL401 的线圈提供导通电流, 使 RL401 内的触点闭合, 接通室外机的供电回路, 为室外机供电。

二、室外机电路

室外机电路由电源电路、微处理器电路、室外风扇电机驱动电路、压缩机驱动电路等构成, 方框图如图 8-4 所示, 电气接线图如图 8-5 所示, 电路原理图如图 8-6 所示。

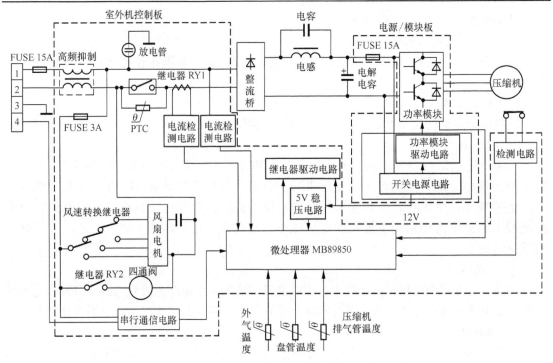

图 8-4 长虹 KFR-28GW/Bp 型变频空调室外机电路构成方框图

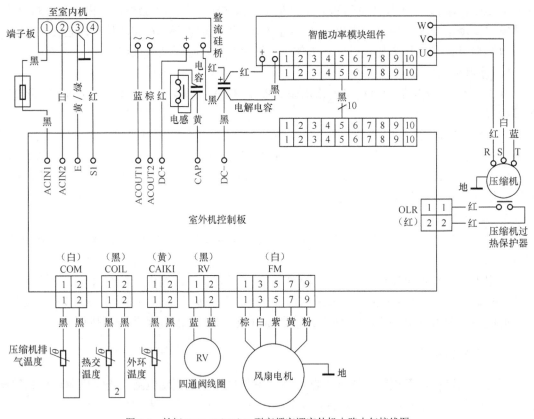

图 8-5 长虹 KFR-28GW/Bp 型变频空调室外机电路电气接线图

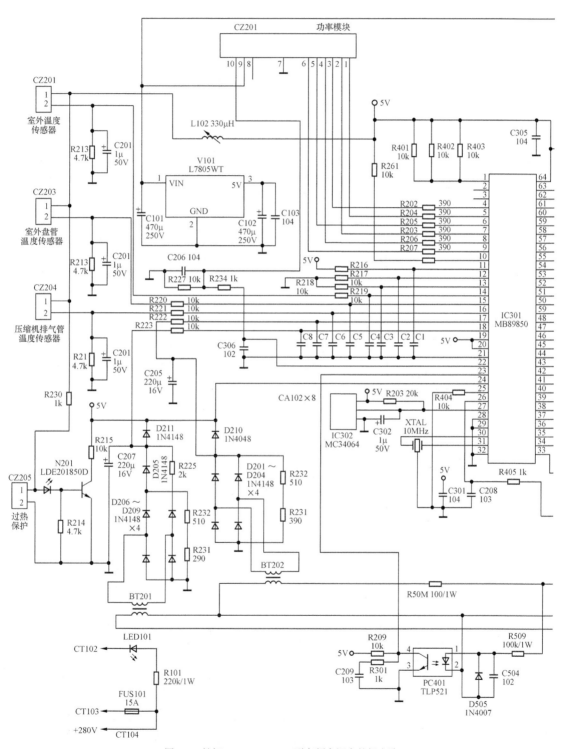

图 8-6　长虹 KFR-28GW/Bp 型变频空调室外机电路

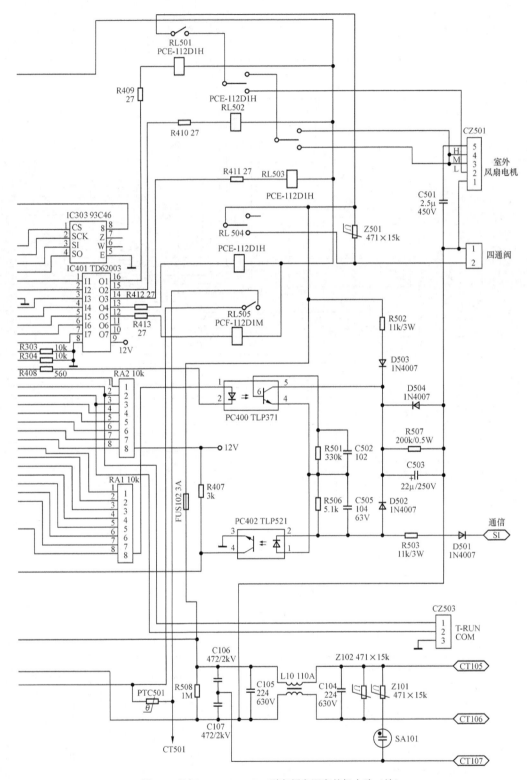

图 8-6 长虹 KFR-28GW/Bp 型变频空调室外机电路（续）

1. 供电电路

室外机供电电路主要产生 300V 电压和 12V 电压。300V 供电电路由限流电阻 PTC501、桥式整流堆、滤波电容构成，而 12V 电源由功率模块电路板上的开关电源产生，如图 8-6 所示。

市电电压通过 PTC501 限流后，再经整流堆、滤波电容整流、滤波产生 300V 电压。300V 电压不仅为功率模块的功率管供电，而且为功率模块电路板上的开关电源供电。开关电源工作后，产生的 12V 电压通过 CZ201 返回到室外机电路板，不仅为驱动电路、继电器等供电，而且利用 5V 稳压器 V101（L7805WT）产生 5V 电压，为微处理器等电路供电。

2. 限流电阻及其控制电路

因为 300V 供电的滤波电容的容量较大（容量值超过 2000μF），所以它的初始充电电流较大，为了防止它充电初期产生的大充电电流导致整流堆、熔断器等元器件过流损坏，该机通过正温度系数热敏电阻 PTC501 来抑制该冲击大电流。当室外微处理器电路工作后，室外微处理器 IC301 ㉔脚输出的高电平控制信号经驱动块 IC401⑤、⑫脚内的非门倒相放大后，通过 R413 为继电器 RL505 的线圈提供导通电流，使 RL505 内的触点闭合，将限流电阻 PTC501 短接，确保 300V 供电电压的稳定，实现限流电阻控制。

3. 室外微处理器电路

该机室外机微处理器电路由微处理器 MB89850（IC301）、存储器 IC303 和相关电路构成，如图 8-6 所示。

（1）室外微处理器 MB89850

室外微处理器 MB89850 的主要引脚功能如表 8-2 所示。

表 8-2　　　　　　　　　　室外微处理器 MB89850 的主要引脚功能

引　脚　号	功　　能	引　脚　号	功　　能
④～⑨	功率模块驱动信号输出	㉗	复位信号输入
⑭	室外温度传感器检测信号输入	㉚、㉛	振荡器外接晶振
⑮	室外盘管温度检测信号输入	㊼、㊽	室外机单独启动控制信号输入
⑯	压缩机排气温度检测信号输入	㊾	室外通信信号输出
⑰	市电电压检测信号输入	㊴	限流电阻控制信号输出
⑱	压缩机电流检测信号输入	㊵	四通阀控制信号输出
⑲、⑳、㉔	5V 供电	㊶、㊸、㊹	室外风扇电机转速控制信号输出
㉑	接地	㉟	存储器数据信号输入
㉒	功率模块异常保护信号输入	㊱	存储器数据信号输出
㉓	市电有无检测信号输入	㊲	存储器用时钟信号输出
㉔	压缩机过热检测信号输入	㊳	存储器用片选信号输出
㉖	室内通信信号输入		

（2）微处理器基本工作条件电路

微处理器正常工作需具备 5V 供电、复位、时钟振荡正常这 3 个基本条件。

5V 供电：插好空调的电源线，待室外机的电源电路工作后，由其输出的 5V 电压经 C305 滤波后加到微处理器 IC301 的供电端⑲、⑳、㉔、㉔脚，为它供电。

复位：该机的复位电路以微处理器 IC301 和复位芯片 IC302（MC34064）为核心构成。开机瞬间，5V 电源电压在滤波电容的作用下逐渐升高，当该电压低于 4.2V 时，IC302 的输出端输出低电平电压，该电压加到 IC301 的㉗脚，使 IC301 内的存储器、寄存器等电路清零复位。随着 5V 电源电压的逐渐升高，当其超过 4.2V 后，IC302 的输出端输出高电平电压，经 C302 滤波后加到 IC301 的㉗脚，使 IC301 内部电路复位结束，开始工作。

时钟振荡：微处理器 IC301 得到供电后，它内部的振荡器与㉚、㉛脚外接的晶振 XTAL 通过振荡产生 10MHz 的时钟信号。该信号经分频后协调各部位的工作，并作为 IC301 输出各种控制信号的基准脉冲源。

（3）存储器电路

由于变频空调不仅需要存储与温度相对应的电压数据，还要存储室外风扇转速、故障代码、压缩机 F/V 控制等信息，所以需要设置电可擦可编程只读存储器（E2PROM）IC303。下面以调整室外风扇电机转速为例进行介绍。

微处理器 IC301 通过片选信号 CS、数据线 SI/SO 和时钟线 SCK 从存储器 IC303 内读取数据后，改变其风扇电机端子输出的控制信号，为室外风扇电机的不同端子供电，就可以实现电机转速的调整。

4. 室外风扇电机电路

参见图 8-6，室外风扇电机电路由微处理器 IC301、驱动块 IC401（TD62003）、风扇电机、继电器 RL501～RL503，以及室外温度传感器、室外盘管温度传感器等元器件构成。IC301、IC401、RL501～RL503 的工作状态与风扇电机转速的关系如表 8-3 所示。

表 8-3　　　　　　　　　　　室外风扇电机转速与电路的控制关系

电路状态 电机转速	IC301			IC401			RL501～RL503 的触点		
	59	58	56	16	15	14	RL501	RL502	RL503
高速	H	H	H	L	L	L	吸合	接常开	接常开
中速	H	H	L	L	L	H	吸合	接常开	接常闭
低速	H	L	L	L	H	H	吸合	接常闭	接常闭

 提示　该机的室外风扇电机控制原理与海信 KFR-2801GW/Bp 型变频空调的室外风扇电机控制原理基本相同，这里不再介绍。

5. 市电电压检测电路

该机为了防止市电电压过高给电源电路、功率模块、压缩机等元器件带来危害，设置了由室外微处理器 IC301、电压互感器 BT202，以及 D201～D204、R231、R232 等构成的市电电压检测电路，如图 8-6 所示。

市电电压通过电压互感器 BT202 检测后，BT202 输出与市电电压成正比的交流电压。该电压作为取样电压通过 D201～D204 桥式整流，C205 滤波产生直流电压，再通过 R222 限流，

C7 滤波后，加到微处理器 IC301 的⑰脚。IC301 将⑰脚输入的电压与存储器 IC303 内存储的数据比较后，若判断出市电电压超过 260V 或低于 160V，则输出控制信号使该机停止工作，进入市电过压或欠压保护状态，并通过指示灯显示故障代码。D210 是钳位二极管，它的作用是防止微处理器 IC301 的⑰脚输入的电压超过 5.4V，以免因市电电压升高等原因导致 IC301 过压损坏。

另外，市电输入回路的压敏电阻 Z102 用于防止市电过高导致功率模块、压缩机等元器件过压损坏。压敏电阻 Z101 和放电管 SA101 用于高压保护，可防止雷电产生的高压给室外机带来的危害。

6. 市电有无检测电路

参见图 8-6，该机的市电有无检测电路（瞬间断电检测电路）由光耦合器 PC401、二极管 D505 和 R509、R209 等构成。

市电电压通过 R509 限流，再通过 C504 滤波后，加到光耦合器 PC401 的发光管两端，为发光管提供工作电压。当市电电压为正半周时，PC401 内的发光管有导通电流流过而发光，使它内部的光敏管受光照后导通，致使 IC301 的㉓脚输入低电平信号；当市电电压为负半周时，PC401 内的发光管没有导通电流而熄灭，使它内部的光敏管截止，致使 IC301 的㉓脚输入高电平信号。这样，IC301 通过对㉓脚输入的信号检测，就可以识别出室外机是否发生瞬间断电的情况。若检测到有瞬间断电现象发生，则输出控制信号使该机停止工作，实现瞬间断电保护。

7. 压缩机电流检测电路

参见图 8-6，为了防止压缩机过流损坏，该机设置了以电流互感器 BT201、整流管 D206～D209 为核心构成的电流检测电路。

一根电源线穿过 BT201 的磁芯，这样 BT201 就可以对压缩机运行电流进行检测，BT201 的次级绕组感应出与电流成正比的交流电压。该电压经 D206～D209 桥式整流产生脉动直流电压，再经 R232、R231 限压，利用 D205、R225 降压，再通过 C207 滤波产生直流取样电压。该电压通过 R223 限流、C8 滤波后，加到微处理器 IC301 的⑱脚。当压缩机电流正常时，BT201 次级绕组输出的电流在正常范围，使 IC301 的⑱脚输入的电压正常，IC301 将该电压与存储器 IC303 内存储的数据比较后，判断压缩机运行电流正常，输出控制信号使压缩机正常工作。当压缩机运行电流超过设定值后，BT201 次级绕组输出的电流增大，经整流、滤波后使 IC301 的⑱脚输入的电压升高，IC301 将该电压与存储器 IC303 内存储的压缩机过流数据比较后，判断压缩机过流，则输出控制信号使压缩机停止工作，实现压缩机过流保护。

三、室内机、室外机通信电路

该机的通信电路由市电供电系统、室内微处理器 IC101、室外微处理器 IC301 和光耦合器 IC201、IC202、PC400、PC402 等元器件构成，如图 8-3、图 8-6 所示。

1. 供电

市电电压通过 R502 限流，再通过 D503 半波整流、C503 滤波产生 140V 左右的直流电压，加到光耦合器 PC400 的⑤脚，为它内部的光敏管供电。

2. 工作原理

（1）室外接收、室内发送

室外接收、室内发送期间，室外微处理器 IC301 的㊾脚输出低电平控制信号，室内微处理器 IC101 的㉒脚输出数据信号（脉冲信号）。由于 IC301 的㊾脚的电位为低电平，光耦合器 PC400 内的发光管开始发光，PC400 内的光敏管受光照后开始导通，从它④脚输出的电压为 PC402 内的发光管供电。同时，IC101 的㉒脚输出的脉冲信号通过 IC201 耦合，数据信号从它的光敏管 c 极输出脉冲电压。该电压通过 R205、D201、SI、D501、R503 加到 PC402 的② 脚，经 PC402 耦合后，从它④脚输出的数据信号通过 R405 限流、C208 滤波后加到 IC301 的 ㉖脚，IC301 接收到 IC101 的控制信号后，就会控制室外机机组进入需要的工作状态，从而完成室外接收、室内发送控制。

（2）室外发送、室内接收

室外发送、室内接收期间，室内微处理器 IC101 的㉖脚输出低电平控制信号，室外微处理器 IC301 的㊾脚输出脉冲信号。IC101 的㉖脚电位为低电平时，IC201 内的发光管开始发光，IC201 内的光敏管受光照后开始导通，从它 e 极输出的电压为 IC202 内的发光管供电。同时，IC301 的㊾脚输出的数据信号通过 PC400 的耦合，从它④脚输出的脉冲信号经 R506、R503、D501、SI、D201、R205 隔离限流，再经 IC201 的耦合，从它光敏管 c 极输出的脉冲通过 R307 限流、C311 滤波后加到 IC101 的㉗脚后，IC101 接收到 IC301 的数据信号后，就可以掌握室外机的运行状态，以便做进一步处理，从而完成了室外发送、室内接收控制。

 提示 只有通信电路正常，室内微处理器和室外微处理器进行数据传输后，整机才能工作，否则会进入通信异常保护状态，同时显示屏显示通信异常的故障代码。

四、压缩机电机驱动电路

该机的压缩机电机驱动电路以开关电源和室外微处理器、功率模块为核心构成，如图 8-7 所示。

1. 开关电源

参见图 8-7，室外机采用以开关管 DQ1、开关变压器 BT1 为核心构成的并联型自激式开关电源为功率模块的驱动电路提供 15V 工作电压，同时它还输出 12V 电压。12V 电压通过连接器输出到室外机电路板，不仅为继电器、驱动块等电路供电，而且通过稳压器输出 5V 电压，为微处理器、存储器等电路供电。

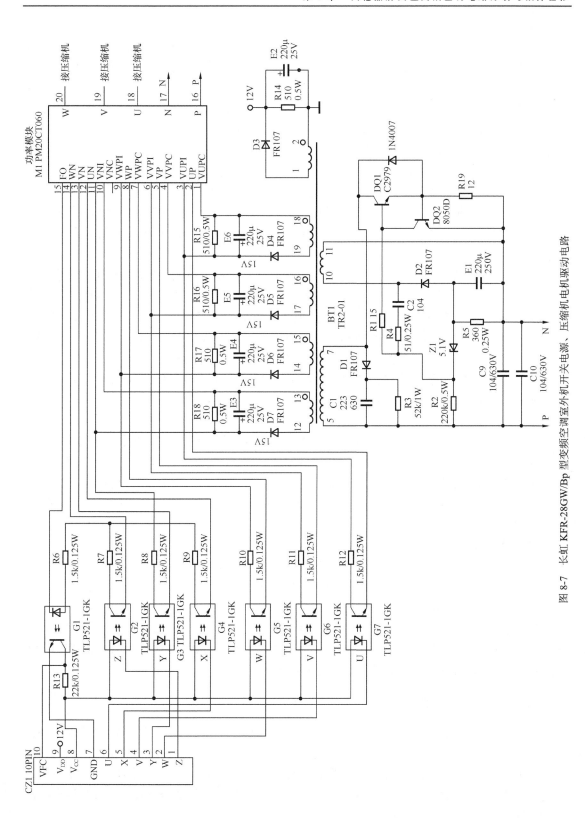

图 8-7　长虹 KFR-28GW/Bp 型变频空调室外机开关电源、压缩机电机驱动电路

（1）功率变换

连接器 P、N 输入的 300V 左右直流电压不仅经开关变压器 BT1 的初级绕组（5-7 绕组）为开关管 DQ1 供电，而且通过启动电阻 R2 限流，利用稳压管 Z1 和 R5 稳压获得启动电压。该电压经 R1 限流后为 DQ1 提供启动电流，使 DQ1 启动导通。开关管 DQ1 导通后，它的 c 极电流使 5-7 绕组产生⑤脚正、⑦脚负的电动势，正反馈绕组（10-11 绕组）感应出⑩脚正、⑪脚负的脉冲电压。该电压经 C2、R4、R1、DQ1 的 be 结、R19 构成正反馈回路，使 DQ1 因正反馈雪崩过程迅速进入饱和导通状态，它的 c 极电流不再增大，因电感中的电流不能突变，于是 5-7 绕组产生反相的电动势，致使 10-11 绕组相应产生反相的电动势。该电动势通过 C2、R1 使 DQ1 迅速截止。DQ1 截止后，BT1 存储的能量通过次级绕组开始输出。随着 BT1 存储的能量释放到一定的程度，BT1 各个绕组产生反相电动势，于是 10-11 绕组产生的脉冲电压经 C2、R4 再次使 DQ1 进入饱和导通状态，形成自激振荡。

开关电源工作后，开关变压器 BT1 次级绕组输出的电压经整流、滤波后产生多种直流电压。其中，12-13 绕组输出的脉冲电压通过 D7 整流、E3 滤波产生 15V 电压，14-15 绕组输出的脉冲电压通过 D6 整流、E4 滤波产生 15V 电压，16-17 绕组输出的脉冲电压通过 D5 整流、E5 滤波产生 15V 电压，18-19 绕组输出的脉冲电压通过 D4 整流、E6 滤波产生 15V 电压，1-2 绕组输出的脉冲电压通过 D3 整流、E2 滤波产生 12V 电压。

开关变压器 BT1 的 5-7 绕组两端并联的 D1、R3、C1 组成尖峰脉冲吸收回路。该电路在 DQ1 截止瞬间将尖峰脉冲有效地吸收，从而避免了 DQ1 过压损坏。

（2）稳压控制

当市电电压升高或负载变轻，引起开关变压器 BT1 各个绕组产生的脉冲电压升高时，10-11 绕组升高的脉冲电压经 D2 整流、滤波电容 E1 滤波获得的取样电压（负压）相应升高，使稳压管 Z1 击穿导通加强，为开关管 DQ1 的 b 极提供负电压，使 DQ1 提前截止，DQ1 导通时间缩短，BT1 存储的能量下降，开关电源输出电压下降到正常值，实现稳压控制。反之，稳压控制过程相反。

（3）过流保护

当负载异常或稳压控制电路异常，导致开关管 DQ1 过流时，在取样电阻 R1 两端产生的电压升高。当该电压超过 0.6V 后 DQ2 导通，使 DQ1 截止，过流消失，实现过流保护。

2．压缩机驱动电路

该机的压缩机驱动电路采用的是功率模块 PM20CT060，所以该电路还采用了 7 块光耦合器进行激励信号和保护信号的传输。该电路工作原理与海信 KFR-2801GW/Bp、KFR-3601GW/Bp 型变频空调的功率模块电路基本一样，这里不再介绍。

五、制冷、制热控制电路

该机的制冷、制热控制电路由温度传感器、室内微处理器 IC101、室外微处理器 IC301、存储器、室温传感器、室内盘管传感器、功率模块 PM20CT060、压缩机、四通阀、供电继电器 RL504、风扇电机及其供电电路等元器件构成。电路如图 8-3、图 8-6 所示。风扇电机电路在前面已作介绍，这里不再介绍。室温传感器、室内盘管传感器都是负温度系数热敏电阻，它们在图 8-3 中未画出。

1. 制冷控制

当室内温度高于设置的温度时，CZ202 外接的室温传感器的阻值减小，5V 电压通过该电阻与 R342 取样后产生的电压增大。该电压通过 R333 限流，再通过电容排 C302 内的一个电容滤波，为室内微处理器 IC101 的⑤脚提供的电压升高。IC101 将该电压数据与它内部存储器固化的不同温度的电压数据比较后，识别出室内温度，确定空调需要进入制冷状态。此时，它的㉓脚输出室内风扇电机驱动信号，使室内风扇电机运转，同时通过通信电路向室外微处理器 IC301 发出制冷指令。IC301 接到制冷指令后，第一路通过㊻、㊽、㊾脚输出室外风扇电机供电信号，使室外风扇电机运转；第二路通过㊺脚输出低电平控制电压，该电压经驱动块 IC401（TD62003）④脚内的非门倒相放大后，使它的⑬脚电位为高电平，不能为继电器 RL504 的线圈提供电流，RL504 内的触点释放，不能为四通阀的线圈供电，四通阀的阀芯不动作，使系统工作在制冷状态，即室内热交换器用作蒸发器，而室外热交换器用作冷凝器；第三路通过④～⑨脚输出驱动脉冲，通过功率模块放大后，驱动压缩机运转，开始制冷。随着压缩机和各个风扇电机的不断运行，室内的温度开始下降。室温传感器的阻值随室温下降而增大，为 IC101 的⑤脚提供的电压逐渐减小，IC101 识别出室内温度逐渐下降，通过通信电路将该信息提供给 IC301，于是 IC301 的④～⑨脚输出的驱动信号的占空比减小，使功率模块输出的驱动脉冲的占空比减小，压缩机降频运转。当温度达到要求后，室温传感器将检测的结果送给 IC101，IC101 判断出室温达到制冷要求，不仅使室内风扇电机停转，而且通过通信电路让 IC301 输出停机信号，切断室外风扇电机的供电回路，使它停止运转，而且使压缩机停转，制冷工作结束，进入保温状态。随着保温时间的延长，室内的温度逐渐升高，使室温传感器的阻值逐渐减小，为 IC101⑤脚提供的电压再次增大，重复以上过程，空调再次工作，进入下一轮的制冷工作状态。

2. 制热控制

制热控制与制冷控制基本相同，主要的不同点：①当室内微处理器 IC101 通过⑤脚输入的电压识别出室内温度，不仅通过通信电路告知室外微处理器 IC301，而且通过一定时间的延迟后，输出控制信号使室内风扇电机旋转，以免制热初期向室内吹冷风，延时时间受室内盘管温度传感器的控制；②IC301 接收到需要加热的指令后，通过㊺脚输出高电平控制电压，该电压通过驱动块 IC401④脚内的非门倒相放大后，使它的⑬脚电位为低电平，通过 R412 为 RL504 的线圈提供电流，使 RL504 内的触点闭合，能为四通阀的线圈供电，四通阀的阀芯动作，改变制冷剂的流向，使系统工作在制热状态，即室内热交换器用作冷凝器，而室外热交换器用作蒸发器。

六、常见故障检修

1. 整机不工作

整机不工作指插好电源线后室内机上的指示灯、显示屏不亮，并且用遥控器也不能开机。该故障主要是由于室内机电源电路、微处理器电路异常所致。故障原因根据有无 5V 供电又有所不同，没有 5V 供电，说明市电输入系统、室内机电路板上的电源电路异常；若 5V 供电正常，说明微处理器电路异常。整机不工作，无 5V 供电的故障检修流程如图 8-8 所示；整机不工作，有 5V 供电的故障检修流程如图 8-9 所示。

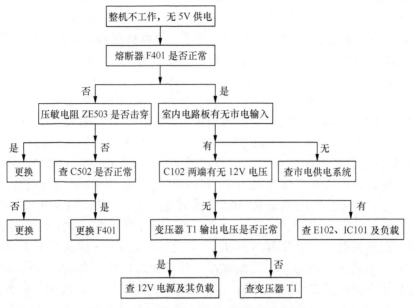

图 8-8 整机不工作，无 5V 供电故障检修流程

提示　如果变压器 T1 的初级绕组开路，必须要检查整流管 D102～D104、E101、C102 是否击穿或漏电，以免更换后的变压器再次损坏。

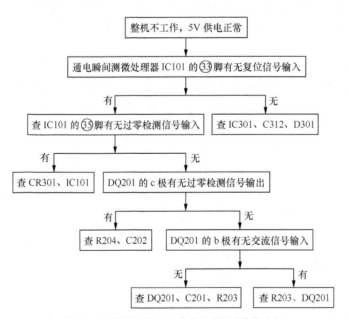

图 8-9 整机不工作，5V 供电正常故障检修流程

2. 显示供电异常故障代码

该故障的主要原因：①市电电压异常；②电源插座、电源线异常；③市电检测电路异常；④微处理器 IC301 或存储器 IC303 异常。该故障检修流程如图 8-10 所示。

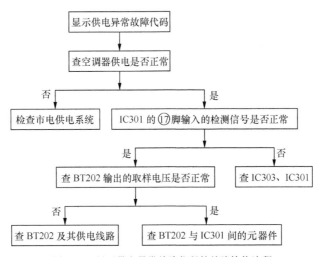

图 8-10　显示供电异常故障代码的故障检修流程

3. 显示室温传感器异常故障代码

该故障的主要原因：①室温传感器阻值偏移；②连接器的插头接触不好；③阻抗信号/电压信号变换电路的电阻变值、电容漏电；④室内微处理器 IC101 异常。该故障检修流程如图 8-11 所示。

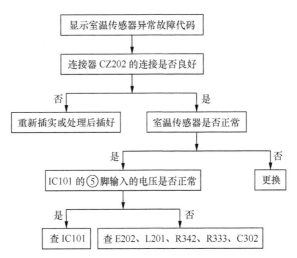

图 8-11　显示室温传感器异常故障代码的故障检修流程

 提示　室温传感器或 E202、L201、R342、R333、C302 异常还会产生制热、制冷温度异常的故障。显示其他温度传感器异常故障代码的故障和该故障的检修流程一样，维修时，可参考该流程。

---

4. 显示室内风扇电机异常故障代码

该故障的主要原因：①室内风扇电机异常；②室内风扇电机供电电路异常；③室内风扇电机反馈电路异常；④市电过零检测电路异常；⑤室内微处理器异常。该故障检修流程如

图 8-12 所示。

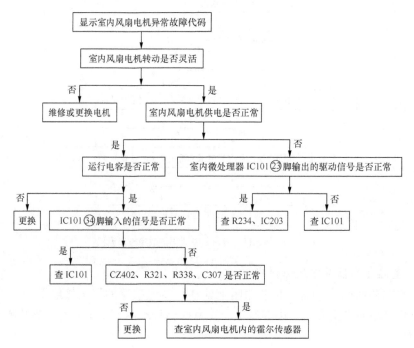

图 8-12　显示室内风扇电机异常故障代码的故障检修流程

　提示　怀疑室内风扇电机不运转是由于微处理器 IC101 无市电过零检测信号输入引起时，可按图 8-9 所示流程检查市电过零检测电路。

5. 显示通信异常故障代码

该故障的主要原因：①附近有较强的电磁干扰；②室内机与室外机的连线异常；③室外机供电电路异常；④室内机电脑板的微处理器异常；⑤室外机电路板的电源电路异常；⑥室外微处理器电路异常；⑦300V 供电电路异常；⑧功率模块电路异常；⑨通信电路异常。该故障检修流程如图 8-13、图 8-14 所示。

　方法与技巧　维修室外电路板时也可以用 12V 直流稳压电源为 5V 稳压器 V101 供电，这样 V101 就可以在室外机不输入市电电压的情况下，为微处理器电路提供 5V 供电，从而方便了检修工作。

　方法与技巧　二极管 D1～D7、稳压管 Z1 是否正常通常在路测量就可以确认。若性能差时，最好采用相同参数的快速整流管或稳压管代换检查，以免误判。

　注意　若手头没有电容表，电容 E1 最好采用相同的电解电容代换检查，以免误判，导致开关管或功率模块过压损坏。

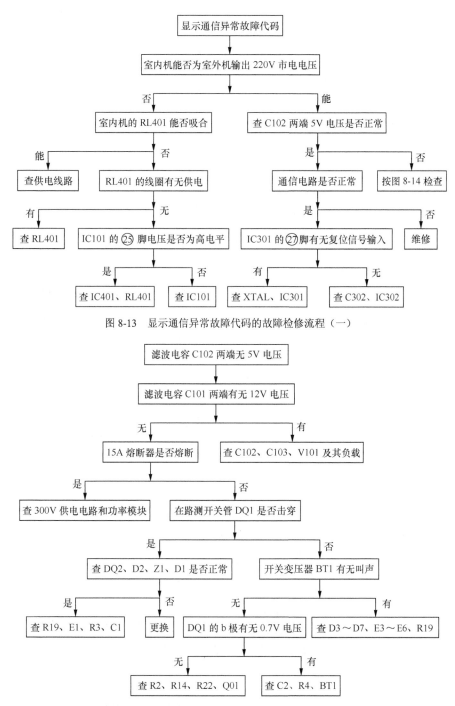

图 8-13　显示通信异常故障代码的故障检修流程（一）

图 8-14　显示通信异常故障代码的故障检修流程（二）

6. 显示压缩机过流故障代码

该故障的主要原因：①制冷系统异常；②压缩机运转电流检测电路异常；③压缩机异常；④功率模块异常；⑤室外微处理器 IC301 或存储器 IC303 异常。该故障检修流程如图 8-15 所示。

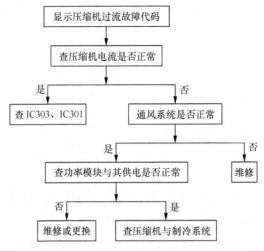

图 8-15　显示压缩机过流故障代码的故障检修流程

7. 显示压缩机排气管温度过高故障代码

该故障的主要原因：①制冷系统异常；②压缩机排气管温度检测电路异常；③压缩机异常；④存储器 IC303 或室外微处理器 IC301 异常。该故障检修流程如图 8-16 所示。

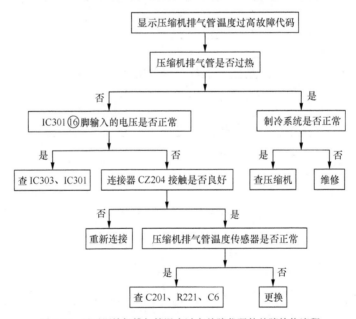

图 8-16　显示压缩机排气管温度过高故障代码的故障检修流程

第 2 节　新科 KFR-28GW/Bp 型变频空调

新科 KFR-28GW/Bp 型变频空调电路也是由室内机电路、室外机电路及其通信电路构成的。

一、室内机电路

室内机电路由电源电路、微处理器电路、室内风扇电机驱动电路、室外机供电电路等构成，如图 8-17 所示。

1. 电源电路

如图 8-17 所示，该机的室内机电源电路采用以变压器 T、整流堆 B101、稳压器 IC109 和 IC110 为核心构成的变压器降压式直流稳压电源电路。

插好空调的电源线后，220V 市电电压通过熔丝管（熔断器）FN101 输入，再经高频滤波电容 C113 滤除市电电网中的高频干扰脉冲，利用连接器 CN105/CN106 输入到电源电路。市电通过变压器 T 降压后，从它的次级绕组输出 15V 左右（与市电电压高低成正比）的交流电压。该电压不仅送到市电过零检测电路，而且通过整流堆 B101 桥式整流，再通过滤波电容 E109、C121 滤波产生 21V 左右的直流电压，该电压通过三端稳压器 IC109（LM7812CT）稳压输出 12V 电压。12V 电压不仅为电磁继电器、驱动块等电路供电，而且利用三端稳压器 IC110（LM7805CT）稳压输出 5V 电压，再通过 E111、C123 滤波后，为室内微处理器和相关电路供电。

市电输入回路并联的 NR102 是压敏电阻，市电电压正常时 NR102 相当于开路，不影响电路工作。当市电电压过高时 NR102 击穿短路，使 FN101 过流熔断，切断市电输入回路，从而避免了电源电路的元器件过压损坏。

2. 市电过零检测电路

如图 8-17 所示，变压器 T 次级绕组输出的交流电压通过 R123、R124 和 R117 分压限流、C110 滤除高频干扰后，加到三极管 9013 的 b 极，经它放大，从它的 c 极输出 50Hz 市电过零检测信号，即同步控制信号。该信号作为基准信号加到微处理器 IC104（80C196）的(51)脚。IC104 对(51)脚输入的信号检测后，确保室内风扇电机供电回路中的固态继电器 IC102 内的双向晶闸管在市电过零点处导通，从而避免了它在导通瞬间可能因过流损坏，实现晶闸管导通的同步控制。

3. 微处理器电路

（1）微处理器基本工作条件电路

微处理器正常工作需具备 5V 供电、复位、时钟振荡正常这 3 个基本条件。

5V 供电：插好空调的电源线，待室内机电源电路工作后，由其输出的 5V 电压经电容滤波后加到微处理器 IC104 的供电端③、⑪脚，为 IC104 供电。

复位：该机的复位电路以微处理器 IC104 和复位芯片 IC108 为核心构成。开机瞬间，5V 电源电压在滤波电容的作用下逐渐升高，当该电压低于 4.6V 时，IC108 的输出端③脚输出低电平电压，该电压经 E108 滤波，加到 IC104 的(52)脚，使 IC104 内的存储器、寄存器等电路清零复位。随着 5V 电源电压的逐渐升高，当其超过 4.6V 后，IC108 的③脚输出高电平电压，加到 IC104 的(52)脚后，IC104 内部电路复位结束，开始工作。正常工作后，IC104 的(52)脚电位几乎与供电相同。

时钟振荡：微处理器 IC104 得到供电后，它内部的振荡器与(59)、(60)脚外接的晶振 IC107 通过振荡产生 12MHz 的时钟信号。该信号经分频后协调各部位的工作，并作为 IC104 输出各种控制信号的基准脉冲源。

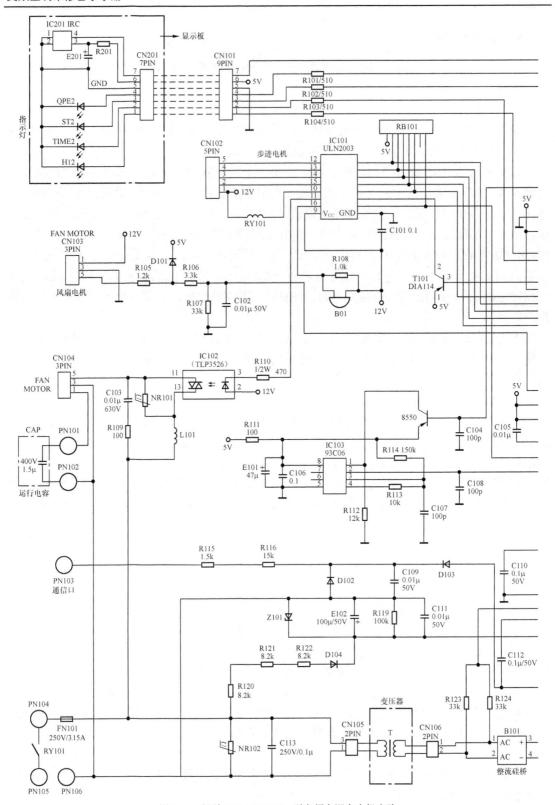

图 8-17　新科 KFR-28GW/Bp 型变频空调室内机电路

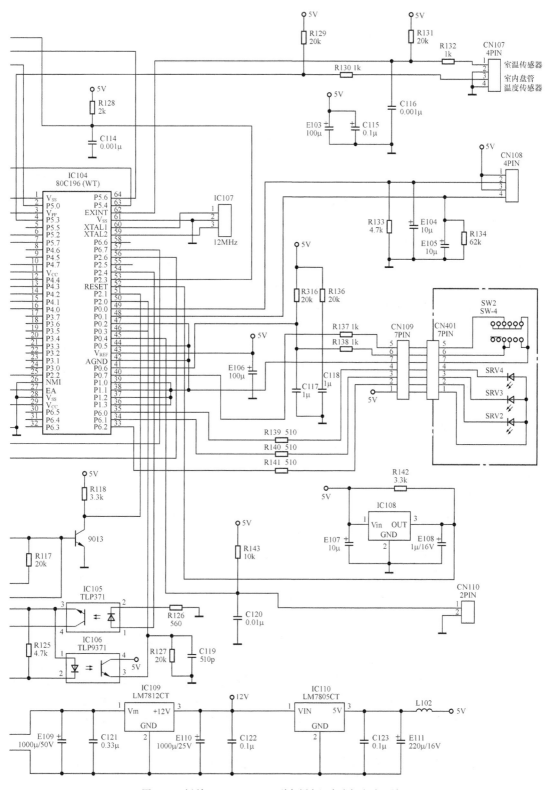

图 8-17　新科 KFR-28GW/Bp 型变频空调室内机电路（续）

（2）存储器电路

由于变频空调不仅需要存储与温度相对应的电压数据，还要存储室内风扇转速、故障代码、压缩机 F/V 控制、显示屏亮度等信息，所以需要设置电可擦可编程只读存储器（E2PROM）IC103。下面以调整室内风扇电机转速为例进行介绍。

如图 8-17 所示，进行室内风扇电机转速调整时，微处理器 IC104 通过片选信号发出控制信号，再利用数据线从存储器 IC103 内读取数据后，改变其驱动信号的占空比，也就改变了室内电机供电电压的高低，从而实现电机转速的调整。

（3）遥控操作

微处理器 IC104 的㉝脚是遥控信号输入端，连接器 CN201/CN101 外接遥控接收组件 IC201。用遥控器对该机进行温度调节等操作时，IC201 将红外信号进行解码、放大后，通过 CN201/CN101 送入室内机电路板。该信号加到 IC104 的㉝脚，IC104 对㉝脚输入的信号进行处理后，控制相关电路进入用户所需要的工作状态。

（4）应急操作电路

应急开关通过连接器 CN110 与室内电路板连接。当按下应急开关后，IC104 的㊺脚提供低电平的控制信号，IC104 控制该机进入应急控制状态。

（5）蜂鸣器电路

参见图 8-17，蜂鸣器电路由微处理器 IC104、驱动块 IC101、蜂鸣器 B01 等构成。

进行遥控操作时，IC104㊼脚输出的脉冲信号通过驱动块 IC101 内部的非门倒相放大后，从它的⑯脚输出，加到蜂鸣器 B01 的两端，驱动蜂鸣器鸣叫，表明操作信号已被 IC104 接收。

4. 室内风扇电机电路

参见图 8-17，室内风扇电机电路由室内微处理器 IC104、放大管 T101、光耦合器 IC102、风扇电机等元器件构成。室内风扇电机的速度调整有手动调节和自动调节两种方式。

（1）手动调节

当用户通过遥控器降低风速时，遥控器发出的信号被微处理器 IC104 识别后，其⑩脚输出的控制信号的占空比减小，通过 T101 倒相放大，为 IC101 提供的信号的占空比增大，再通过 IC101 内的非门倒相放大后，为光耦合器 IC102 内的发光管提供的导通电流减小，发光管发光减弱，为光控晶闸管提供的触发电流减小，光控晶闸管导通程度减小，为室内风扇电机提供的电压减小，室内风扇电机转速下降。反之，控制过程相反。

（2）自动调节

自动调节方式有两种：一种是 PG 脉冲调节方式，另一种是温度控制方式。

① PG 脉冲调节方式

当室内风扇电机旋转后，它内部的霍尔传感器输出测速信号 PG。该脉冲信号通过连接器 CN103 的⑤脚输入到室内电路板，通过 R105、R106、R107 分压限流，利用 C102 滤波后加到微处理器 IC104 的㉕脚。当电机的转速高时，PG 脉冲的个数就增多，也就是 PG 脉冲的频率升高，被 IC104 识别后判断电机转速过高，IC104 的㉕脚输出的控制信号的占空比减小，如上所述，室内风扇电机转速下降。反之，控制过程相反。

提示　二极管 D101 是钳位二极管，它的作用是防止 IC104 的㉕脚输入的电压超过 5.4V 而过压损坏。

若 IC104 的㉕脚没有 PG 脉冲输入，IC104 会判断室内风扇电机异常，发出指令使该机停止工作，并通过显示屏显示故障代码。

② 温度控制方式

温度控制方式电路由微处理器 IC104、连接器 CN108 的②脚和④脚外接的室温传感器、室内盘管温度传感器等元器件构成。该电路和其他变频空调的室内风扇控制原理相同，这里不再介绍。

5. 导风电机电路

参见图 8-17，该机的导风电机电路由微处理器 IC104、驱动块 IC101、步进电机等构成。

在室内风扇运转期间，若需要使用导风功能时，按遥控器上的"风向"键，被微处理器 IC104 识别后，它从⑬～⑯脚输出的激励脉冲信号经 IC101 内的 4 个非门倒相放大，从 IC101 的⑫～⑮脚输出，再经连接器 CN102 驱动步进电机旋转，带动室内机上的风叶摆动，实现大角度、多方向送风。

6. 室外机供电电路

参见图 8-17，室外机供电电路由室内微处理器 IC104、继电器 RL101、驱动块 IC101 构成。

当室内微处理器 IC104 工作后，其⑫脚发出室外机供电的高电平控制信号经驱动块 IC101 内部的非门倒相放大，为继电器 RY101 的线圈提供导通电流，使 RY101 内的触点闭合，接通室外机的供电回路，为室外机电路供电。

二、室外机电路

室外机电路由电源电路、微处理器电路、室外风扇电机驱动电路、压缩机驱动电路等构成，如图 8-18 所示。

1. 供电电路

300V 供电电路由限流电阻 R201、电流互感器 T202、桥式整流堆 ZR、滤波电容 E201、继电器 RY204 等构成，而 12V 电源由功率模块电路板上的开关电源产生。

市电电压通过 C201、L201、C202、C203、C204 组成的共模、差模滤波器滤除高频干扰后，通过 T202 的初级绕组输入到 300V 供电电路。首先，通过 R201 限流，再经整流堆 ZR 整流，利用 E201 滤波产生 300V 电压。市电输入回路的压敏电阻 NR201、NR203 是为防止市电过高损坏 300V 供电电路、功率模块而设置的，NR202 和 DSA-201 是为防止雷电给室外机带来危害而设置的。C205、D201、L202 可校正功率因数，从而提高了 300V 供电电路的工作效率。

300V 电压不仅为功率模块的功率管供电，而且为功率模块电路板上的开关电源供电。开关电源工作后，产生 15V 和 12V 两种电压。15V 电压为功率模块的驱动电路供电，而 12V 电压通过 CN201 返回到室外机电路板。

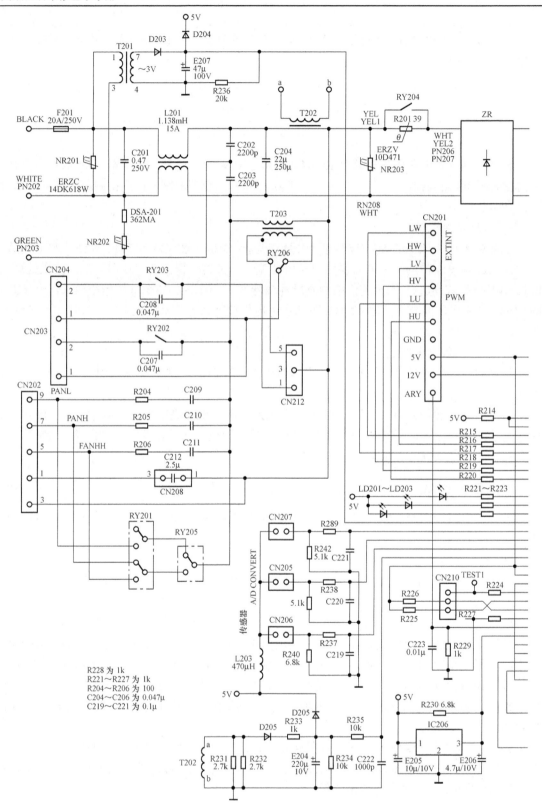

图 8-18　新科 KFR-28GW/Bp 型变频空调室外机电路

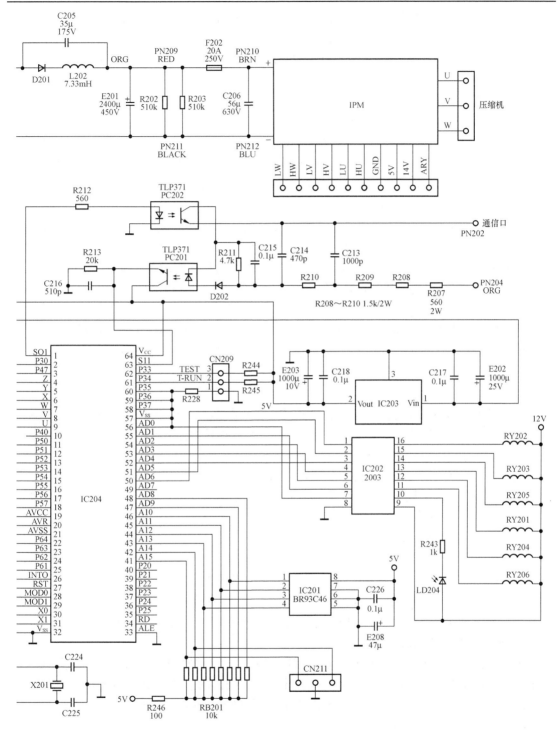

图 8-18 新科 KFR-28GW/Bp 型变频空调室外机电路（续）

2. 限流电阻及其控制电路

因为 300V 供电的滤波电容 E201 的容量较大（达到 2400μF），所以它的初始充电电流较大，为了防止它充电初期产生的大充电电流导致整流堆、熔丝管等元器件过流损坏，该机通过 39Ω 的热敏电阻 R201 来限制该冲击大电流。当 E201 充电结束后，室外微处理器 IC204 的⑸脚输出的高电平控制信号经驱动块 IC202⑤、⑫脚内的非门倒相放大后，为继电器 RY204 的线圈提供导通电流，使 RY204 内的触点闭合，将 R201 短接，实现限流电阻控制。

3. 微处理器电路

（1）微处理器基本工作条件电路

微处理器正常工作需具备 5V 供电、复位、时钟振荡正常这 3 个基本条件。

5V 供电：插好空调的电源线，待室外机的功率模块电路板上的开关电源工作后，由其输出的 12V 电压通过 CN201 返回到室外机电路板后，不仅为驱动块 IC202 和继电器等供电，而且通过 C217、E202 滤波后，利用 5V 稳压器 IC203 产生 5V 电压。5V 电压经 E203、C218 滤波后加到微处理器 IC204 供电端⑭脚，为它供电。

复位：该机的复位电路以微处理器 IC204 和复位芯片 IC206 为核心构成。开机瞬间，5V 电源电压在滤波电容的作用下逐渐升高，当该电压低于 4.6V 时，IC206 的输出低电平电压，该电压经 E206 滤波，加到 IC204 的㉗脚，使 IC204 内的存储器、寄存器等电路清零复位。随着 5V 电源电压的逐渐升高，当其超过 4.6V 后，IC206 的输出端输出高电平电压，加到 IC204 的㉗脚后，IC204 内部电路复位结束，开始工作。

时钟振荡：微处理器 IC204 得到供电后，它内部的振荡器与㉚、㉛脚外接的晶振 X201 和移相电容 C224、C225 通过振荡产生时钟信号。该信号经分频后协调各部位的工作，并作为 IC204 输出各种控制信号的基准脉冲源。

（2）存储器电路

由于变频空调不仅需要存储与温度相对应的电压数据，还要存储室外风扇转速、故障代码、压缩机 F/V 控制等信息，所以需要设置电可擦可编程只读存储器（E2PROM）IC201。下面以调整室外风扇电机转速为例进行介绍。

微处理器 IC204 通过片选信号 CS、数据线 SI/SO 和时钟线 SCK 从存储器 IC201 内读取数据后，改变其风扇电机端子输出的控制信号，为电机的不同端子供电，就可以实现电机转速的调整。

4. 室外风扇电机电路

参见图 8-18，室外风扇电机电路由微处理器 IC204、驱动块 IC202、风扇电机及其供电继电器 RY201 和 RY205，以及室外温度传感器、室外盘管温度传感器等元器件构成。RY201、RY205 的工作状态受 IC204 的㉒、㉓脚输出的控制信号的控制。工作原理与海信 KFR-2801GW/Bp 型变频空调的室外风扇电机控制原理基本相同，这里不再介绍。

5. 市电电压检测电路

为了防止市电电压过高给电源电路、功率模块、压缩机等元器件带来危害，该机设置了由室外微处理器 IC204、电压互感器 T203 等构成的市电电压检测电路，如图 8-18 所示。该电路原理和长虹 KFR-28GW/Bp 型变频空调的工作原理基本相同，这里不再介绍。

6. 压缩机电流检测电路

参见图 8-18，为了防止压缩机过流损坏，该机设置了以微处理器 IC204、电流互感器 T201、整流管 D205 为核心构成的压缩机电流检测电路。

一根电源线穿过 T202 的磁芯，这样 T202 就可以对压缩机的运行电流进行检测。T202 的次级绕组感应出与电流成正比的交流电压，该电压经 D205 半波整流，再经 R233 限流，通过 E204 滤波产生直流取样电压。该电压通过 R235 限流、C222 滤波后，加到微处理器 IC204 的⑱脚。当压缩机电流正常时，T202 次级绕组输出的电流在正常范围，使 IC204 的⑱脚输入的电压正常，IC204 将该电压与存储器 IC201 内存储的数据比较后，判断压缩机运行电流正常，输出控制信号使压缩机正常工作。当压缩机运行电流超过设定值后，T202 次级绕组输出的电流增大，经整流、滤波后使 IC204 的⑱脚输入的电压符合 IC201 内存储的压缩机过流值后，IC204 确认压缩机过流，则输出控制信号使压缩机停止工作，实现压缩机过流保护。

7. 压缩机电机驱动电路

该机的压缩机电机驱动电路以功率模块为核心构成，如图 8-18 所示。

（1）工作原理

300V 电压加到功率模块后，不仅为它内部的功率管供电，而且功率模块电路板上的开关电源开始工作，产生 15V 电压为功率模块的驱动电路供电。

室外微处理器 IC204 的④～⑨脚输出功率模块驱动信号，通过 R215～R220 限流，再通过连接器 CN201 输出到功率模块电路，通过模块内的 W、V、U 三相驱动电路放大后，就可以驱动 6 个 IGBT 功率管工作在脉冲状态。这样，通过对驱动信号的控制，就可以使功率模块输出 3 路分别相差 120° 的脉冲电压，驱动压缩机电机运转。

（2）保护电路

功率模块内设置了过流、欠压、过热、短路保护电路。一旦发生欠压、过流、过热等故障，模块内部的保护电路动作，不仅切断模块输入的驱动信号，使模块停止工作，而且输出保护信号。该信号通过连接器 CN201 返回到室外电路板，再通过 C223 滤波后，加到微处理器 IC204 的㉖脚，被 IC204 识别后，控制该机停止工作，并通过指示灯显示故障代码，表明该机进入功率模块异常的保护状态。

三、通信电路

该机的通信电路由市电供电系统，室内微处理器 IC104，室外微处理器 IC204 和光耦合器 IC105、IC106、PC201、PC202 等构成，如图 8-17、图 8-18 所示。

1. 供电

市电电压通过 R120～R122 限流，再通过 D104 半波整流，利用 Z101 稳压、E102 滤波产生 24V 左右的直流电压，为光耦合器 IC105 内的光敏管供电。

2. 工作原理

（1）室外接收、室内发送

室外接收、室内发送期间，室外微处理器 IC204 的①脚输出高电平控制信号，室内微处理器 IC104 的�554脚输出数据信号（脉冲信号）。IC204①脚输出的高电平电压通过 R212 限流，使 PC202 内的发光管开始发光，PC202 内的光敏管受光照后开始导通，为 PC201 内的发光管提供导通回路。同时，IC104 的�554脚输出的脉冲信号通过 IC105 耦合，从它的光敏管的 e 极输出的脉冲电压经 R125、D103、R116、R115、PN103、R207～R210、D202 限流隔离，再通过 PC201 的耦合，从它光敏管的 e 极输出的数据信号通过 C216 滤波后，加到 IC204 的㉓脚，从而完成室外接收、室内发送控制。

（2）室外发送、室内接收

室外发送、室内接收期间，室内微处理器 IC104 的�554脚输出高电平控制信号，室外微处理器 IC204 的①脚输出脉冲信号。IC104 的(54)脚输出的高电平控制电压使 IC105 内的发光二极管发光，致使 IC105 内的光敏管导通，从它的 e 极输出的电压加到 IC106 的①脚。同时，IC204 的①脚输出的数据信号通过 R212 限流，再通过 PC202 耦合，从它的光敏管的 c 极输出的数据信号通过 R211～R207、R115、R116、D103 加到 IC106 的②脚，数据信号利用 IC106 耦合后从它的③脚输出。该数据信号通过 C119 滤波后，加到 IC104 的㊿脚，也就完成了室外发送、室内接收控制。

提 示 只有通信电路正常，室内微处理器和室外微处理器进行数据传输后，整机才能工作，否则会进入通信异常保护状态，同时显示屏显示通信异常的故障代码。

四、制冷、制热电路

该机的制冷、制热电路由温度传感器、室内微处理器 IC104、室外微处理器 IC204、存储器、功率模块、压缩机、四通阀及其供电继电器 RY203、风扇电机及其供电电路等元器件构成，如图 8-17、图 8-18 所示。风扇电机电路在前面已作介绍，这里不再介绍。

1. 制冷电路

当室内温度高于设置的温度时，CN108②脚外接的室温传感器的阻值减小，5V 电压通过该电阻与 R133 取样后产生的电压增大，通过 E104 滤波，为 IC104 的㊾脚提供的电压升高。IC104 将该电压数据与它内部存储器固化的不同温度的电压数据比较后，识别出室内温度，确定空调需要进入制冷状态。此时，它的⑩脚输出室内风扇电机驱动信号，使室内风扇电机运转，同时通过通信电路向室外微处理器 IC204 发出制冷指令。IC204 接到制冷指令后，第 1 路通过(52)、(53)脚输出室外风扇电机供电信号，使室外风扇电机运转；第 2 路通过(51)脚输出低电平控制电压，该电压经驱动块 IC202②脚内的非门倒相放大后，使它的⑮脚电位为高电平，不能为继电器 RY203 的线圈提供电流，RY203 内的触点释放，不能为四通阀的线圈供电，四通阀使系统工作在制冷状态，即室内热交换器用作蒸发器，而室外热交换器用作冷凝器；第 3 路通过④～⑨脚输出驱动脉冲，通过功率模块放大后，驱动压缩机运转，开始制冷。随着压缩机和各个风扇电机的不断运行，室内的温度开始下降。室温传感器的阻值随室温下降而增大，为 IC104 的㊾脚提供的电压逐渐减小，IC104 识别出室内温度逐渐下降，通过通信电路将该信息提供给 IC204，于是 IC204 的④～⑨脚输出的驱动信号的占空比减小，使功率模块输出的驱动脉冲的占空比减小，压缩机降频运转。当温度达到要求后，室温传感器将检测的结果送给 IC104，IC104 判断出室温达到制冷要求，不仅使室内风扇电机停转，而且通过通信电路告诉 IC204，IC204 输出停机信号，切断室外风扇电机的供电回路，使它停止运转，而且使压缩机停转，制冷工作结束，进入保温状态。随着保温时间的延长，室内的温度逐渐升高，使室温传感器的阻值逐渐减小，为 IC104㊾脚提供的电压再次增大，重复以上过程，空调再次工作，进入下一轮的制冷工作状态。

2. 制热电路

制热控制与制冷控制基本相同，最主要的区别是四通阀供电和防冷风控制。制热期间，室外微处理器 IC204 的(51)脚输出高电平控制电压，该电压经驱动块 IC202②脚内的非门倒相放大后，使它的⑮脚电位为低电平，为继电器 RY203 的线圈提供电流，RY203 内的触点闭合，为四通阀的线圈供电,四通阀阀芯动作将系统切换在制热状态,即室内热交换器用作冷凝器;当室内盘管的温度升高到一定温度后,IC104 的⑩脚输出室内风扇电机驱动信号,使室内风扇电机运转,实现防冷风控制。

五、故障自诊功能

为了便于生产和维修,该机电路板具有故障自诊功能。当该机控制电路中的某一元器件发生故障时,被微处理器检测后,微处理器会控制室内机的指示灯显示故障代码,来提醒故障发生部位。指示灯显示的故障代码与含义如表 8-4 所示。

表 8-4　　　　　　　　　新科 KFR-28GW/Bp 型变频空调故障代码

故 障 代 码			含 　 义
闪烁	熄灭	熄灭	室内温度传感器异常
熄灭	闪烁	熄灭	室内盘管温度传感器异常
长亮	熄灭	熄灭	通信异常
长亮	长亮	长亮	室内风扇电机异常
熄灭	闪烁	闪烁	室外温度传感器异常
闪烁	熄灭	闪烁	室外盘管温度传感器开路或短路
闪烁	闪烁	闪烁	压缩机过流
闪烁	长亮	长亮	电压互感器异常
熄灭	熄灭	长亮	电流峰值关断
熄灭	长亮	熄灭	功率模块异常
闪烁	长亮	闪烁	制冷剂泄漏
熄灭	长亮	长亮	压缩机排气管过热
长亮	闪烁	长亮	市电电压异常
长亮	闪烁	闪烁	四通阀切换异常

六、常见故障检修

1. 整机不工作

整机不工作故障与长虹 KFR-28GW/Bp 型变频空调基本相同,如图 8-8、图 8-9 所示。

2. 显示室内盘管温度传感器异常故障代码

该故障的主要原因:①室内盘管温度传感器阻值偏移;②连接器的插头接触不好;③阻抗信号/电压信号变换电路的电阻变值、电容漏电;④室内微处理器 IC104 异常。该故障检修流程如图 8-19 所示。

 提示　显示其他温度传感器异常故障代码的故障和该故障的检修流程一样,维修时,可参考该流程。

----

3. 显示室内风扇电机异常故障代码

该故障的主要原因:①室内风扇电机异常;②室内风扇电机供电电路异常;③室内风扇电机反馈电路异常;④市电过零检测电路异常;⑤室内微处理器异常。该故障检修流程如

图 8-20 所示。

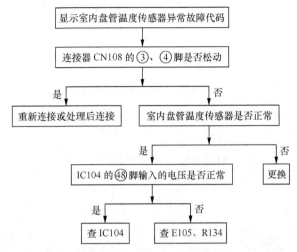

图 8-19　显示室内盘管温度传感器异常故障代码的故障检修流程

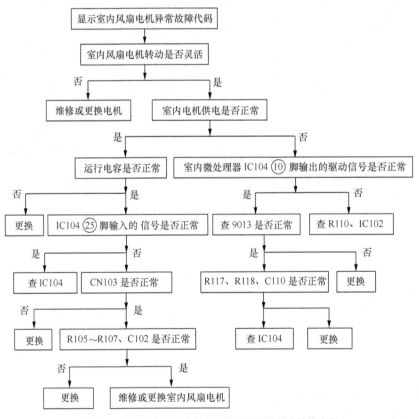

图 8-20　显示室内风扇电机异常故障代码的故障检修流程

4. 显示通信异常故障代码

　　该故障的主要原因：①附近有较强的电磁干扰；②室内机与室外机的连线异常；③室外机供电电路异常；④室内机电脑板的微处理器异常；⑤室外机电路板的电源电路异常；⑥室

外微处理器电路异常；⑦300V 供电电路异常；⑧功率模块电路异常；⑨通信电路异常。该故障检修流程如图 8-21 和图 8-22 所示。

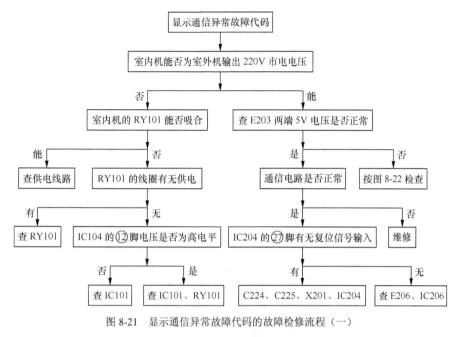

图 8-21　显示通信异常故障代码的故障检修流程（一）

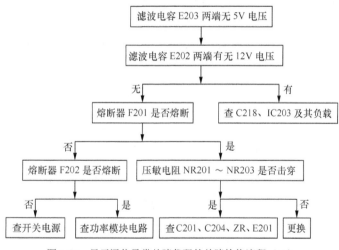

图 8-22　显示通信异常故障代码的故障检修流程（二）

方法
与
技巧

维修室外电路板时也可以用 12V 直流稳压电源为 5V 稳压器 IC203 供电，这样 IC203 就可以在室外机不输入市电电压的情况下，为微处理器电路提供 5V 供电，从而方便了检修工作。

方法
与
技巧

整流堆 ZR、压敏电阻 NR201～NR203 和滤波电容 E201 是否击穿在路测量就可以确认。若性能差时，最好采用相同参数的元器件代换检查，以免误判。

5. 显示压缩机过流故障代码

该故障的主要原因：①制冷系统异常；②压缩机运行电流检测电路异常；③压缩机异常；④功率模块异常；⑤室外微处理器 IC204 或存储器 IC201 异常。该故障检修流程如图 8-23 所示。

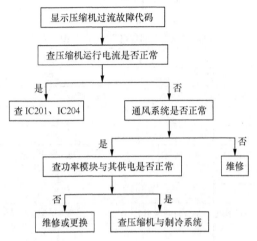

图 8-23　显示压缩机过流故障代码的故障检修流程

第 3 节　科龙 KFR-32GW/BpM 型壁挂式变频空调

科龙 KFR-32GW/BpM 型变频空调的电路由室内机电路、室外机电路及其通信电路构成，如图 8-24 所示。

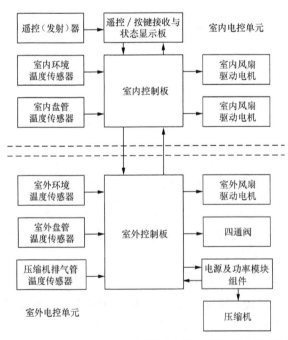

图 8-24　科龙 KFR-32GW/BpM 型壁挂式变频空调控制电路构成方框图

一、室内机电路

室内机电路由电源电路、微处理器电路、显示电路、室内风扇电机驱动电路等构成，如图 8-25 所示。该机室内机电路板以东芝公司生产的微处理器 TMP87C846（IC4）为核心构成，它的主要引脚功能如表 8-5 所示。由于该电路和海信 KFR-2801GW/Bp、KFR-3601GW/Bp 型变频空调的室内机控制电路基本相同，所以不再介绍。

表 8-5　　室内微处理器 TMP87C846 的主要引脚功能

引 脚 号	功 能	引 脚 号	功 能
①	I^2C 总线数据信号输入/输出	⑳	振荡器输出
②	I^2C 总线时钟信号输出	㉑	接地
③、⑨～⑪	悬空，未用	㉒	基准电压输入（接 5V 供电）
④	应急开关控制信号输入	㉓	室内环境温度检测信号输入
⑤～⑧	步进电机驱动信号输出	㉔	室内盘管温度检测信号输入
⑫	室内风扇电机驱动信号输出	㉛	风扇电机反馈信号输入
⑬	室外机供电控制信号输出	㉜	室外通信信号输入
⑭	指示灯 A 控制信号输出	㉝	遥控信号输入
⑮	指示灯 B 控制信号输出	㉞	蜂鸣器驱动信号输出
⑯	指示灯 C 控制信号输出	㊳	室内通信信号输出
⑱	复位信号输入	㊴	市电过零检测信号输入
⑲	振荡器输入	㊷	5V 供电

二、室外机电路

室外机电路由电源电路、微处理器电路、室外风扇电机驱动电路、压缩机驱动电路等构成，如图 8-26 所示。该机室外机电路板以微处理器 89857 为核心构成，它的引脚功能如表 8-6 所示。由于该电路和海信 KFR-2801GW/Bp、KFR-3601GW/Bp 型变频空调的室外机控制电路基本相同，所以不再介绍，请读者自行分析。

表 8-6　　室外微处理器 89857 的主要引脚功能

引 脚 号	功 能	引 脚 号	功 能
①	室外通信信号输出	㉗	复位信号输入
④～⑨	功率模块驱动信号输出	㉚、㉛	振荡器接晶振
⑭	市电电压检测信号输入	㉜	接地
⑮	室外温度传感器检测信号输入	㊳	指示灯 1 控制信号输出
⑯	室外盘管温度检测信号输入	㊴	指示灯 2 控制信号输出
⑰	排气管温度检测信号输入	㊵	指示灯 3 控制信号输出
⑱	压缩机电流检测信号输入	(51)	四通阀控制信号输出
⑲	模拟电路 5V 供电	(54)	室外风扇电机控制信号输出
⑳	基准电压输入（接 5V 供电）	(55)	限流电阻控制信号输出
㉑	模拟电路接地	(56)	指示灯 4 控制信号输出
㉔	压缩机过热检测信号输入	(63)	室内通信信号输入
㉖	功率模块异常保护信号输入	(64)	5V 供电

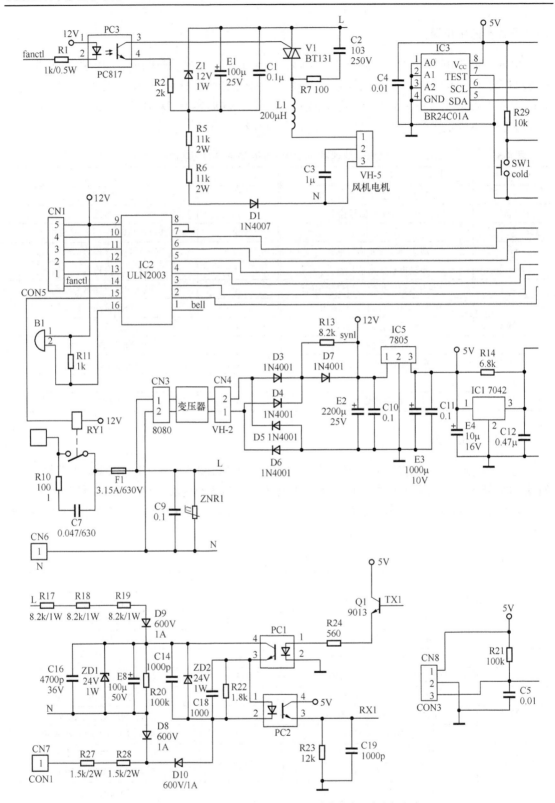

图 8-25　科龙 KFR-32GW/BpM 型壁挂式变频空调室内机电路

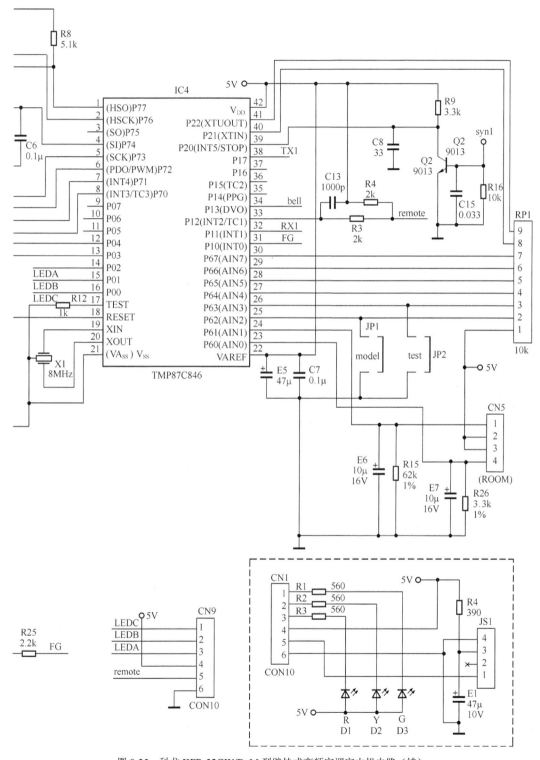

图 8-25　科龙 KFR-32GW/BpM 型壁挂式变频空调室内机电路（续）

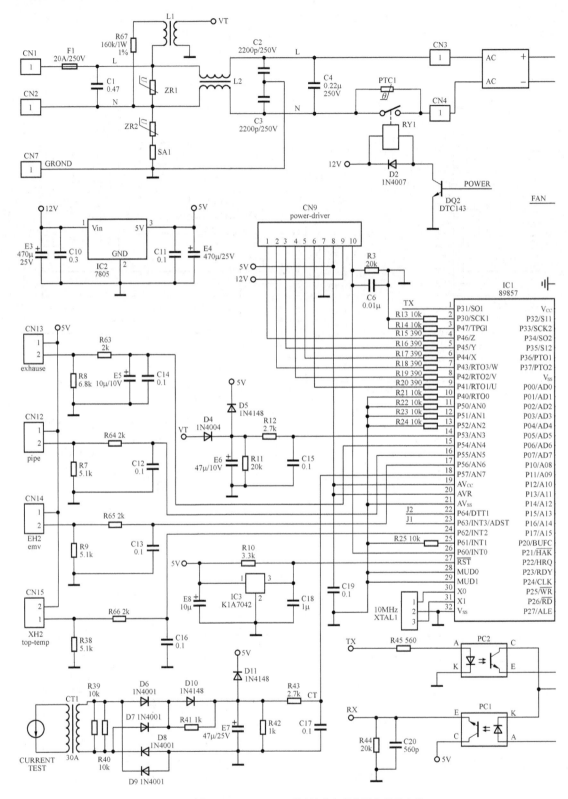

图 8-26　科龙 KFR-32GW/BpM 型壁挂式变频空调室外机电路

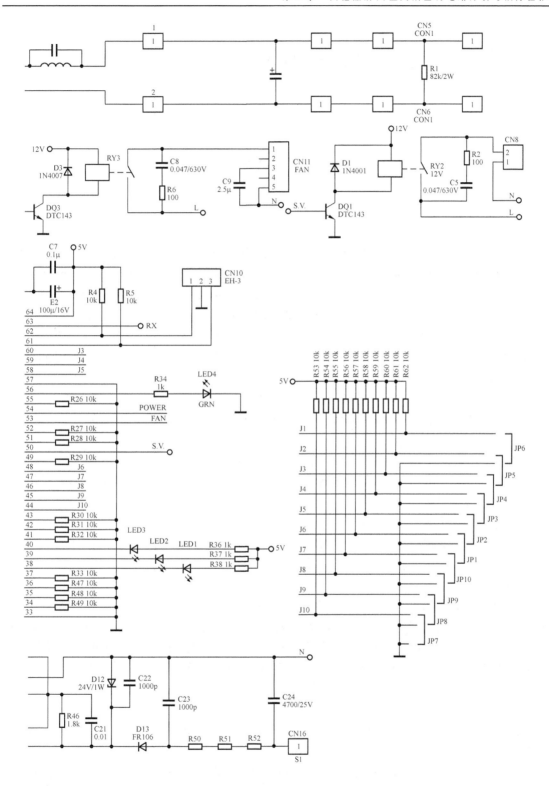

图 8-26　科龙 KFR-32GW/BpM 型壁挂式变频空调室外机电路（续）

第9章 变频空调典型故障检修实例

第1节 海尔变频空调

一、整机不工作

【例1】 海尔 KFR-25GW/Bp×2 型变频空调通电后指示灯、显示屏不亮，不能遥控开机

分析与检修：通过故障现象分析得知，怀疑市电供电系统、室内机的电源电路或微处理器电路异常。用万用表交流电压挡测量为该机供电的插座有 226V 市电电压，说明供电系统正常，故障发生在该机室内机的电源电路、微处理器电路。首先，测电源电路输出电压正常。检查室内微处理器电路时，发现微处理器 IC1 的供电正常，而在测它的复位端子⑱脚电压时，发现电压为低电平，说明复位电路异常。检查复位电路，发现复位芯片 IC3 异常，用 PST600D 更换后故障排除。

【例2】 海尔 KFR-36GW/BpF 型变频空调不启动，并且指示灯、显示屏不亮

分析与检修：通过故障现象分析，说明该机没有市电输入或室内机的电源电路、微处理器电路异常。

用万用表交流电压挡测为空调供电的插座有 223V 市电电压，说明供电系统正常，故障发生在空调的室内机电路上。首先，察看 3.15A 熔丝管正常，初步判断电源电路没有过流现象，测三端 5V 稳压器 IC7 输出端无 5V 电压，说明电源电路异常。测 IC7 的输入端也没有电压，说明开关电源未工作。测滤 C34 两端有 310V 直流电压，并且电源厚膜块 TOP232 的供电也正常，说明 TOP232 或相关元件异常，检查整流管 D4、D5 等元件正常，怀疑 TOP232 异常，更换后，开关电源恢复正常，故障排除。

【例3】 海尔 KFR-50LW/Bp 型变频空调不启动，并且指示灯、显示屏不亮

分析与检修：按例 2 的检修思路检查，发现故障也是因电源电路异常所致。测 V202 的输入端电压为 0，说明无市电输入或电源电路异常。检查电源变压器初级绕组有 AC 222V 电压输入，而它的次级绕组电压为 0，怀疑变压器损坏，测量它的初级绕组阻值为无穷大，确认它已损坏。用同规格的变压器更换后，12V、5V 电压恢复正常，故障排除。

二、保护性停机

【例4】 海尔 KFR-25GW/Bp×2 型变频空调工作不久就保护停机，并且运行灯灭，电源灯亮

分析与检修：开机观察室内风扇电机、室外风扇电机、压缩机均能运转，但压缩机有较大的"嗡嗡"声，几分钟后摸压缩机外壳烫手，怀疑因压缩机工作温度过高而停机保护。经询问用户得知，该机曾更换过功率模块 IPM，在更换 IPM 模块后就产生了该故障。因此，首

先检查 IPM 模块的接线，发现压缩机的白线、红线接反了（正常时，压缩机的 C、S、R 接线柱应分别接 IPM 模块的 W、V、U，即黑、白、红线）。把白线、红线调换后，压缩机温升恢复正常，低压压力降至 0.6MPa，故障排除。

由于维修人员将压缩机的 S、R 引线接反，压缩机不能正常运转，造成工作电流增大，导致压缩机过热而引起本例故障。

【例 5】　海尔 KFR-25GW/Bp×2 型变频空调工作 20min 后压缩机就停转，并且电源灯闪烁

分析与检修：通过故障现象分析，压缩机过热保护或室外机电路板有元件脱焊，检查电路板时，发现温度传感器的连接器引脚焊点脱焊，补焊后故障排除。

【例 6】　海尔 KFR-25GW/Bp×2 型变频空调工作不久就停转，指示灯为"闪、闪、灭"的方式显故障代码

分析与检修：通过故障现象分析，该机进入 AC 过流保护状态。故障原因：①300V 供电电路异常；②IPM 模块异常；③压缩机异常；④风扇电机异常；⑤过流检测电路异常；⑥微处理器电路异常。

测室外机输入的市电电压和 310V 直流电压全部正常，怀疑是 AC 过流检测电路或室外微处理器电路异常。开机瞬间，测室外微处理器⑫脚，压缩机过热保护端有保护信号输入，说明过流保护电路动作。检查过流保护电路时，发现 100Ω 的可调电阻 VR1 接触不良，更换并调整后，故障排除。

【例 7】　海尔 KFR-25GW/Bp×2 型变频空调开机就保护停机，运行灯一亮就灭

分析与检修：由于另一台室内机能正常工作，说明故障与室外机无关，应该是不运行的室内机自身异常。拆出该机的电路板后，测量电源电路输出电压正常，测室内温度传感器的阻值在 25℃时为 23kΩ，室内盘管温度传感器的阻值在 25℃时为 10kΩ，怀疑其他元件有短路情况，依次断开室内风扇电机、步进电机等部件来判断故障部位，当拔下步进电机插头时故障现象消失，怀疑步进电机异常，经检查发现它的线圈短路，更换相同型号的步进电机后故障排除。

【例 8】　海尔 KFR-26GW/Bp×2 型变频空调制热或制冷约 2min 后自动停机，室内机指示灯按电源灯闪、定时灯闪、运行灯亮的方式显示故障代码

分析与检修：通过故障现象分析，该机进入直流过流保护状态。故障原因：①300V 供电电源电压低于 200V；②300V 供电检测电路异常；③IPM 模块不良（如模块固定不牢，冷凝器表面灰尘脏堵等原因，导致模块过流、过热）；④室外机电脑板输出的变频信号异常；⑤室外机电脑板与功率模块之间连接线束接触不良；⑥压缩机异常；⑦系统内加注的制冷剂过量。

经对空调电源电压检测为 221V 正常，测 310V 供电也正常，当检测室外机电脑板上的 4 组 15V 直流电压时，发现室外电脑板与模块的连线脱焊，补焊后运转正常，故障排除。

【例 9】　海尔 KFR-28GW/HB（BpF）型空调开机后室内风扇电机转速忽高忽低，不久保护停机，并且室内机的指示灯按制冷灯闪烁、制热灯亮、运行灯灭的方式显示故障代码

分析与检修：通过故障现象分析得知，该机进入了室内风扇电机异常保护状态。因该机是新安装机，应先从安装方面下手检查，结果发现该机在升频时用户家的市电电压在 200～170V 之间波动，说明市电供电系统有问题，不能保证室内机的微处理器正常工作，从而产生该故障。检查市电插座时，发现插座性能不符合要求，更换插座后，故障排除。

【例 10】 海尔 KFR-28GW/BpA 型空调开机后就保护停机，并且 3 个指示灯按"灭、灭、闪"的方式显示故障代码

分析与检修：通过故障现象分析得知，该机进入了通信异常保护状态。主要的故障原因：①市电/信号线异常；②通信电路异常；③电源电路异常；④微处理器电路异常。检查发现，室外机没有 310V 直流电压，而市电正常，说明 310V 供电电路异常。检查该电路时，发现 PTC 限流电阻的控制电路异常，测该电路的继电器线圈有 12V 供电，说明该继电器的触点不能闭合或触点所接线路开路，检查发现是继电器异常，用相同型号的继电器更换后，故障排除。

【例 11】 海尔 KFR-35GW/BpY-R 型变频空调通电后整机不开机，显示屏出现 E1 故障代码

分析与检修：通过故障现象分析得知，该机进入通信异常保护状态。引起该故障的主要原因是通信电路异常、室外机电源电路异常、微处理器电路异常、300V 供电电路异常。首先，检查市电传输系统接线正常，用万用表检测室内机主板送到室外机的电压正常，同时也有 S 端的脉冲信号，说明室内机通信电路正常，怀疑故障发生在室外机。拆开室外机外壳后，发现电源板上的 300V 供电的滤波电容顶部有裂痕，说明该电容已经爆裂，接着检查发现整流堆击穿，熔丝管熔断，检查其他元器件正常，更换故障元器件后，故障排除。

【例 12】 海尔 KFR-35GW/V（DBpF）型变频空调保护性停机，显示屏出现 F4 故障代码

分析与检修：通过故障现象分析得知，该机进入模块异常的保护状态。引起该故障的主要原因是电源电路、IPM 模块、压缩机或微处理器电路异常。检查 300V 供电和低压电源输出的电压都异常，检查压缩机的阻值也正常，怀疑 IPM 模块异常，更换相同型号的模块后，故障排除。

【例 13】 海尔 KFR-36GW/BpF 型空调的室外机一启动就停机保护

分析与检修：通过故障现象分析得知，故障是由于被保护电路控制的部位异常引起保护电路动作或保护电路误动作所致。故障出现后，发现室外机指示灯状态为"灭、闪、灭"，表明该机进入了室外排气管过热保护状态。引起该故障的主要原因：①室外排气管温度传感器及其阻抗信号/电压信号变换电路异常；②制冷系统异常；③室外存储器和室外微处理器异常。首先，通过询问得知，该机曾因不制冷而充注过制冷剂，于是将制冷剂放掉，排空后再加注适量的制冷剂后，工作恢复正常，故障排除。

【例 14】 海尔 KFR-36GW/DBpF 型空调的室外机开机 3min 后停机保护，电源、定时、运转指示灯按"灭、灭、闪"的形式显示故障代码

分析与检修：通过故障现象分析得知，说明该机进入通信异常保护状态。引起该故障的主要原因：①电源/信号线连接异常；②通信电路异常；③电源电路异常；④微处理器电路异常。开机后，用万用表交流电压挡测室外机的端子排有 223V 交流，N 线与 C 线间有 30～80V 的脉动电压。拆开室外机后，测功率模块 PN 脚间有 310V 直流电压，但电脑板上无 5V、12V 直流电压，测功率模块无 5V、12V 直流电压输出，断定功率模块上的开关电源损坏，因该功率模块为塑封件，无法修复，用相同的模块更换后，5V、12V 供电恢复正常，故障排除。

【例 15】 海尔 KFR-50L/F、70W/Bp 型空调的室外机有时正常，有时工作不久就停机保护，电源、定时、运转指示灯按"闪、灭、亮"的形式显示故障代码

分析与检修：通过故障现象分析得知，说明该机进入室外传感器异常保护状态。引起该

故障的主要原因：①室外温度传感器或其阻抗信号/电压信号变换电路异常；②微处理器电路异常。首先，在机器出现故障时，查看室外电脑板上的黄灯闪烁 3 次，确诊为除霜传感器异常保护。检查除霜传感器正常，接着检查发现与该传感器并联的贴片电容发生轻微漏电。因没有该容量的贴片电容，将一只相同容量的普通电容的引脚剪短后，再小心焊在原贴片电容的引脚位置上，试机，恢复正常，故障排除。

【例 16】 海尔 KFR-50LW/U（DBpZXF）型空调的室外机开机就保护停机，室内机显示屏显示 E1 的故障代码

分析与检修：通过故障现象分析得知，说明该机进入 IPM 模块异常保护状态。引起该故障的主要原因：①电源电路异常；②IPM 模块异常；③压缩机异常。首先，检查 300V 供电和低压电源输出电压都正常，发现压缩机进入高频运行状态，运行电流超过 8A 时，故障很快出现，用手摸 IPM 模块很烫，怀疑它的散热性能差，仔细观察发现该模块的一个螺丝紧固的力度不够，导致模块与散热片接触不良，影响散热效果，从而导致压缩机高频运行时，模块工作电流增大而过热，从而产生本例故障。将固定功率模块的螺丝拧紧后，故障排除。

【例 17】 海尔 KFR-50LW/K（BpF）型空调的室外机开机就保护停机，室内机显示屏显示 E1 的故障代码

分析与检修：按例 16 的检修思路检查，测电源电压正常，由于该机的微处理器、模块不需要检测压缩机的转子位置检测信号就可以工作，所以脱开压缩机后开机，该机不再报警，怀疑压缩机异常，更换压缩机后，故障排除。

【例 18】 海尔 KFR-50LW/U（DBpZXF）型空调的室外机开机就保护停机，室内机显示屏显示 E5 的故障代码

分析与检修：通过故障现象分析得知，说明该机进入 AC 过流或 CT 电流检测异常保护状态。主要的故障原因主要是市电供电系统异常、市电电流检测电路异常、IPM 电路、压缩机或微处理器电路异常。首先，测市电插座的电压 221V，测 310V 直流电压也正常，压缩机 3 个绕组的阻值也均正常，怀疑功率模块异常，更换功率模块后机器运转正常，故障排除。

【例 19】 海尔 KFR-58LW/A（BpF）型空调的室外机开机就保护停机，室内机显示屏显示 EA 的故障代码

分析与检修：通过故障现象分析得知，说明该机进入电源电压欠压保护状态。主要的故障原因主要是市电供电系统异常、市电检测电路异常、微处理器电路异常。首先，测市电插座的电压 221V，测 310V 直流电压也正常，压缩机 3 个绕组的阻值均约为 1Ω，也正常，怀疑功率模块异常，更换功率模块后恢复正常，故障排除。

三、室外机工作异常

【例 20】 海尔 KFR-25GW/Bp×2 型变频空调室内机工作，但室外机不工作

分析与检修：通过故障现象分析，说明室外机的电源电路、室外微处理器电路异常所致。检查室外机的关键点电压时，发现无 300V 直流电压，而室外机有 220V 市电电压输入，说明 300V 供电电路异常。检查该电路时，发现 PTC 型限流电阻开路，检查其他元件正常，更换同型号的正温度系数热敏电阻后，故障排除。

【例 21】 海尔 KFR-28GW/BpF 型空调的室外机不工作，并且室内机电源指示灯闪烁、定时指示灯长亮、运行指示灯熄灭，同时蜂鸣器鸣叫

分析与检修：通过故障现象分析得知，该机进入了室外排气管过热保护状态。引起该故障的主要原因：①室外排气管温度传感器及其阻抗信号/电压信号变换电路异常；②制冷系统异常；③室外存储器和室外微处理器异常。首先，检查制冷系统和通风系统正常，怀疑排气管温度传感器异常。检查该传感器的阻值不正常，用同型号的负温度系数热敏电阻更换后，故障排除。

【例22】 海尔KFR-35GW/BpY-R型变频空调室内机工作，但室外机的压缩机不启动，显示屏未显示故障代码

分析与检修：通过故障现象分析，故障多为压缩机或室外电源电路、功率模块、室外微处理器电路异常所致。检查室外机的300V直流电压正常，但没有5V直流电压，说明5V供电电路异常。而5V供电由IPM模块输出，怀疑该模块损坏。更换同型号模块后，故障排除。

【例23】 海尔KFR-35GW/U（DBpZXF）型变频空调制热时，室外机运行13min后自动停止，室外机电脑板上的报警灯一直闪烁，10min后室外机再次运行，随后重复以上工作状态

分析与检修：通过故障现象分析，说明该机进入室外机异常保护状态。观察压缩机刚升频时电流比较稳定，用遥控器使室内机进行自检状态后，功能指示灯不显示任何故障代码，初步判断故障在室外机上。拆开室外机后，检测室外功率块PN端子间有310V直流电压。模块的U、V、W 3个端子有85V左右电压输出，怀疑温度检测电路异常。当检测压缩机的排气温度传感器的阻值在环境温度20℃时为14kΩ，偏离正常值较多，说明该传感器异常，用相同型号的负温度系数热敏电阻更换后，故障排除。

【例24】 海尔KFR-36GW/DBpF型变频空调室外机不工作，但室内机能工作

分析与检修：通过故障现象分析，说明室外机的电源电路、室外微处理器电路、压缩机驱动电路异常所致。检查室外机的300V电压正常，接着测12V和5V供电也正常，测通信电路也正常，怀疑IPM电路或压缩机异常。在检测压缩机阻值时，发现压缩机上有一个接线端子氧化，与连接线接触不良，清理后并更换压缩机连接线，试机恢复正常，故障排除。

 提示 该器在检测到压缩机工作异常后，会输出控制信号使室外机风扇电机也不工作，从而产生室外机整机不工作的故障。

【例25】 海尔KFR-40GW/BpF型变频空调室外机不工作，但室内机能工作

分析与检修：通过故障现象分析，按例24的思路检查，发现电源电路正常，并且室外机电路板上的继电器的触点能闭合，判断通信电路和微处理器电路基本正常，检查室外环温、热交、压缩机传感器正常，测量室外电脑板微处理器输出的6路IPM驱动信号输出端（与电阻R123～R128相连接）接点与对地电阻值，正常电阻值为12kΩ左右，此时测量结果为前3路正常，后3路阻值均为420kΩ左右，说明微处理器的IPM激励信号输出电路异常，更换相同的微处理器或用相同的电脑板更换后，故障排除。

【例26】 海尔KFR-48LW/A（BpF）型变频空调室内机能工作，但室外机不工作

分析与检修：通过故障现象分析，说明室外机的电源电路、室外微处理器电路异常所致。检查室外机电路的关键点电压时，发现2200μF/400V电容两端没有300V直流电压，而有220V市电电压，说明300V供电电路异常。检查该电路，发现PTC型限流电阻开路，更换相同的

热敏电阻，故障排除。

【例 27】　海尔 KFR-50LW/Bp 型变频空调开机室内机工作，但室外机不工作

分析与检修：通过故障现象分析，说明室外机的电源电路、室外微处理器电路异常所致。检查室外机的 300V 电压正常，但没有 12V 和 5V 电压，说明开关电源异常。检查开关电源时，发现熔丝管 FUSE 熔断，说明有元件击穿导致它过流熔断，在路检查发现开关管 N2 击穿。N2 击穿多因过压或过流损坏，检查发现稳压控制电路的滤波电容 C403 无容量，检查其他元件正常，更换 N2、C403 和 FUSE 后，开关电源输出电压恢复正常，故障排除。

四、制冷/制热异常

【例 28】　海尔 KFR-28GW/DBpF 型变频空调有时制冷正常，有时制冷不正常，报警灯闪烁

分析与检修：通过故障现象分析，怀疑故障是由于接触不良所致。室外机运行时拍打室外机机壳，结果压缩机停转，说明的确有接触不良的部件。经仔细检查，发现功率模块有 3 根线与室外机电路板连接不良，重新连接后，制冷恢复正常，故障排除。

【例 29】　海尔 KFR-2850LW/Bp 型变频空调制热效果差，制冷正常

分析与检修：通过故障现象分析，怀疑故障是由于制冷/制热系统、温度检测电路或微处理器电路异常所致。检查通风系统正常，检查室外热交换器表面上覆盖了大面积霜，说明除霜异常，怀疑温度检测电路、化霜加热电路或微处理器电路异常。检查室外盘管温度传感器时，发现它的阻值异常，用同型号负温度系数热敏电阻更换后，故障排除。

【例 30】　海尔 KFR-35GW/C（BpF）型变频空调制热期间吹出来的仍是冷风

分析与检修：通过故障现象分析，说明四通阀或其控制电路异常。在制热期间，测四通阀的线圈有市电电压输入，说明控制电路异常，测四通阀控制电路的继电器 RL1 的线圈两端无 12V 直流电压，怀疑 RL 的触点粘连，断电后，测 RL1 的触点引脚间阻值时，发现阻值为 0，说明 RL1 的触点的确粘连，用相同的继电器更换后，故障排除。

提示　该机的四通阀控制方式与其他空调不同，它的线圈在制冷期间采用供电方式，在制热期间采用断电方式。

【例 31】　海尔 KFR-48LW/BpF 型变频空调制冷效果差

分析与检修：通过故障现象分析，怀疑故障是由于制冷/制热系统、通风系统、温度检测电路或微处理器电路异常所致。首先，检查检查通风系统正常，怀疑制冷系统异常。检查制冷剂系统时，发现回气管结霜，在低压截止阀上安装压力表后，发现压力不足，但补充制冷剂后无效，怀疑系统有堵塞现象，检查室内热交换器时，发现它的背面有大量的灰尘，导致室内热交换器不能很好地吸热汽化，清洗该热交换器后，制冷恢复正常，故障排除。

【例 32】　海尔 KFR-50LW/Bp 型变频空调制热效果差

分析与检修：通过故障现象分析，怀疑故障是由于制冷/制热系统、温度检测电路或微处理器电路异常所致。检查通风系统正常，怀疑制冷系统异常。在低压截止阀上安装压力表后，发现系统压力不足，说明制冷系统的确发生故障，检查系统时没有发现漏点，怀疑螺母松动，加注制冷剂并重新紧固螺母后，故障排除。

【例33】 海尔 KFR-50LW/Bp 型变频空调制热期间吹出来的仍是冷风

分析与检修：通过故障现象分析，说明四通阀或其控制电路异常。在制热期间，测四通阀的线圈有 225V 市电电压输入，说明控制电路正常，故障是由于四通阀的阀芯异常所致。在敲打四通阀壳体的同时，并转换空调的工作状态，当四通阀的阀芯发出换向的声音后，并且制冷/制热恢复正常，说明四通阀的阀芯恢复正常，故障排除。

提示 若采用该方法不能使阀芯恢复正常，则需要通过更换四通阀的方法来排除故障。

【例34】 海尔 KFR-60LW/BPJXF 型变频空调制热效果差

分析与检修：通过故障现象分析，怀疑故障是由于制冷/制热系统、温度检测电路或微处理器电路异常所致。检查通风系统正常，怀疑制冷系统异常。检查发现四通阀的管路温度异常，怀疑四通阀阀芯漏气，更换相同的四通阀后，故障排除。

五、其他故障

【例35】 海尔 KFR-50LW/Bp 型变频空调通电后室内风机就高速转动，风速失控，但制冷正常

分析与检修：当空调正常启动后，室内风速若设定在高速挡，室内微处理器 U101 的⑫脚输出高电平加到驱动块 U102 的⑦脚，经 U102 内的非门倒相放大后，它的⑩脚输出低电平，为继电器 SW303 的线圈提供电流，它内部的触点才能闭合，室内风扇电机工作在高速挡。通过分析得知，故障是由于 SW303、U102 或 U101 异常所致。

通电后测 U101 的⑩、⑪、⑫脚的电位都为低电平，说明 U101 正常，故障发生在驱动电路或继电器上。继续测量时，发现 U102（TD62003AP）的⑩、⑮脚电压为 12 V，而⑩脚电压为低电平，怀疑 U102 的⑩脚内部电路对地短路。断电后，测量⑩脚对地阻值几乎为 0，说明 U102 的确损坏。用常见的 ULN2003 更换后，室内风扇电机的转速受控，故障排除。

第 2 节　海信变频空调

一、整机不工作

【例1】 海信 KFR-2601GW/Bp 型变频空调不启动，并且指示灯、显示屏不亮

分析与检修：通过故障现象分析得知，该机没有市电输入或室内电路板的电源电路、微处理器电路异常。

用万用表交流电压挡测量为空调供电的插座有 220V 市电电压，说明供电系统正常，故障发生在该机的室内机电路上。首先，检查 3A 熔丝管正常，初步判断电源电路没有过流现象，测 5V 稳压器 LM7805 输出端没有 5V 电压，说明电源电路异常。测 LM7805 的输入端电压基本正常，说明故障是由于 LM7805 或其负载异常所致。测量负载未发现短路，用手摸 LM7805 时已严重发热，怀疑 LM7805 异常。用正常的 AN7805 更换后，故障排除。

【例 2】　海信 KFR-2801GW/Bp 型变频空调通电后指示灯、显示屏不亮，不能遥控开机

分析与检修：按例 1 的检修思路检查，发现该机的室内机的电源电路、微处理器电路异常。首先，测电源电路输出电压正常。检查室内微处理器电路时，发现微处理器 U02 的供电正常，而在测它的复位端子㉙脚电压时，发现电压为低电平，说明复位电路肯定异常。检查发现电容 C20 漏电，用 1μF/50V 电容更换后，故障排除。

【例 3】　海信 KFR-3501GW/Bp 型变频空调不启动，并且指示灯、显示屏不亮

分析与检修：按例 1 的检修思路检查，测室内微处理器 IC08㉙脚电压为高电平，但在开机瞬间测该电压没有从低到高的变化过程，怀疑钳位二极管 D13 或复位芯片 MC34064 异常。在路检查 D13 正常，说明 MC34064 异常。更换后，故障排除。

【例 4】　海信 KFR-3501GW/Bp 型变频空调不启动，并且指示灯、显示屏不亮

分析与检修：按例 1 的检修思路检查，发现室内机的电源电路和复位电路正常，怀疑它的时钟振荡电路或微处理器 IC08 异常。检查时钟振荡电路时，当用 8MHz 的晶振代换 XT801 后，故障排除。

【例 5】　海信 KFR-50LW/Bp 型变频空调不启动，但 VFD 闪烁

分析与检修：通过故障现象分析得知，说明电源电路、微处理器电路异常。

检查电源电路时，发现直流 12V 供电只有 9V 左右，并且摆动，说明 12V 供电电路异常。测变压器输出的交流电压正常，在路测整流管也正常，怀疑滤波电容 C02 容量不足，在它的引脚焊点上焊接 2200μF/25V 电容后，12V 供电恢复正常，说明 C02 的确容量不足，焊下 C02 并用代换的电容更换后，故障排除。

二、保护性停机

【例 6】　海信 KFR-26GW/Bp 型变频空调工作不久就保护停机，运行灯闪烁

分析与检修：通过故障现象分析得知，故障是由于被保护的电路异常引起保护电路动作或保护电路误动作所致。故障出现后，用自诊功能检查，发现运行和待机指示灯发光，定时指示灯熄灭，说明该机进入通信异常保护状态。由于该机能工作一段时间，说明接线正常，所以故障发生在通信电路或室外机电源电路、微处理器电路。检查电源电路正常，检查通信电路时，发现光耦合器 D605 异常，更换后，故障排除。

【例 7】　海信 KFR-2601GW/Bp 型变频空调工作不久就保护停机

分析与检修：通过故障现象分析得知，故障是由于被保护电路控制的部位异常引起保护电路动作或保护电路误动作所致。故障出现后，发现运行指示灯闪烁，用自诊功能检查，发现故障指示灯 1 长亮，而故障指示灯 2、3 熄灭，说明该机发生了市电电压异常的故障。检测市电电压为 223V，说明故障发生在市电电压检测电路。检查该电路时，发现限流电阻 R08 阻值增大，更换 R08 后，故障排除。

【例 8】　海信 KFR-2601GW/Bp 型变频空调运行半小时左右就保护停机，运行灯闪烁

分析与检修：通过故障现象分析得知，故障是由于被保护电路控制的部位异常引起保护电路动作或保护电路误动作所致。通过自检发现，定时灯、待机灯发光，初步判断压缩机过流保护，测压缩机电流没有过流，说明制冷系统或通风系统异常。检查制冷系统时发现压力偏低，说明制冷剂泄露，检漏时发现回气管的管口破裂，割掉破损的管口，重新扩口并检漏正常后，加注适量的制冷剂，故障排除。

【例 9】 海信 KFR-2801GW/Bp 型变频空调工作不久就保护停机

分析与检修：通过故障现象分析得知，故障是由于被保护电路控制的部位异常引起保护电路动作或保护电路误动作所致。故障出现后，用自诊功能检查，发现电源、运行、定时 3 个指示灯同时闪烁发光，说明该机进入过流保护状态。再次开机，测压缩机电流并未过大，说明故障不是由于压缩机电流大引起的，接着检查室外风扇电机也正常，怀疑故障是由于通风系统或制冷系统异常所致。检查通风系统和制冷系统时，发现室外热交换器表面上有大量的灰尘，清洗后，故障排除。

【例 10】 海信 KFR-35GW 型变频空调的室外机不工作，指示灯 1 闪亮，指示灯 2、3 均不亮

分析与检修：通过故障现象分析得知，该机进入室内温度传感器异常保护状态。首先，检查室内机温度传感器 DTN-7KS106E 不良。拆下该传感器，在常温（25℃）时测量它的电阻值为无穷大，正常应为 58kΩ，说明该传感器已损坏。更换该传感器后，故障排除。

【例 11】 海信 KFR-36GW/BpY 型变频空调工作不久就保护停机，并且工作灯以 5Hz 频率闪烁

分析与检修：通过故障现象分析得知，该机进入风扇电机异常的保护状态。引起该故障的原因主要是风扇电机、风扇电机供电电路、微处理器电路、风扇反馈电路异常。检查微处理器电路和供电电路正常，接着检查反馈电路也正常，怀疑风扇电机异常，更换风扇电机后，故障排除。

【例 12】 海信 KFR-3602GW/Bp 型变频空调工作不久就保护性停机

分析与检修：通过故障现象分析得知，故障是由于被保护电路控制的部位异常引起保护电路动作或保护电路误动作所致。故障出现后，用遥控器的自诊功能检查，发现室内机显示屏上显示"26"的故障代码，说明该机发生了过流保护。让该机重新工作后，测压缩机电流过大，说明故障是由于压缩机电流过大所致。检查发现，测压缩机绕组的阻值时，发现阻值异常。更换压缩机并加注适量的制冷剂后，故障排除。

【例 13】 海信 KFR-5001LW/Bp 型变频空调制热不久就保护性停机

分析与检修：通过故障现象分析得知，故障多发生在电源电路、微处理器或被保护的电路上。检查室内机正常，说明故障发生在室外机，检查室外机时，发现室外热交换器的表面结霜，并且室外风扇扇叶被刮断，初步怀疑室外盘管传感器或其阻抗信号/电压信号转换电路异常。检查室外盘管传感器时，发现它的阻值在温度变化时不能变化，说明它已损坏，用同型号的负温度系数热敏电阻更换后，故障排除。

【例 14】 海信 KFR-5001LW/Bp 型变频空调压缩机一启动就停机

分析与检修：通过故障现象分析得知，说明压缩机驱动电路、300V 供电电路、微处理器或压缩机过流保护电路异常。检查室外机时，发现 300V 供电电路的 PTC 型限流电阻过热，并且没有听到控制该电阻的继电器 RY01 发出闭合声，待 PTC 型限流电阻温度下降后，再次开机，测 RY01 的线圈有电压，说明 RY01 或线路板异常，检查线路板正常，说明 RY01 异常，用同型号的继电器更换后，故障排除。

【例 15】 海信 KFR-60LW/Bp 型变频空调压缩机一启动就保护停机，室内机正常

分析与检修：通过故障现象分析得知，故障是由于压缩机过流保护电路动作所致。但检查压缩机过流保护电路正常，说明其他保护电路动作。检查其他保护电路时，发现电压互感

器 T01 的初级绕组无电压输入，说明供电电路异常。检查限流电阻 R30 或 R31 时，发现 R31 开路，更换相同的电阻后故障排除。

三、室外机工作异常

【例 16】　海信 KFR-2801GW/Bp 型变频空调通电后室外机不启动，并且电源灯和运行灯闪烁，但室内机正常

分析与检修：通过故障现象分析得知，说明进入通信异常保护状态，故障部位主要是室外机室外机的通信电路、电源电路、微处理器电路。经询问用户得知，该故障是移机后发生的，怀疑是市电电压/信号线连接不当导致通信电路不能工作所致。检查室外机的市电输入端子时，发现 L、N 端子的线接反了，调换后，故障排除。

【例 17】　海信 KFR-2801GW/Bp 型变频空调通电后室外机不启动，室内机正常

分析与检修：通过故障现象分析得知，说明室外机的供电电路、电源电路、微处理器电路异常。检查室外机电路板时，发现 300V 电源的指示灯亮，而指示灯 LED201 不亮，说明模块板上的开关电源异常。

测开关管的 c 极有 300V 电压，接着测它的 b 极没有电压，怀疑启动电路异常。检查启动电路时，发现启动电阻 R2 开路，更换后，开关电源输出电压恢复正常，故障排除。

【例 18】　海信 KFR-3601GW/Bp 型变频空调通电后室外机不启动

分析与检修：按例 17 检修思路检查，确认故障部位发生在电源电路。测开关管 Q01 的 c 极有 300V 电压，接着测它的 b 极没有电压，怀疑启动电路异常。检查启动电路时，发现稳压管 ZD02 两端无电压，说明 R13、R14 开路或 ZD02 击穿。接着测 R13 与 R14 节点处也无电压，说明 R13（100kΩ/1W）开路。焊下 R13 检查，果然开路，用 96kΩ/2W 电阻更换后，测 12V 和 5V 电压正常，室外机启动，故障排除。

【例 19】　海信 KFR-2602GW/Bp 型变频空调室外风扇电机转，但压缩机不运转

分析与检修：通过故障现象分析得知，说明压缩机驱动电路、300V 供电电路或微处理器电路异常。

首先，利用自检功能判断故障部位，按遥控器的传感器切换键，显示的故障代码是室外存储器 E2PROM 异常。检查该存储器的供电正常，并且与室外微处理器之间没有断路，怀疑存储器异常。更换该存储器后，故障排除。

 方法
与
技巧　怀疑室外存储器异常时，可拔下压缩机上的过载保护器再插上，若压缩机能启动，则说明该存储器异常。

四、制冷/制热异常

【例 20】　海信 KFR-28GW/Bp×2 型一拖二变频空调 A 机不制冷，B 机不停机

分析与检修：通过故障现象分析得知，室外机与 A、B 机的连线异常或微处理器异常。检查发现是连线错误，将 A、B 机的连线接反，调换后连接，故障排除。

【例 21】　海信 KFR-2801GW/Bp 型变频空调制热效果差，室外风扇电机不转

分析与检修：通过故障现象分析，怀疑故障是由于室外风扇电路、温度检测电路或微处理器电路异常所致。检查四通阀有供电，说明微处理器基本正常，但检查室内盘管温度传感器时，发现它的阻值减小，用同型号热敏电阻更换后，故障排除。

【例22】 海信 KFR-3501GW/Bp 型变频空调制冷效果差，有"咕噜咕噜"的噪声

分析与检修：通过故障现象分析，怀疑故障是由于制冷系统或膨胀阀的控制电路异常，导致蒸发器内的制冷剂沸腾所致。检查制冷系统时，发现制冷剂严重不足，检漏正常后，加注适量的制冷剂，故障排除。

【例23】 海信 KFR-3602GW/Bp 型变频空调制热不到 2min，就变为自然风

分析与检修：通过故障现象分析，怀疑制冷/制热系统或温度检测电路异常。检查系统压力时，发现压力下降到 0.7MPa 时就不制热了，怀疑四通阀漏气。检查其他元器件正常，更换四通阀后，故障排除。

 提示 四通阀漏气（窜气）导致压缩机排出的大部分高温、高压气体通过四通阀流到气液分离器，只有少部分的气体进入管路，从而形成该故障。

【例24】 海信 KFR-5001LW/Bp 型变频空调制冷效果差

分析与检修：通过故障现象分析，怀疑故障是由于制冷系统、通风系统、温度检测电路或微处理器电路异常所致。首先，检查通风系统正常，在检查制冷系统时，发现系统压力不足，怀疑系统有泄漏点。检查室外机的高压、低压截止阀时，发现一个截止阀上有油渍，怀疑此处泄漏。检查截止阀的螺母正常，接着检查连接管的喇叭管口没有扩好，与截止阀连接不当所致。切割掉破损的喇叭口，重新扩口，再充注适量的制冷剂后，故障排除。

【例25】 海信 KFR-5001LW/Bp 型变频空调制冷效果差

分析与检修：按例24检修思路检查，通风系统正常，怀疑制冷系统异常。检查制冷系统时，发现压缩机有较大的噪声，气液分离器不仅没有结霜，而且还发热，说明四通阀的阀芯异常。检查四通阀时，发现它的阀芯确实漏气。更换后，故障排除。

五、其他故障

【例26】 海信 KFR-2801GW/Bp 型变频空调用遥控器不能开机

分析与检修：通过故障现象分析得知，说明遥控器或机内遥控接收头异常。检查遥控器的电池正常，经询问用户得知，该遥控器被多次摔过，怀疑遥控器内部有元件接触不良或晶振损坏。拆开后，没有发现有接触不良的元件，怀疑晶振被摔坏，更换晶振后，遥控恢复正常，故障排除。

【例27】 海信 KFR-3501GW/Bp 型变频空调室内机风扇有时转速较慢、有时不转

分析与检修：通过故障现象分析得知，故障室内风扇电机、风扇电机供电电路或它的相位检测电路异常。首先，拨动电机转动灵活，说明轴承和转子正常，测电机的绕组有 223V 交流电压，说明供电电路正常，怀疑电机或其运行电容异常，检查运行电容时发现该电容的容量严重不足，更换同型号电容后，故障排除。

【例28】 海信 KFR-4001GW/Bp 型变频空调室内机风扇时转时停，室外机正常

分析与检修：按例27检修思路检查，发现为室内电机供电的连接器 CN07 的①、②脚有

电压，说明供电正常，测 CN11 的①、②脚无电压输出，用手拨动使电机转动时，测 CN11 的①、②脚仍无电压输出，说明电机内部的霍尔电路性能下降，更换同型号电机后，故障排除。

【例29】　海信 KFR-50LW/Bp 型变频空调制冷工作正常，但显示屏不亮

分析与检修：通过故障现象分析得知，故障是由于显示屏或其供电系统异常所致。测显示屏的引脚电压时，发现它的阴极没有–27V 供电，供电电路异常。检查–27V 供电电路时，发现稳压器 ZD02 击穿，检查其他元器件正常，用 27V 稳压管更换后，故障排除。

【例30】　海信 KFR-50LW/Bp 型变频空调制冷时正常，制热时室内风扇电机不转

分析与检修：通过故障现象分析得知，故障是由于室内盘管温度检测电路或室内微处理器电路异常所致。检查室内盘管传感器正常，检查室内盘管传感器与室内微处理器间电路时，发现电感 L02 开路，更换后，故障排除。

第 3 节　美的变频空调

一、保护性停机

【例1】　美的 KFR-32GW/BM（F）型变频空调室外机一启动就保护停机，故障灯亮（一）

分析与检修：通过故障现象分析，该机进入保护状态。首先，通过自诊查看故障代码，发现指示灯 1、3 亮，指示灯 2 闪烁，表明该机进入过流保护状态。由于是室外机启动后停机，所以重点检查室外机。测量室外机的 300V 供电正常，说明 300V 供电电路及市电输入、滤波电路正常，故障多发生在功率模块或压缩机上。断电后，测量功率模块端子阻值正常，压缩机 U、V 两个接线柱的阻值约为 50Ω，而正常时阻值为 1～3Ω，说明压缩机的电机绕组异常。更换相同的压缩机，排空并加注适量的制冷剂后，故障排除。

【例2】　美的 KFR-32GW/BM（F）型变频空调室外机一启动就保护停机，故障灯亮（二）

分析与检修：按例 1 的检修思路，首先，通过自诊检查，发现该机进入四通阀异常保护状态。

由于四通阀制冷时是不动作的，所以出现四通阀异常的故障代码，说明四通阀损坏或检测系统异常。由于四通阀是否正常是利用室内盘管温度传感器 T2 检测的，用万用表的电阻挡测 T2 的阻值几乎为 0，说明 T2 已短路，用同型号的负温度系数热敏电阻更换 T2 后，故障排除。

【例3】　美的 KFR-32GW/BM（F）型变频空调运行 15min 自动停机，3min 后又重新启动，周而复始，1 小时后显示 4 个故障代码。这 4 个代码分别是：1 是"灭、灭、亮"，表示为电流峰值大关断；2 是"灭、亮、灭"，表示 IPM 模块保护；3 是"灭、亮、亮"，表示压缩机排气过热；4 是"灭、灭、闪"，表示压缩机温度传感器异常。

分析与检修：通过故障现象分析，故障可能是由于线路接触不良、传感器异常、IPM 异常或微处理器所致。首先，测市电电压为 225V 且稳定，检查电源/信号线的连接也正常，测系统低压压力为 0.5MPa，也正常，但在测电流时发现升频时困难（升频瞬间即又降频，不能维持），怀疑故障与传感器或微处理器电路有关。检查压缩机排气温度传感器时，发现该传感器在室温状态下阻值基本正常，但加热后，阻值却不能随温度升高而均匀地减小，说明它的

热敏性能下降，用相同参数的负温度系数热敏电阻更换后，故障排除。

【例4】 美的KFR-32GWA/Bp型变频空调的室内风扇电机时转时停，1min后，保护故障灯常亮，运行灯闪

分析与检修：通过故障现象分析，说明室内风扇电机及其供电电路、微处理器电路或市电过零检测电路异常。

在室内电机不转时，测它的电机绕组有供电，说明供电电路和市电过零检测电路正常，但测室内电机无相位检测信号输出，检查相位检测电路有供电，说明电机内部的霍尔元件坏，更换室内电机后，故障排除。

【例5】 美的KFR-32GW/Bp型变频空调一启动就保护停机，故障灯亮

分析与检修：按例1的检修思路，首先，通过自诊检查，发现通信异常，说明通信电路、室外机电源电路、微处理器电路异常。首先，检查室外机和室内机的连线正常，测室内机通信电路的24V供电正常，怀疑通信电路异常。检查通信电路时，发现光耦合器LPC1010损坏。更换后，故障排除。

【例6】 美的KFR-32GW/Bp2Y型变频空调一启动就保护停机，显示P0故障代码

分析与检修：通过故障现象分析得知，该机进入过流保护状态。拆开室外机后，发现指示灯LED3发光、LED3熄灭，表明过流发生在功率模块电路。由于功率模块电路的负载是压缩机，所以首先测压缩机绕组的阻值。检测压缩机绕组阻值时，发现一个绕组的阻值为0，怀疑压缩机绕组异常，但检查发现绕组的接线柱间有积炭，将接线柱打磨后，短路现象消失，说明故障的确是由于接线柱积炭所致。将压缩机与功率模块电路连接后，故障排除。

【例7】 美的KFR-32GW/Bp2Y型变频空调一启动就保护停机，显示E2故障代码

分析与检修：通过故障现象分析得知，该机进入功率模块异常保护状态。引起该机进入功率模块电路保护状态的主要原因有300V供电电路、功率模块、压缩机、存储器和微处理器异常。检查该机的300V供电正常，但在测功率模块时发现U、V、W端子间阻值过小，说明该模块内部损坏，检查其他器件正常，更换同型号功率模块后，故障排除。

【例8】 美的KFR-32GW/Bp2Y型变频空调开机2min就保护停机，显示P1的故障代码

分析与检修：通过故障现象分析得知，该机进入风扇电机转速失控状态。引起该故障的主要原因是反馈信号传输电路或风扇电机内的霍尔传感器异常。检查电机反馈电路时，发现电路板与电机间的连接器引脚脱焊，补焊后，故障排除。

【例9】 美的KFR-33GW/Bp2Y型变频空调一启动就保护停机，显示通信异常故障代码

分析与检修：通过故障现象分析得知，该机的通信电路、室外机的电源电路、微处理器电路异常。故障出现后，测室外机没有5V、12V电压，说明电源电路异常。由于该机的电源电路采用300V电压供电，所以首先测300V供电是否正常，结果发现滤波电容C3两端电压为0，说明300V供电电路或市电输入电路异常。测滤波电容C2两端有224V的市电电压，说明故障发生在300V电压形成电路。检查该电路时，发现限流电阻PTC1较热，正常时应该处于常温状态，说明以继电器RL3为核心构成的PTC1控制电路异常。检查该电路时，发现RL3的线圈有供电电压，怀疑RL3损坏。用相同的继电器更换后，300V供电恢复正常，故障排除。

【例10】 美的KFR-35GW/BpY-R型变频空调保护停机，显示E1的故障代码

分析与检修：通过故障现象分析得知，该机发生了室内机、室外机通信异常保护故障。

故障原因是通信电路、电源电路、微处理器电路异常。检查室外机电路时，发现 300V 供电电路的滤波电容炸裂，接着检查发现整流堆击穿，检查其他元件正常，用同规格的整流堆、滤波电容更换后，300V 供电恢复正常，故障排除。

【例 11】　美的 KFR-36GW/BpY 型变频空调工作不久，模块过流，保护停机

分析与检修：通过故障现象分析得知，该机进入功率模块工作异常保护状态。引起该故障的主要原因是 300V 供电电路、功率模块、压缩机、微处理器、存储器异常。在压缩机未启动前测 300V 供电正常，但压缩机工作后，300V 供电大幅度下降，说明 300V 供电限流电阻的控制电路异常。检查该电路时，发现继电器的触点不能闭合，用同型号的继电器更换后，故障排除。

【例 12】　美的 KFR-40 型变频空调一启动就保护停机，显示 P01 故障代码

分析与检修：通过故障现象分析得知，该机进入室内机、室外机通信异常保护状态。故障有可能是室外机、室内机连线错误所致，也可能是通信电路或室外机电源电路、微处理器电路异常所致。检查室内机、室外机连线正常，检查室外机时，发现没有 5V 和 12V 直流电压，说明故障发生在电源电路。由于该机的 5V 和 12V 电压由功率模块产生，所以怀疑功率模块或其供电异常。检查功率模块的供电正常，说明功率模块的开关电源异常。更换同型号的功率模块后，故障排除。

【例 13】　美的 KFR-50LW/FBpY 型变频空调室外机一启动就保护停机，室内机所有指示灯都闪烁

分析与检修：通过故障现象分析得知，该机进入通信异常保护状态。按例 8 的检修思路，检查室外机的 300V、5V、12V 电压正常，说明电源电路正常，怀疑通信电路或微处理器电路异常。检查通信电路时，发现一只光耦合器击穿。更换同型号的光耦合器后，故障排除。

【例 14】　美的 KFR-50LW/FBpY 型变频空调工作不久就保护停机，显示 P02 的故障代码

分析与检修：通过故障现象分析得知，该机进入功率模块工作异常保护状态。引起该故障的主要原因是 300V 供电电路、功率模块、压缩机、微处理器、存储器异常。检查 300V 供电正常，检查压缩机的电机绕组阻值正常，怀疑功率模块异常。检查功率模块时，发现它的阻值异常。用同型号的功率模块更换后，故障排除。

【例 15】　美的 KFR-50LW/FBpY 型变频空调一启动就保护停机，显示 P09 故障代码

分析与检修：通过故障现象分析得知，该机进入排气过热保护状态。引起该故障的主要原因是制冷系统、通风系统、排气温度检测电路、微处理器、存储器异常。首先，测压缩机排气管的温度不高，说明排气温度检测电路或微处理器、存储器异常。检查室外排气管温度传感器时，发现它的阻值不足 4kΩ，而正常时在室温为 25℃时的阻值为 50kΩ，用同型号的负温度系数热敏电阻更换后，故障排除。

二、室外机工作异常

【例 16】　美的 KFR-32GW/BM（F）型变频空调开机室内机工作，但室外机不工作

分析与检修：通过故障现象分析，说明室外机电源电路、微处理器电路或被保护的电路异常。通过自诊断，显示 2 号灯亮，1、3 号灯灭的故障代码，怀疑电源电路、压缩机或其驱动电路异常。先看其电源/信号线连接正常，打开室外机盖，发现其 IPM 模块输出端 L 端的连线开路，重新连接后，并检查其他端线连接正常，故障排除。

【例 17】 美的 KFR-32GW/Bp 型变频空调室外风扇电机转，但压缩机不转

分析与检修：通过故障现象分析得知，说明 300V 供电电路、电源电路、IPM 电路、微处理器电路或压缩机异常。检查室外机电路时，发现 300V 供电正常，而没有 5V 电压输出，说明模块的开关电源损坏，更换模块后，5V 供电恢复正常，故障排除。

【例 18】 美的 KFR-32GW/Bp 型变频空调室外机不工作，室内机能工作

分析与检修：通过故障现象分析，说明室外机电源电路、微处理器电路或被保护的电路异常。通过自诊断，显示 1 号灯亮，2、3 号灯灭的故障代码，怀疑通信电路异常。由于该机是新安装的，所以重点检查接线，结果发现室外机的电源/信号线接触不良，重新连接后，故障排除。

 注意 在空调安装时一定要将其电源/信号线连接得紧固可靠，以避免不必要的麻烦。

【例 19】 美的 KFR-50LW/BM（F）型变频空调室外风扇电机转，但压缩机不转

分析与检修：通过故障现象分析，说明室外机的电源电路、微处理器电路或压缩机及其驱动电路异常。通过自诊断，没有显示故障代码，怀疑电源电路、微处理器电路异常。测低压电源无电压，而 300V 供电正常，说明 IPM 模块上的开关电源异常。用同型号的模块更换后，故障排除。

三、制冷/制热异常

【例 20】 美的 KFR-28GW/BpY-R 型变频空调制冷效果差（一）

分析与检修：通过故障现象分析，怀疑故障是由于制冷系统、通风系统、温度检测电路或微处理器电路异常所致。检查通风系统正常，测制冷系统的压力正常（为 0.47MPa），说明制冷系统也正常，怀疑温度检测电路或微处理器、存储器异常。检查室内温度传感器时，发现它的阻值偏离正常值，用同型号的负温度系数热敏电阻更换后，故障排除。

【例 21】 美的 KFR-28GW/BpY-R 型变频空调制冷效果差（二）

分析与检修：按例 20 的检修思路检查，发现制冷系统的压力不足，说明制冷系统异常，查看压缩机回气管也不结霜，怀疑制冷剂不足。检查截止阀和管路没有漏点，为系统补充制冷剂后，制冷恢复正常，故障排除。

提示 制冷剂泄漏会导致压缩机排气管温度高，从而也会产生保护性停机，并且显示 P09 故障代码的故障。

【例 22】 美的 KFR-50LW/BpY 型变频空调制热效果差，并有"滴滴"的噪声

分析与检修：该机运行 20min 左右，室内机显示屏上显示"FSTE"的字符，表明工作频率由高频变为中频，怀疑温度检测电路或微处理器电路异常。检查室内温度传感器和室内盘管温度传感器正常，怀疑微处理器电路异常。检查微处理器电路时，发现微处理器的时钟振荡电路有漏电现象，用天那水清洗电路板后，故障排除。

四、其他故障

【例 23】 美的 KFR-32GWA/BM（F）型变频空调的遥控接收不灵敏

分析与检修：通过故障现象分析得知，故障是由于遥控器、遥控接收头异常或有电磁干扰所致。检查遥控器时，发现电池电量不足，更换电池后，遥控恢复正常，故障排除。

【例 24】　美的 KFR-35GW/BpY-R 型变频空调的室外机噪声大

分析与检修：通过故障现象分析得知，室外机安装得不平整、通风系统异常。检查发现室外机的连接铜管与室外机外壳相碰，将连接铜管与室外机外壳分开并重新固定后，噪声消失，故障排除。

第 4 节　长虹变频空调

一、整机不工作

【例 1】　长虹 KFR-28GW/Bp 型变频空调不启动，并且指示灯、显示屏不亮

分析与检修：通过故障现象分析得知，该机没有市电输入或室内机的电源电路、微处理器电路异常。

用万用表交流电压挡测为空调供电的插座有 226V 市电电压，说明供电系统正常，故障发生在空调的室内机电路上。首先，查看 3A 熔丝管正常，初步判断电源电路没有过流现象。测三端 5V 稳压器 LM7805 输出端没有 5V 电压，说明电源电路异常。测 LM7805 的输入端也无电压，说明市电输入系统或变压器 T1 异常。测 T1 的初级绕组有 223V 的市电电压，而它的次级绕组没有 10V 左右的交流电压输出，说明 T1 损坏。焊下 T1 后测量绕组的阻值，发现初级绕组的阻值为无穷大，说明初级绕组开路，更换同型号的变压器后，电源电路输出电压恢复正常，故障排除。

【例 2】　长虹 KFR-50LW/WBQ 型变频空调不启动，并且指示灯、显示屏不亮

分析与检修：通过故障现象分析得知，该机没有市电输入或室内电路板的电源电路、微处理器电路异常。

用万用表交流电压挡测为空调供电的插座有 226V 市电电压，说明供电系统正常，则故障发生在空调的室内机电路上。首先，检测电源电路输出的 5V 电压正常，怀疑微处理器电路未工作。检查该电路时，发现短接线 J219 的引脚虚焊，补焊后故障排除。

二、保护性停机

【例 3】　长虹 KFR-28GW/Bp 型变频空调压缩机、室外风扇电机一启动就保护停机

分析与检修：通过故障现象分析得知，故障是由于被保护电路控制的部位异常引起保护电路动作或保护电路误动作所致。故障出现后，发现运行指示灯闪烁，用遥控器上的传感器切换键进入自诊检查状态，发现室内定时灯长亮，其他指示灯熄灭，表明该机进入了室外盘管温度传感器异常保护状态。对于该故障主要检查室外盘管温度传感器及其阻抗信号/电压信号变换电路，其次检查室外存储器和室外微处理器。首先，检查盘管温度传感器及其插座 CN2030 正常，接着测室外微处理器 MB89850 的⑮脚电压几乎为 0，说明电压不正常。检查时，发现 R220 的一侧电压正常，另一侧电压异常，说明 R220 开路或滤波电容 C5 漏电。检查 R220 时，发现它的阻值几乎为无穷大，说明 R220 损坏。更换 R220 后，故障排除。

【例 4】 长虹 KFR-50LW/WBQ 型变频空调压缩机不工作，显示 E2 故障代码

分析与检修：通过故障现象分析得知，该机进入通信异常保护状态。引起该故障的主要原因是通信电路、室外机电源电路、微处理器电路异常。检测信号线电压偏高，接着检查光耦合器 IC306 正常，怀疑通信电路的供电电路异常，检查时，发现滤波电容 C306 无容量。更换后，故障排除。

【例 5】 长虹 KFR-50LW/WBQ 型变频空调压缩机不工作，显示 E2 故障代码

分析与检修：按例 4 的检修思路，检查室外机、室内机的连线正常，接着检查室内机有通信信号输出，说明故障发生在室外机电路上。检查室外机电路板上的熔丝管正常，初步判断没有过流现象，但检查室外机电源电路无 12V 和 5V 电压输出，说明电源电路或其供电异常。测电源电路有 300V 供电，说明电源电路异常。检查该电路时，发现 VD307 和 IC307 短路，更换后，故障排除。

【例 6】 长虹 KFR-50LW/WBQ 型变频空调压缩机不工作，显示 P4 故障代码

分析与检修：通过故障现象分析得知，该机进入功率模块异常保护状态。引起该故障的主要原因是 300V 供电电路、功率模块、压缩机或微处理器电路异常。检查连接器 CN302 的⑨脚电压不正常，将贴片电容 C335 取下后电压恢复正常，说明 C335 漏电，更换 C335 后故障排除。

三、其他故障

【例 7】 长虹 KFR-28GW/Bp 型变频空调室外机不工作，室内机能工作

分析与检修：通过故障现象分析得知，说明 300V 供电电路、电源电路、微处理器电路异常。首先，检查室外机有 226V 市电电压输入，并且 310V 直流电压也正常，但在测 15V 和 5V 直流电压为 0，说明开关电源未工作。测开关管 DQ1 的 c 极有 310V 电压，而它的 b 极无电压，说明启动电阻 R2 开路或过流放大管 DQ2 的 ce 结击穿，在路检查 DQ2 正常，说明 R2 开路，更换后，开关电源输出电压恢复正常，故障排除。

【例 8】 美的 KFR-40GW/BM 型变频空调室内机漏水

分析与检修：通过故障现象分析得知，故障是由于室内机排水系统异常所致。检查排水系统时，发现排水管根部有裂痕，更换排水管后，故障排除。

第 5 节 三菱变频空调

一、整机不工作

【例 1】 三菱 KFR-3301GW/BpY 型变频空调不启动，并且指示灯、显示屏不亮

分析与检修：通过故障现象分析，说明该机没有市电输入或室内机的电源电路、微处理器电路异常。

用万用表交流电压挡测为空调供电的插座有 225V 市电电压，说明供电系统正常，故障发生在空调的室内机电路上。首先，查看熔丝管正常，初步判断电源电路没有过流现象，测三端 5V 稳压器输出端没有 5V 电压，而它的供电端电压正常，说明 5V 稳压器或负载异常，

用 AN7805 代换后，5V 电压恢复正常，说明故障的确是由于 5V 稳压器异常所致。

【例 2】　三菱 KFR-12002LD/D 型变频空调不启动，并且指示灯、显示屏不亮

分析与检修：按例 1 的检修思路检查，发现安装人员将接地线安装到零线位置，重新连接后，故障排除。

【例 3】　三菱 KFR-120LW/D 型变频空调不启动，并且指示灯、显示屏不亮

分析与检修：通过故障现象分析，说明该机没有市电输入或室内机的电源电路、微处理器电路异常。

用万用表交流电压挡测为空调供电的插座有 215V 交流电压，说明供电系统正常，故障发生在空调的室内机电路上。检查电源电路输出电压正常，说明微处理器电路异常。检查微处理器电路时，发现主板与显示屏电路板间有根线断了，重新接好连线后，故障排除。

二、保护性停机

【例 4】　三菱 KFR-2608GW/Bp 型变频空调开机不久保护停机

分析与检修：通过故障现象分析得知，说明室外机的 300V 供电电路、电源电路、微处理器电路异常。故障出现后，发现显示室内盘管过冷的故障代码，怀疑室内盘管检测电路异常。检查室内盘管传感器时，发现该传感器阻值异常，用相同的负温度系数热敏电阻更换后，故障排除。

【例 5】　三菱 KFR-45GW/BpY 型变频空调工作不久保护停机，定时灯、化霜灯、自动灯、工作灯同时快速闪烁

分析与检修：通过故障现象分析得知，该机进入显示故障代码是室内、室外通信故障保护状态。引起该故障的主要原因是市电供电线路异常，通信电路、微处理器或存储器异常。查看室外机电路板时，发现指示灯快速闪烁，怀疑是室外机控制部分有故障，更换室外电源板、控制板、模块后故障依旧。之后更换室内机主控板故障仍未排除。用户反映空调在电脑不开机时运行正常，观察用户环境，空调工作在机关单位，周围有很多电脑，怀疑是多台电脑开机后，产生的高频干扰脉冲窜入市电电网内，导致空调的通信电路工作紊乱，产生了本例故障，在空调的电源进线端绕上磁环后，故障排除。

提 示　空调的通信信号是串行通信，如果市电内有大量的峰值很高的高频干扰脉冲，使空调的通信质量变差，空调就很容易出现室内外通信故障了。

三、室外机工作异常

【例 6】　三菱 KFR-2608GW/Bp 型变频空调室外风扇电机转，但压缩机不转

分析与检修：通过故障现象分析得知，说明 300V 供电电路、电源电路、压缩机或其驱动电路、微处理器电路异常。检查室外机电路时，发现 IPM 模块有电压输出，怀疑压缩机异常，更换压缩机并恢复制冷系统后，故障排除。

【例 7】　三菱 KFR-2608GW/Bp 型变频空调室外机不工作

分析与检修：通过故障现象分析得知，说明 300V 供电电路、电源电路、微处理器电路异常。首先，检查室外机有 220V 市电电压输入，并且 310V 直流电压也正常，但在测 15V

和 5V 直流电压却极低，说明开关电源或负载异常。检查负载正常，怀疑开关电源的稳压控制电路异常，检查稳压电路时，发现光耦合器 PC3 异常，更换 PC3 后，开关电源输出电压恢复正常，故障排除。

四、制冷/制热异常

【例 8】 三菱 KFR-2602GW/Bp 型变频空调制冷效果差

分析与检修：通过故障现象分析，怀疑通风系统、制冷/制热系统、温度检测电路、微处理器异常。检查发现，室内风扇电机不转，并且室内热交换器表面结霜，测室内风扇电机的供电正常，检查其他元件正常，怀疑室内风扇电机异常，用相同的风扇电机更换后，故障排除。

【例 9】 三菱 KFR-5001LW/AD 型变频空调制热时温度忽高忽低，制冷正常

分析与检修：通过故障现象分析，怀疑温度检测电路、微处理器异常。首先，检查室内盘管传感器时，发现它的阻值偏小，怀疑它损坏，用相同的负温度系数热敏电阻更换后，制热恢复正常，故障排除。

【例 10】 三菱 RFC-130FX 型变频空调不制冷

分析与检修：通过故障现象分析，怀疑制冷系统、温度检测电路、微处理器异常。拆开室内机检查时，发现电脑板上控制电子膨胀阀接线端子（红色）脱落，插上后，制冷恢复正常，故障排除。

五、噪声大

【例 11】 三菱 KFR-26GW×2 型变频空调的室外机噪声大

分析与检修：通过故障现象分析得知，室外机安装得不平整、通风系统异常。检查室外机安装平稳、牢固，用手抓住管路也无效，说明噪声发生在室外机内部，拆开室外机查看，机内没有杂物，但室外热交换器表面过脏，清洗后，噪声消失，故障排除。

【例 12】 三菱 KFR-32GW/BpY 型变频空调的室外机噪声大

分析与检修：按例 11 检修思路检查，发现噪声来自室外机内部，拆开室外机后，查看机内没有杂物，并且室外热交换器表面比较干净，说明是电气方面发生故障。通电后，听到电抗器发出较大的交流声，按压无效，说明它的线圈异常，更换同型号电抗器后，噪声消失，故障排除。

【例 13】 三菱 RFC-100FX 型变频空调的室外机有较大的噪声

分析与检修：按例 12 检修思路检查，发现噪声来自室外机机内，仔细检查，发现室外机下风扇扇叶转动时出现离心现象，拆下风扇扇叶后检查，发现扇叶与扇电机主轴间松动，将电机主轴上加装垫圈后拧紧，噪声消失，故障排除。

第 6 节　其他品牌变频空调

一、整机不工作

【例 1】 新科 KFR-28GW/Bp 型变频空调不启动，并且指示灯、显示屏不亮

分析与检修：通过故障现象分析得知，该机没有市电输入或室内电路板的电源电路、微处理器电路异常。

用万用表交流电压挡测量为空调供电的插座有 226V 市电电压，说明供电系统正常，故障发生在空调的室内机电路上。首先，查看 3.15A 熔丝管 FN101 熔断，说明有过流现象，在路检查发现压敏电阻 NR102 两端阻值较小，说明 NR102 或滤波电容 C113 击穿，焊空 NR102 的一个引脚后测量，发现 NR102 阻值仍然较小，说明 NR102 击穿，检查其他元件正常，更换 NR102 和 FN101 后，故障排除。

【例 2】　格力 KFR-50LW/EF 型变频空调有时不启动，有时能启动但也会保护性停机

分析与检修：通过故障现象分析，说明该机没有市电输入或室内机的电源电路、微处理器电路异常。

用万用表交流电压挡测为空调供电的插座有电压，但不稳定，怀疑插座内部接触不良，拆开后，发现接线的确松动，重新连接后，故障排除。

二、保护性停机

【例 3】　春兰 KFD-70LW 型变频空调有时不能启动，显示市电电压异常的故障代码（一）

分析与检修：通过故障现象分析得知，该机进入市电电压异常保护状态。引起该故障的主要原因是市电电压异常、市电供电线路异常、市电检测电路异常、微处理器或存储器异常。测市电电压正常，说明供电系统正常，怀疑故障发生在市电检测电路或微处理器电路。检查市电检测电路时，发现电容 C4 漏电，更换后，故障排除。

【例 4】　春兰 KFD-70LW 型变频空调有时不能启动，显示市电电压异常的故障代码（二）

分析与检修：按例 1 的检修思路检查，发现市电检测电路的三极管 V4 损坏，更换 V4 后，故障排除。

三、制冷/制热异常

【例 5】　新科 KFR-32GW/Bp 型变频空调制热效果差

分析与检修：通过故障现象分析，怀疑通风系统、制冷/制热系统、温度检测电路、微处理器异常。检查通风系统正常，检测制冷/制热系统的压力为 1.2MPa，说明压力不足，并且压缩机运行电流也小，怀疑系统制冷剂不足。检查系统没有发生泄露，为其加注制冷剂也无效，怀疑压缩机排气性能下降，打开管路后测试压缩机的排气性能的确较差，更换压缩机，焊接好管路并加注适量的制冷剂后，故障排除。

【例 6】　春兰 KFD-50LW 型变频空调制热效果差

分析与检修：通过故障现象分析，怀疑通风系统、制冷/制热系统、温度检测电路、微处理器异常。检查通风系统正常，检测制冷/制热系统的压力不足，并且压缩机运行电流也小，怀疑系统制冷剂不足。检查系统时，发现四通阀处有油渍，怀疑四通阀损坏，用洗涤灵检测四通阀的确有漏点，检查其他部位正常，更换四通阀并加注制冷剂后，故障排除。

【例 7】　格力变频空调制热效果差，制冷正常

分析与检修：通过故障现象分析，怀疑温度检测电路、微处理器异常。检查时，发现室内风扇转速无法调节，室内机出口温度为 35℃，将该机置于制冷状态后，室内风速可调，怀疑室内盘管传感器异常，检查该常传感器时发现阻值异常，用同型号的负温度系数热敏电阻

更换后，故障排除。

【例8】 科龙 KFR-28GW/Bp 型变频空调制热效果差

分析与检修：通过故障现象分析，怀疑通风系统、制冷/制热系统、温度检测电路、微处理器异常。首先，检查通风系统正常，将该机强制设定为制冷状态，在低压截止阀上安装压力表，测得低压压力为 0，怀疑系统泄露，但运行几分钟后发现压力逐渐升高到 0.4MPa，说明制冷系统没有发生泄露，但制冷效果仍为好转，怀疑发生油堵故障。在制热状态下运行 1～2min，停机后在制冷状态下回收制冷剂，停止几分钟后将高压截止阀打开较小的角度，将制冷剂慢慢放出至平衡状态后，再开启高、低压截止阀试机，若有所好转，重复几次以上步骤，就可排除油堵故障。若堵塞严重，可在回收制冷剂后将机器静置 1～2 天，再打开高压、低压截止阀，通常也可以排除故障。